国家出版基金项目
NATIONAL PUBLICATION FOUNDATION

生态文明建设文库

陈宗兴　总主编

U0237533

生态文明建设试点示范区实践的哲学研究

郇庆治　著

中国林业出版社

图书在版编目（CIP）数据

生态文明建设试点示范区实践的哲学研究／郇庆治著．－北京：中国林业出版社，2019.9
（生态文明建设文库）
ISBN 978-7-5219-0205-1

Ⅰ．①生… Ⅱ．①郇… Ⅲ．①生态环境建设－中国－文集 Ⅳ．① X321.2-53

中国版本图书馆 CIP 数据核字（2019）第 172630 号

北京市社会科学基金重点项目 （14ZXA006）

出 版 人　刘东黎
总 策 划　徐小英
策划编辑　沈登峰　于界芬　何　鹏　李　伟
责任编辑　刘香瑞　梁翔云　徐小英
美术编辑　赵　芳
责任校对　梁翔云

◆┄┄┄┄┄┄┄┄┄┄┄┄┄┄┄┄┄┄┄┄┄┄┄┄┄┄┄┄┄┄┄┄

出版发行　中国林业出版社有限公司（100009　北京西城区刘海胡同 7 号）
　　　　　http://www.forestry.gov.cn/lycb.html
　　　　　E-mail:forestbook@163.com　电话：（010)83143523、83143543
设计制作　北京捷艺轩彩印制版有限公司
印刷装订　北京中科印刷有限公司
版　　次　2019 年 9 月第 1 版
印　　次　2019 年 9 月第 1 次
开　　本　787mm × 1092mm　1/16
字　　数　266 千字
印　　张　14
定　　价　55.00 元

"生态文明建设文库"
总编辑委员会

"生态文明建设文库"
编撰工作领导小组

组 长

刘东黎 成 吉

副组长

王佳会 杨 波 胡勘平 徐小英

成 员
（按姓氏笔画为序）

于界芬 于彦奇 王佳会 成 吉 刘东黎 刘先银 杜建玲 李美芬 杨 波

杨长峰 杨玉芳 沈登峰 张 锴 胡勘平 袁林富 徐小英 航 宇

编辑项目组

组 长：徐小英

副组长：沈登峰 于界芬 刘先银

成 员（按姓氏笔画为序）：

于界芬 于晓文 王 越 刘先银 刘香瑞 许艳艳 李 伟

李 娜 何 鹏 肖基浒 沈登峰 张 璠 范立鹏 周军见

赵 芳 徐小英 梁翔云

特约编审：刘 慧 严 丽

总　序

　　生态文明建设是关系中华民族永续发展的根本大计。党的十八大以来，以习近平同志为核心的党中央大力推进生态文明建设，谋划开展了一系列根本性、开创性、长远性工作，推动我国生态文明建设和生态环境保护发生了历史性、转折性、全局性变化。在"五位一体"总体布局中生态文明建设是其中一位，在新时代坚持和发展中国特色社会主义基本方略中坚持人与自然和谐共生是其中一条基本方略，在新发展理念中绿色是其中一大理念，在三大攻坚战中污染防治是其中一大攻坚战。这"四个一"充分体现了生态文明建设在新时代党和国家事业发展中的重要地位。2018 年召开的全国生态环境保护大会正式确立了习近平生态文明思想。习近平生态文明思想传承中华民族优秀传统文化、顺应时代潮流和人民意愿，站在坚持和发展中国特色社会主义、实现中华民族伟大复兴中国梦的战略高度，深刻回答了为什么建设生态文明、建设什么样的生态文明、怎样建设生态文明等重大理论和实践问题，是推进新时代生态文明建设的根本遵循。

　　近年来，生态文明建设实践不断取得新的成效，各有关部门、科研院所、高等院校、社会组织和社会各界深入学习、广泛传播习近平生态文明思想，积极开展生态文明理论与实践研究，在生态文明理论与政策创新、生态文明建设实践经验总结、生态文明国际交流等方面取得了一大批有重要影响力的研究成果，为新时代生态文明建设提供了重要智力支持。"生态文明建设文库"融思想性、科学性、知识性、实践性、可读性于一体，汇集了近年来学术理论界生态文明研究的系列成果以及科学阐释推进绿色发展、实现全面小康的研究著作，既有宣传普及党和国家大力推进生态文明建设的战略举措的知识读本以及关于绿色生活、美丽中国的科普读物，也有关于生态经济、生态哲学、生态文化和生态保护修复等方面的专业图书，从一个侧面反映了生态文明建设的时代背景、思想脉络和发展路径，形成了一个较为系统的生态文明理论和实践专题图书体系。

中国林业出版社秉承"传播绿色文化、弘扬生态文明"的出版理念，把出版生态文明专业图书作为自己的战略发展方向。在国家林业和草原局的支持和中国生态文明研究与促进会的指导下，"生态文明建设文库"聚集不同学科背景、具有良好理论素养的专家学者，共同围绕推进生态文明建设与绿色发展贡献力量。文库的编写出版，是我们认真学习贯彻习近平生态文明思想，把生态文明建设不断推向前进，以优异成绩庆祝新中国成立 70 周年的实际行动。文库付梓之际，谨此为序。

十一届全国政协副主席
中国生态文明研究与促进会会长　陈宗兴

2019 年 9 月

目 录

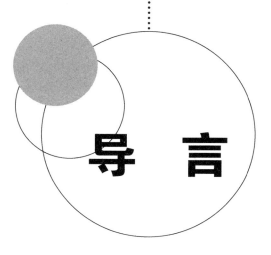

导　言

党的十八大以来，生态文明及其建设已经成为党和国家社会主义现代化发展战略及其实践的一个重要组成部分。包括《关于全面深化改革若干重大问题的决定》（2013 年 11 月，以下简称《决定》）、《关于加快推进生态文明建设的意见》（2015 年 4 月，以下简称《意见》）和《生态文明体制改革总体方案》（2015 年 9 月，以下简称《方案》）等在内的一系列重大政策文件（举措）的出台实施，既彰显了生态文明及其建设的实践维度的现实重要性，也对当前和今后一段时期的生态文明及其建设的理论研究提出了更高、更明确的要求。生态文明建设的现实状况与理性认识，归根结底取决于我们时代的实践水平和条件。这绝非是说，生态文明的理论指导或理论本身无关紧要，而是说，只有那来自或成长于实践需要的理论，才会具有形塑或重铸生态文明建设的现实力量。正因为如此，目前如火如荼地开展着的各种形式的生态文明建设示范区尝试，理应成为我国当代哲学社会科学优先关注与探讨的一个议题领域。

（一）

单就术语本身来说，"生态文明"和"生态文明建设"并不是同一个或同一层次意义上的概念。迄今为止，前者更多为环境人文社科学界所关注，强调的是现代社会中人与自然、社会与自然关系结构上或人类社会文明形态上的新特质，因而主要是一种在哲学伦理或政治哲学层面上的概括。依此理解，生态文明及其实践，在很大程度上是对现代工业与城市文明的一种生态化否定和超越，并与一种新型的（后现代化的或非资本主义的）经济、社会与文化制度和观念基础相关联[1]。

比如，卢风教授指出[2]，生态文明是指用生态学指导建设的文明，致力于谋求人与自然的和谐共生、协同进化，具体内容包括器物（生态工业体系生产的绿色产品）、技术（环保技术和生态技术）、制度（民主法治和受限制的市场）、风俗（道德化的风俗）、艺术（多样化的艺术，包括多种独立于商业的艺术）、理念（非物质主义、非经济主义、整体主义、非人类中心主义、超验自然

1　郇庆治.重建现代文明的根基：生态社会主义研究[M].北京：北京大学出版社，2010：258-270.

2　卢风，等.生态文明新论[M].北京：中国科学技术出版社，2013：11.

主义）和语言（多种民族语言）等七个层面。在他看来，这种从器物到制度、再到理念层面的生态化或生态学革新，将足以导致一种告别或超越现代工业文明的新型文明时代或形态（即"超越论"）[1]。对此，我们也可以这样来理解，没有上述诸多层面上的凤凰涅槃式的重生或重建，人类社会就不可能创造出或进入生态文明。

相比之下，"生态文明建设"的政策内容及其贯彻实施更加为党和政府部门所关注与侧重，强调的是一种"治国理政"的方针和策略（或者说"政策抓手"）。应该说，党的十七大报告所使用的"生态文明建设"和"生态文明观念"，党的十八大报告所提出的"五位一体"、"三个发展"和"四大战略部署与任务总要求"，《决定》所概括的"制度与体制改革四条"，《意见》所强调的"绿色化"与"八项任务"，都可以做如此意义上的理解。因此，与对生态文明概念的准确意涵的诸多争议不同——比如生态文明本身究竟是工业文明演进的一个新阶段还是一种替代性的后工业文明，生态文明建设概念的具体意指反而是相对清晰的。那就是，党和政府所领导的生态文明建设，就是寻求以一种综合性、系统性和前瞻性的思路与方法来有效应对（解决）目前已经严重恶化的人口、资源与环境难题，或者说日趋紧张的人与自然、社会与自然关系。甚至可以说，如何抑制迅速蔓延着的大面积城乡大气雾霾现象和改善被严重污染的江河湖海水质，就是最切实和最具体的生态文明建设（实践）。

由此可以看出，上述"生态文明"理论视域探讨与"生态文明建设"实践努力之间存在着一种明显的"疏离"或"脱节"。比如，学术理论界很难真正讲清楚，（声称）依然处在现代化进程之中的当代中国，何以能够率先开启一种与过去（他人）截然不同的新文明形态（时代）。同样，连基层实践者本人恐怕也会十分犹豫，节能减排举措或新能源政策也许会有助于减轻"来无声、去无踪"的大气雾霾，但又如何会与一种新型文明的创建和创新直接相关。这种看起来有些匪夷所思的现实状况，从根本上说源于我国极其不均衡的经济社会发展水平和高度异质性的历史文化传统，具体成因十分复杂。但非常明确的是，这种理论探索与现实实践之间的不匹配或"错位"，将同时损害着的是我国的生态文明理论研究和生态文明建设实践。

基于此，笔者在他文中提出[2]，广义上的生态文明或"生态文明及其建设"，可以概括为理论与实践两个层面，或者说"四重意蕴"。具体而言，生态文明在哲学理论层面上是一种弱（准）生态中心主义（合生态或环境友好）的自然/生态关系价值和伦理道德；生态文明在政治意识形态层面上则是一种有别

1　卢风. 非物质经济、文化与生态文明[M]. 北京：中国社会科学出版社, 2016：48.
2　郇庆治. 生态文明概念的四重意蕴：一种术语学阐释[J]. 江汉论坛, 2014(11)：5-10.

于当今世界资本主义主导性范式的替代性经济与社会选择；生态文明建设或实践是指社会主义文明整体及其创建实践中的适当自然/生态关系部分，也就是我们通常所指的广义的生态环境保护工作；生态文明建设或实践在现代化或发展语境下，则是指社会主义现代化或经济社会发展的绿色向度。与比如卢风教授所做的定义相比，这样一种综合性或折中性的界定，不仅更加突出了生态文明及其建设的政治哲学革新性质与制度创新要求，尤其是其蕴含着的激进绿色变革政治的"红绿"一面或特征，而且从方法论上把生态文明及其建设的理论与实践维度结合了起来，表明任何意义上的文明革新都不可能只是单向度的。

在此基础上，笔者进一步提出[1]，完整意义上的"生态文明及其建设理论"，可依据环境政治分析的不同视角而划分为三个亚向度或层面：一种"绿色左翼"的政党（发展）意识形态话语、一种主张综合性深刻变革的环境政治社会理论、一种明显带有中国传统或古典色彩的有机性思维方式与哲学。总之，在笔者看来，生态文明及其建设，无论是作为一个学理性概念还是一种系统性的环境政治社会理论或生态文化理论，都蕴涵着深刻的绿色变革指向或要求。或者说，它本身就不仅是一种社会现实批判和未来社会构建的理论，而且是一种颇为激进的绿色变革或生态化超越理论。[2,3]

应该说，上述概念性解析构成了本书对我国生态文明建设示范区实践进行哲学思考的话语背景或方法论预设。一方面，虽然不能先验性地假定任何一个从事生态文明建设的局地性试验，都会自觉追求或包含着某一个生态文明理念或战略，但是，足够多个例的广泛性尝试肯定会体现出一些理念与战略层面上的实质性革新；另一方面，个例或局地的经验总是鲜活与生动的，但也总是个别性的或难以复制的（生态文明建设也许尤其如此[4]），但理论本身的内在一致性和较为充分的比较分析，应当可以帮助我们尽可能去发现那些带有典型性的或趋势性的改变。换句话说，"沙野绿洲"和"星星之火"的隐喻，虽然都不意味着任何必然性的结论或结果，但却的确是我们辨识未来的最为重要或方便的入口。

具体而言，"生态文明建设示范区"也是一个综合性概念，泛指由国家部委组织实施的或各省（自治区、直辖市）自主确立的不同形式的生态文明建设试点示范区或先行示范区。其中，目前最具权威性的，是由国家环境保护部（以下简称"环保部"）主持的"全国生态文明建设试点示范区"、国家发改委等七部委联合主持的"国家生态文明先行示范区建设"、水利部主持的"全国水生

1　郇庆治.生态文明理论及其绿色变革意蕴[J].马克思主义与现实，2015(5)：167-175.

2　郇庆治.中国生态文明的价值理念与思维方式[J].学术前沿，2015(01上)：64-73.

3　郇庆治.绿色变革视角下的生态文化理论研究[J].鄱阳湖学刊，2014(1)：21-34.

4　郇庆治.多样性视角下的中国生态文明之路[J].学术前沿，2013(01下)：17-27.

态文明建设试点城市"、国土资源部主持的"国家级海洋生态文明示范区"等（表1）。

表1　环保部"全国生态文明建设试点示范区"名单(前六批)

北京(2)：密云区(1)、延庆区(2)

天津(1)：西青区(3)

河北(1)：承德市(2)

辽宁(10)：沈阳市东陵区(浑南新区)(3)、沈北新区(3)、苏家屯区(5)、于洪区(5)、棋盘山开发区(5)、沈阳市新民市(6)、康平县(6)、法库县(6)、辽中县(6)、大连市金州区(5)

山东(4)：威海市荣成市(3)、乳山市(5)、文登市(5)、潍坊市寿光市(6)

河南(2)：南阳市(5)、洛阳市栾川县(6)

上海(1)：闵行区(2)

江苏(40)：无锡市(2)、常州市(5)、苏州市(5)、扬州市(6)、镇江市(6)、苏州市张家港市(1)、吴中区(2)、昆山市(2)、太仓市(2)、常熟市(2)、相城区(3)、苏州工业园区(3)、吴江市(3)、苏州国家高新技术产业开发区(3)、无锡市江阴市(2)、滨湖区(3)、宜兴市(3)、锡山区(3)、无锡新区(3)、惠山区(3)、常州市武进区(3)、金坛市(3)、溧阳市(5)、南京市江宁区(3)、高淳县(3)、浦口区(5)、溧水区(6)、南通市海安县(3)、如皋市(6)、海门市(6)、如东县(6)、镇江市丹徒区(6)、句容市(6)、扬中市(6)、丹阳市(6)、扬州市邗江区(6)、江都区(6)、高邮市(6)、仪征市(6)、宝应县(6)

浙江(20)：杭州市(2)、舟山市(6)、丽水市(6)、湖州市安吉县(1)、长兴县(6)、德清县(6)、杭州市临安市(3)、桐庐县(3)、西湖区(6)、淳安县(6)、金华市义乌市(3)、磐安县(3)、衢州市开化县(3)、嘉兴市嘉善县(6)、宁波市镇海区(6)、温州市洞头县(6)、泰顺县(6)、台州市天台县(6)、丽水市云和县(6)、遂昌县(6)

安徽(3)：六安市霍山县(3)、宣城市宁国市(5)、绩溪县(5)

福建(8)：龙岩市(6)、漳州市长泰县(6)、南靖县(6)、泉州市南安市(6)、德化县(6)、永春县(6)、三明市泰宁县(6)、龙岩市长汀县(6)

湖北(3)：十堰市(6)、武汉市蔡甸区(6)、鄂州梁子湖区(6)

广东(10)：深圳市(1)、珠海市(1)、韶关市(1)、中山市(2)、深圳市福田区(3)、盐田区(3)、深南山区(3)、罗湖区(5)、佛山市南海区(3)、珠海市香洲区(6)

新疆(2)：伊犁哈萨克自治州(6)、克拉玛依市克拉玛依区(5)

陕西(2)：西安市浐灞生态区(3)、曲江新区(5)

宁夏(1)：吴忠市(6)

四川(10)：成都市温江区(3)、双流县(3)、郫县(5)、蒲江县(5)、青白江区(6)、新都区(6)、新津县(6)、雅安市芦山县(6)、天全县(6)、宝兴县(6)

云南(1)：大理白族自治州洱源县(2)

贵州(1)：贵阳市(2)

跨行政区域(1)：长沙市长沙大河西先导区(3)

流域性生态文明建设试点(2)：环太湖地区,包括上海市青浦区、苏州市、无锡市、常州市、嘉兴市、湖州市(3)和辽河保护区(4)

注：省(自治区、直辖市)后面括号内数字为总量,试点市(县)后面括号内数字为批准批次。

资料来源：作者根据环保部网站相关数据整理。

环保部主持的"全国生态文明建设试点示范区"，可以追溯到 1999 年年初海南省率先启动的"生态省（市县）"建设。此后，包括海南、吉林、黑龙江、福建、浙江、江苏、山东、安徽、河北、广西、四川、辽宁、天津、山西等在内的 16 个省（自治区、直辖市），以及 1000 多个市县，陆续加入了由环保部负责组织实施的全国"生态省（市县）"建设试点。2008 年，环保部制定发布了《关于推进生态文明建设的指导意见》，明确生态文明建设的指导思想、基本原则，要求建设符合生态文明要求的产业体系、环境安全、文化道德和体制机制，并决定组织实施全国生态文明建设的试点。2013 年 6 月，经中央批准"生态建设示范区"正式更名为"生态文明建设示范区"。截至 2013 年 10 月，环保部先后六批共批准了 125 个"全国生态文明建设试点示范区"，其中包括 19 个地市级和 2 个跨行政区域或流域的试点，但并没有涵盖整个省（自治区、直辖市）范围的省域性试点，并且在地域上集中于江苏、浙江、辽宁、广东和四川等省（70%）。2014 年 5 月 20 日，在浙江省湖州市召开的全国生态文明建设现场会上，环保部授予浙江省德清县和嘉善县、江苏省扬州市、福建省长泰县等 37 个市（县、区）"国家生态文明建设示范区"称号，标志着这些市县（区）试点工作的结束通过。

2013 年 5 月，环境保护部公布了《国家生态文明建设试点示范区指标（试行）》，大致延续了 6 年前颁布的《生态县、生态市、生态省建设指标（修订稿）》（环发〔2007〕195 号）的评估体系构架，划分为生态经济、生态环境、生态人居、生态制度、生态文化等五个子系统，以及 29 个（生态文明县）和 30 个（生态文明市）三级指标。[1]

具体地说，成为国家生态文明县（市、区）除了必须满足五个方面的基本条件，还要考察其在如下 29 个三级指标上的表现：

生态经济：资源产出增加率、单位工业用地产值、再生资源循环利用率、碳排放强度、单位 GDP 能耗、单位工业增加值新鲜水耗、农业灌溉水有效利用系数、节能环保产业增加值占 GDP 比重、主要农产品中有机与绿色食品种植面积的比重。

生态环境：主要污染物排放强度、受保护地占国土面积比例、林草覆盖率、污染土壤修复率、农业面源污染防治率、生态恢复治理率。

生态人居：新建绿色建筑比例、农村环境综合整治率、生态用地比例、公众对环境质量的满意度。

生态制度：生态环保投资占财政收入比例、生态文明建设工作占党政实绩

1　环保部. 国家生态文明建设试点示范区指标（试行）[R/OL].（2013-07-22）[2013-08-11]. http://www.zhb.gov.cn/gkml/hbb/bwj/201306/W020130603491729568409.pdf.

考核的比例、政府采购节能环保产品和环境标志产品所占比例、环境影响评价率及环保竣工验收通过率、环境信息公开率。

生态文化：党政干部参加生态文明培训比例、生态文明知识普及率、生态环境教育课时比例、规模以上企业开展环保公益活动支出占公益活动总支出的比例、公众节能节水和公共出行比例：特色指标。

成为国家生态文明市（州、地）除了必须满足五个方面的基本条件，还要考察其在如下 30 个三级指标上的表现：

生态经济：资源产出增加率、单位工业用地产值、再生资源循环利用率、生态资产保持率、单位工业增加值新鲜水耗、碳排放强度、第三产业比、产业结构相似度。

生态环境：主要污染物排放强度、受保护地占国土面积比例、林草覆盖率、污染土壤修复率、生态恢复治理率、本地物种受保护程度、国控省控市控断面水质达标比例、中水回用比例。

生态人居：新建绿色建筑比例、生态用地比例、公众对环境质量的满意度。

生态制度：生态环保投资占财政收入比例、生态文明建设工作占党政实绩考核的比例、政府采购节能环保产品和环境标志产品所占比例、环境影响评价率及环保竣工验收通过率、环境信息公开率。

生态文化：党政干部参加生态文明培训比例、生态文明知识普及率、生态环境教育课时比例、规模以上企业开展环保公益活动支出占公益活动总支出的比例、公众节能节水和公共出行比例、特色指标。

该指标体系的最大特点是，它对三级指标的目标值做了依据重点开发区、优化开发区、限制开发区或禁止开发区，以及约束性指标或参考性指标而有所不同的类型划分。这就使得，对于地处不同功能区划的县市来说，生态文明建设有着明确而不同的目标要求，而且对于不同性质指标的考核，也有着一定的灵活性。此外，尽管在基本条件的表述上生态文明市（州、地）与生态文明县（市、区）似乎没有太大的区别，但在量化评估指标的设置构成上还是有着诸多不同。尤其是，生态文明市指标体系更加强调了对更大地理与生态空间范围内的人类经济开发强度控制和人与自然关系协调。该指标体系的另一个明显特点是，它在指标设计中比较重视生态文明的建设规划或政策举措的层面。比如，关于生态文化的 5 个三级指标，真正能够展现一个城市的生态文化性提升的大概只有公众节能节水和公共出行比例，以及部分意义上的规模以上企业开展环保公益活动支出占公益活动总支出的比例，而其他 3 个指标的高数值与生态文化的实际变迁之间还有一定的距离，而且恐怕都存在着一个精确量度的问题。正因为如此，我们可称之为"规划评估指标体系"。[1]

党的十八大以来，国家其他部委明显增强了对生态文明建设试点工作的重视，纷纷出台自己的示范区试点规划或方案。2013年12月，国家发改委联合财政部、国土资源部、水利部、农业部和国家林业局等六部委，共同提出了依托"国家主体功能区规划"的"国家生态文明先行示范区建设方案（试行）"。2014年6月，国家发改委等六部委联合发布了《关于印发国家生态文明先行示范区建设方案（试行）的通知》，正式启动生态文明先行示范区建设。结果是，包括北京市密云区等在内的57个地区成功入选第一批试点（其中福建省和湖州市的方案分别由国务院和六部委联合发文先期予以批准），包括北京市怀柔区等在内的45个地区成功入选第二批试点［期间增加住房和城乡建设部（以下简称"住建部"）变为七部委］，这样，共计102个行政区域、流域或生态区域加入了试点（表2）。

与环保部方案的最大不同是，发改委等七部委方案容纳了更多的地级市以上行政区域和更多的流域性或生态敏感性区域，其前两批入选者中前者共有5个省份和53个市（州），后者有16个特殊区域，二者相加超过了先行示范区试点的绝大部分（73%）。对于跨行政区的水流域和生态敏感区域的关注与强调，从生态文明建设的视角来说，无疑有着更大的科学合理性，而这方面的政策试点也有利于破解现行制度与体制下的诸多管治难题。但如此大范围地扩大生态文明先行示范区建设的行政地理区域，则多少有着降低准入门槛或建设水准的风险，相比之下，环保部方案长期以来坚持的从生态县（市、区）到生态文明县（市、区）、从县到市州再到省的逐级过渡或选拔，似乎更为稳妥一些。

此外，2013年2月，水利部制定了《关于加快推进水生态文明建设工作的意见》。2014年5月，水利部公布了"全国首批水生态文明建设试点城市"名单，45个入选者中的绝大多数（40个）都是行政地级市，而入选第二批的59个城市也维持了一个较高比例（43个是行政地级市）。该方案强调，这些城市将致力于探索保障水安全的途径。其主旨是，统筹协调水利与生态建设，加强水生态修复与保护，使水资源和水环境保持良好的生态平衡，提高城市防洪排涝安全，营造良好城市生态环境，建立与水资源相匹配的区域产业布局和建设发展框架（表3）。

早在2013年2月，隶属于国土资源部的国家海洋局，也公布了首批"国家级海洋生态文明建设示范区"名单。它们分别是山东省的威海市、日照市、烟台市长岛县，浙江省的宁波市象山县、台州市玉环县、温州市洞头县，福建省的厦门市、晋江市、漳州市东山县，广东省的珠海横琴新区、湛江市徐闻县、

1　郇庆治, 高兴武, 仲亚东. 绿色发展与生态文明建设［M］. 长沙: 湖南人民出版社, 2013: 74-81.

表2 国家发改委等"全国生态文明先行示范区建设"名单(前两批)

北京(3):密云县(1)、延庆县(1)、怀柔区(2)

天津(2):武清区(1)、静海区(2)

河北(3):承德市(1)、张家口市(1)、秦皇岛市(2)

京津冀协同共建地区(北京平谷区、天津蓟县、河北廊坊北三县)(2)

黑龙江(4):伊春市(1)、五常市(1)、牡丹江市(2)、齐齐哈尔市(2)

吉林(4):延边朝鲜族自治州(1)、四平市(1)、吉林市(2)、白城市(2)

辽宁(4):辽河流域(1)、抚顺大伙房水源保护区(1)、大连市(2)、本溪县(2)

山西(4):芮城县(1)、娄烦县(1)、朔州市平鲁区(2)、孝义市(2)

内蒙古(4):鄂尔多斯市(1)、巴彦淖尔市(1)、包头市(2)、乌海市(2)

山东(4):临沂市(1)、淄博市(1)、济南市(2)、青岛红岛经济区(2)

河南(4):郑州市(1)、南阳市(1)、许昌市(2)、濮阳市(2)

上海(3):闵行区(1)、崇明县(1)、青浦区(2)

江苏(4):镇江市(1)、淮河流域重点区域(1)、南京市(2)、南通市(2)

浙江(4):湖州市(1)、杭州市(1)、丽水市(2)、宁波市(2)

安徽(4):巢湖流域(1)、黄山市(1)、宣城市(2)、蚌埠市(2)

江西

福建

湖北(4):十堰市(1)、宜昌市(1)、黄石市(2)、荆州市(2)

湖南(4):湘江源头区域(1)、武陵山片区(1)、衡阳市(2)、宁乡县(2)

广东(4):梅州市(1)、韶关市(1)、东莞市(2)、深圳东部湾区(2)

海南(3):万宁市(1)、琼海市(1)、儋州市(2)

广西(4):玉林市(1)、富川县(1)、桂林市(2)、马山县(2)

新疆(5):昌吉回族自治州玛纳斯县(1)、伊犁哈萨克自治州特克斯县(1)、昭苏县(2)、哈巴河县(2)、阿拉尔市(2)

陕西(4):西咸新区(1)、延安市(1)、西安浐灞生态区(2)、神木县(2)

甘肃(4):甘南藏族自治州(1)、定西市(1)、兰州市(2)、酒泉市(2)

宁夏(3):永宁县(1)、吴忠市利通区(1)、石嘴山市(2)

四川(4):成都市(1)、雅安市(1)、川西北地区(2)、嘉陵江流域(2)

重庆(3):渝东南武陵山区(1)、渝东北三峡库区(1)、大娄山生态屏障(重庆片区)(2)

云南

贵州

青海

西藏(3):山南地区(1)、林芝地区(1)、日喀则市(2)

注:省(自治区、直辖市)后面括号内数字为总量,试点市县后面括号内数字为批准批次。
资料来源:作者根据国家发改委网站相关数据整理。

表3　水利部"全国水生态文明建设试点城市"名单(前两批)

北京(3):密云县(1)、门头沟区(2)、延庆县(2)

天津(2):武清区(1)、蓟州区(2)

河北(3):邯郸市(1)、邢台市(1)、承德市(2)

黑龙江(3):鹤岗市(1)、哈尔滨市(1)、牡丹江市(2)

吉林(4):吉林市(1)、延边市(2)、长春市(2)、白城市(2)

辽宁(3):大连市(1)、丹东市(1)、铁岭市(2)

山西(1):娄烦县(2)

内蒙古(2):乌海市(1)、呼伦贝尔市(2)

山东(5):青岛市(1)、临沂市(1)、滨州市(2)、泰安市(2)、烟台市(2)

河南(5):郑州市(1)、洛阳市(1)、许昌市(1)、焦作市(2)、南阳市(2)

上海(2):青浦区(1)、闵行区(2)

江苏(9):徐州市(1)、扬州市(1)、苏州市(1)、无锡市(1)、南通市(2)、淮安市(2)、泰州市(2)、宿迁市(2)、盐城市(2)

浙江(6):宁波市(1)、湖州市(1)、温州市(2)、衢州市(2)、嘉兴市(2)、丽水市(2)

安徽(6):芜湖市(1)、合肥市(1)、蚌埠市(2)、淮南市(2)、全椒县(2)、利辛县(2)

江西(3):南昌市(1)、新余市(1)、萍乡市(2)

福建(3):长汀县(1)、莆田市(2)、南平市(2)

湖北(5):咸宁市(1)、鄂州市(1)、襄阳市(2)、潜江市(2)、武汉市(2)

湖南(5):长沙市(1)、郴州市(1)、凤凰县(2)、芷江县(2)、株洲市(2)

广东(4):广州市(1)、东莞市(1)、惠州市(2)、珠海市(2)

海南(2):琼海市(1)、保亭县(2)

广西(3):南宁市(1)、玉林市(2)、桂林市(2)

新疆(2):特克斯县(2)、五家渠县(2)

陕西(2):西安市(1)、杨凌示范区(2)

甘肃(3):张掖市(1)、陇南市(1)、敦煌市(2)

宁夏(2):银川市(1)、石嘴山市(2)

四川(4):成都市(1)、泸州市(1)、遂宁市(2)、乐山市(2)

重庆(3):永川区(1)、璧山县(2)、梁平县(2)

云南(3):普洱市(1)、玉溪市(2)、丽江市(2)

贵州(3):黔西南布依族苗族自治州(1)、贵阳市(2)、黔南布依族苗族自治州(2)

青海(2):西宁市(1)、海北州(2)

西藏(1):那曲地区(2)

注:省(自治区、直辖市)后面括号内数字为总量,试点市(县)后面括号内数字为批准批次。

资料来源:作者根据水利部网站相关数据整理。

汕头市南澳县（共 12 个）。该方案强调，国家级海洋生态文明示范区建设，将暂限于国务院批准的山东、浙江、福建和广东等四个国家海洋经济发展的试点省。其主旨是，优化沿海地区产业结构，转变发展方式，加强污染物入海排放管控，改善海洋环境质量，强化海洋生态保护与建设，维护海洋生态安全。但是，2016 年年初国家海洋局公布的第二批示范区名单已突破上述限制，包括了辽宁省盘锦市、大连市旅顺口区，山东省青岛市、烟台市，江苏省南通市、盐城市东台市，浙江省舟山市嵊泗县，广东省惠州市、深圳市大鹏新区，广西北海市，海南省三亚市、三沙市（共 12 个）。

可以看出，相比之下，水利部和国土资源部的试点方案，具有明显的"元素性"生态文明建设示范的特征。其优点在于，这些方案可以有针对性地改善对某一生态环境要素的管治，比如水生态或海洋生态系统，但是，其缺陷也是非常明显的，甚至可以说是根本性的——那就是，对于现实中一个地理或行政空间稍微大一些的区域来说，进行孤立的元素性生态文明建设是很难实施甚或想象的。

因此，尽管我们还可以列举由农业部、国家林业局、住建部、交通运输部等部委所组织实施的类似的元素性生态文明建设试点方案，比如农业部主持的中国"美丽乡村建设"（2013 年后全面铺开，并作为"农业生态文明"建设的突破口或象征）、国家林业局主持的"国家（森林）公园建设试点"（2008 年就已批准云南为试点省）、住建部和科技部主持的"国家智慧城市试点"（2014 年有97 个市区县镇和 41 个专项入选）、交通运输部主持的"国家公交都市建设试点"（计划在"十二五"期间在全国 30 个城市开展建设示范工程），环保部和发改委等七部委的方案无疑更具有代表性和权威性，并因而构成笔者所关注与探讨的对象。[1] 更具体地说，江苏省和福建省、三明市和陇南市、大北京地区（密云区）和浙江安吉县，分别成为笔者选定的在省域、地级市和县域层面上的典型分析案例。

（二）

对生态文明建设试点或示范区的哲学思考的前提，是先弄清楚什么是哲学，而这并不是一个非常容易的问题。从总体上说，马克思主义的辩证唯物主义（唯物辩证法）和历史唯物主义（唯物史观），是笔者本文中观察与分析的理论或方法论基础。具体而言，生态文明建设试点或示范区的实质，是尝试改进或重构人类社会不同层面或维度上的人与自然关系、社会与自然关系，而唯物辩证法和唯物史观的首要作用，就是帮助（要求）我们客观、辩证与历史地理解和对待自己的生态文明建设认知与实践。所谓"客观"，最主要的就是做

1　尤其需要指出的是，2016 年 8 月国务院印发了《关于设立统一规范的国家生态文明试验区的意见》和《国家生态文明试验区(福建)实施方案》，标志着各部委自主设置全国性试点示范区阶段的结束和福建、江西和贵州三省以及海南省成为第一批名副其实的国家级生态文明试验区，但这并不影响本书理论框架下的研究。

到实事求是，一切从实际出发，而我们必须面对的最大实际，就是不同地区或地域千差万别的生态环境条件——个别性的自然生态元素在现代科技支撑下是可以人工创造出来的，但有机整体意义上的生态环境系统更多是缘于自然而然的，因而，自然生态系统意义上的顺应与保护，永远是人类社会（主体）的第一选择。所谓"辩证"，最主要的就是自觉意识到（反思）我们各种认识与实践活动形式及其成果的正反两个方面，无论是感性经验还是理性认知，也无论是伟人发现的真理还是民间产生的智慧，其实都存在着一个正确性与错误性、合理性与局限性、主动性与依从性之间的共存或平衡问题——人类自然认知与实践能力的体现或发挥，并不仅仅表现为一种有意识的生态环境性改变，还包括一种基于主体自觉的生态环境性维持或保育，尽管要想充分实现这种保持性自然认知与实践的人类潜能，我们同样需要对既存的或人们已经习以为常的传统认识和社会实践做出深刻改变，尤其是在当代社会条件下。所谓"历史"，最主要地就是明确意识到，人类所有的认识和实践都是一种社会历史性的认识和实践——这意味着，我们的自然认知与实践就像其他议题上的认知与实践一样，既不是从来如此的，因而是可以改变的，也不是哪些（个）人主观喜好的结果，因而不是可以随意（时）改变的。

在此基础上，笔者认为，可以将我国的生态文明建设试点或示范区的哲学思考，细分为三个值得或需要追问的理论性问题或维度：一是"五位一体"或"五要素统合"的机理与机制，可简称之为"管理哲学或战略维度"。换言之，生态文明建设的健康顺利进行，究竟需要什么样的主客体关系、体制制度构架和经济政治与社会动力机制。二是省市县三级行政层面的更有效推动及其机理与机制，可简称之为"空间维度"。换言之，生态文明建设的健康顺利进行，在哪一个行政层面上是更容易发生和取得成效的。三是生态文明建设的社会主义性质或方向，可简称之为"政治向度"。换言之，生态文明建设的健康进行，是否及在何种意义上意味着社会主义的政治愿景与现实。

对于第一个问题，无论从生态文明的概念界定还是生态文明的建设战略来看，都意味着或指向一种新型的人与自然、社会与自然关系构架，或者说生态文明的经济、政治、社会、文化与生态的统一体，也即是党的十八大报告所强调的"五位一体"或"五要素统合"——把生态文明建设贯穿于其他四个议题领域的各个方面和全过程。依此可以说，"五位一体"或"五要素统合"的意涵，既应该在追求目标的意义上来理解，是生态文明建设成果或水准的标志性体现，也应该在实现路径的意义上来理解，是推进生态文明建设的重要手段或突破口。就此而言，必须强调的是，生态文明建设及其试点示范，同时具有复合型目标与路径的重要性，不可偏废。

在这方面，两个具体问题是尤其需要注意的。一是生态文明建设及其试点的根本，是创建一种全新的或不同于当代工业文明样态的人与自然、社会与自然关系，或者说一种生态文明的整体性经济、政治、社会、文化与生态。也就是说，实实在在的整体性文明革新或生态文明建设成果，是最重要或最具说服力的。尤其需要防止的是，仅仅用路径层面上的政策举措或人为努力——甚或单向度意义上的局地性努力——来取代切实的生态文明建设目标的进展，比如，用年度性植树造林数量的多少来表明区域自然生态条件的改善，或者用完成节能减排（关停并转）的额度来代替区域大气质量的改善，但事实上未必真正对应或吻合。二是生态文明建设及其试点的具体目标多样性与现实路径多元性，决定了二者之间在某一地区或地域的关系呈现是异常复杂的。这就意味着，任何一个生态文明建设试点的经验普遍性或示范效应，都是相对有限的。尤其需要指出的是，即便有着大致相近的自然生态条件的地区或区域，也未必能够适用同样的生态文明建设目标和战略，因为它们之间的经济社会发展水平和历史文化传统可能大相径庭。

当然，对尚处于初创阶段的、我国不同类型的生态文明建设试点示范区来说，最切实的关切也许是路径而不是目标层面上的。那就是，一个地区或区域如何才能更顺利开启一种可称之为生态文明建设的崭新历程。撇开其他因素，比如对于当地生态环境条件优劣势的客观辩证分析和建设目标突破口的策略选择，在笔者看来，如下三个路径意义上的要素是尤为重要的。

一是适当的主客体关系。对此，我们可以将其简要概括为，一个地区或区域中的社会主体明确分工，各司其职，或者说，由合适的人去做恰当的事。当然，一方面，现代社会中的主体还可以具体划分为政府及其官员、工商企业主及其职员、大众传媒与新媒体及其从业人员、高校师生和科技人员、非政府组织或社会民间团体及其成员和支持者、社会个体，等等。其中，一个核心性问题是，如何在上述社会阶层或群体中构建一种有利于生态文明建设的"绿色政治共识"或"绿色大众文化"——它不仅应当是大众性民主参与的（有着明确而制度化的传统民主政治参与渠道），还应当是审议民主性质的（任何组织和个人都准备做出基于生态文明进步理由的意识与行为改变），从而逐渐造就占据社会大多数的"生态文明公民"或"绿色新人"[1]。另一方面，传统意义上的社会精英与普通民众之间的分野，即便依旧存在，也只具有有限的意义。因为，无论是社会精英还是普通民众，都将面临着一个接受绿色教育或"再主体化"的过程，相比而言，传统意义上的社会精英并不具有更高生态文明素养上的天然优势。更为重要的是，生态文明建设实践（"客体"）的切实进展，归根结底都要转化（呈现）为新一代普通民众的日常生活方式与行为。

1　郇庆治. 生态文明建设与环境人文社会科学[J]. 中国生态文明, 2013(1): 40-42.

　　二是科学的体制制度构架。正如前文已指出的，生态文明建设及其试点的核心，是尝试创建一种环境与资源友好的整体性经济、政治、社会、文化和生态管理制度体系及其运行机制。[1,2] 相比之下，我们平常更多关注的属于经济体制与机制的各种形式的环境经济政策工具（比如生态环境税或"碳交易"），属于生态管理体制与机制的各种形式的环境行政监管政策工具（比如"生态红线"和国家公园），都只具有二等或次要的重要性。至少从国家层面上说，生态文明建设制度框架的"骨干"，应该是一个基于明确的（人民）主权授权的由立法、司法和执法三部分组成的"生态文明国家"或"环境国家"体系。这意味着，我国生态文明建设的推进及其成果，将会逐渐落实到国家"法治"体系的层面（比如明确将其纳入宪法和相关法律），而不会长期停留于党和政府的"政治"体系的层面（比如主要通过党中央国务院的有关"决定"和"建议"来推动实施）。同样可以预期的是，次国家层面上（省市县）的生态文明建设，也应立足或依托于相应层级上的国家性"法治"体制与机制（比如地方性法规与规划），而这也应是目前生态文明建设试点的应有之义和重要内容。[3]

　　三是充满活力的经济、政治与社会动力机制。恩格斯谈到历史发展的现实推动力时，曾提出了"历史合力"的著名论断[4]，强调对于人类历史的现实发展历程，不应该做一种过于简单化或形而上学的解释，而应理解为一种多种力量（包括理论观念和少数杰出人物）共同作用之下的综合性结果。同样，作为一种文明性变革的生态文明建设，任何真实意义上的持久性改变（善），一方面，都只能是一个需要时间来反复验证的历史过程，尤其需要明确的是，一个特定时代社会的主观性努力，总是有着自己的认知与实践边界的，不可能在短时间内"与过去决裂"或"开创未来"（我们经常说"罗马不是一夜建成的"，就是这个意思），另一方面，还只能是由包括经济科技、政治法律和社会文化等在内的多种因素共同作用所带来的，单纯的高新技术或行政命令，都可以导致一种迅速或大范围的社会生产生活方式改变，但却未必能够持续通向一个明确的或积极的方向。这方面的一个典型例子，是人们的交通方式与行为习惯及其改变。如今，大力发展公共交通是解决现代城市交通难题的根本出路，这已经成为一种得到广泛接受的绿色交通共识，但是，绿色交通或出行在世界范围内却远没有成为一种主流性的城市交通制度或民众选项。究其原因，社会各方面的制度机制不匹配和人们"刚性的"的现代交通习惯，都是不容忽视的支撑

1　郇庆治. 环境政治视角下的生态文明体制改革[J]. 探索, 2015(3): 41-47.

2　郇庆治. 环境政治学视角的生态文明体制改革与制度建设[J]. 中共云南省委党校学报, 2014(1): 80-84.

3　郇庆治. 论我国生态文明建设中的制度创新[J]. 学习月刊, 2013(8): 48-54.

4　恩格斯1890年9月21日《致约·布洛赫》和1894年1月25日《致瓦·博尔吉乌斯》的信, 见: 马克思恩格斯选集. 第4卷[M]. 北京: 人民出版社, 2012: 605, 649.

性要素，而且很难在短时间内做到实质性改变。也正是在上述意义上，我们对于各种单元素意义上的举措及其效果，比如私家车购买与使用的行政性或经济性限制，都应该持一种审慎的态度。

对于第二个问题，即省市县三级行政层面的更有效推动及其机理与机制，或者说生态文明建设及其试点的"空间维度"，在笔者看来，其核心是要讨论与确定更恰当的启动时机和区间。换言之，需要更充分阐明的是，我国的生态文明建设应该在何时、更适合在哪一个层面上率先展开和推进。具体来说，"适当时机"指的是，我们对于自身的经济现代化进程及其生态环境负效果的整体性判断以及行动决断，而"适当区间"指的是，究竟在多大规模的地理空间内来考虑与构建经济、社会和生态之间的（再）平衡是更为合理与有效的。对于前者，全国层面上的生态文明建设，以党的十八大报告及其三中全会《决定》、《意见》等重要文件为标志，已经做出了明确的政治宣示与战略部署，即大力推进生态文明建设已成为我们社会主义现代化建设总体布局中的一个内在组成部分，但具体到部分边远老少贫困地区，这方面的认识与态度问题恐怕未必已经得到完全解决。比如，环保部主持的试点方案中严重的东南部省份倾斜，所反映的大概不只是生态文明建设能力上的一种差距。

对于后者，笔者的基本看法是，省域（省、自治区、直辖市辖区）很可能是一个更为理想的选项。概括地说，这主要是基于"省域"在如下三个方面的相对独立性或自主性。[1,2]

一是行政区划。在我国这样一个相对集权的单一制国家，作为主要构成层级的省（自治区、直辖市），拥有相对于其他行政级别（地级市、县市区、乡镇、村社）更高程度的管治权力、资源和效率（比如地方立法权）。因而，它可以较为独立或自主地实施辖区内的公共管理和公共服务，包括推进生态文明建设。就此而言，甚至可以说，就像生态环境保护的第一监管责任方是省（自治区、直辖市）政府一样，生态文明建设实践的第一推动责任方也是省（自治区、直辖市）政府（当然是在中央政府之外意义上的）。目前已经提出和实施的京津冀协同发展、长三角城市群和珠三角城市群等国家级战略，正在凸显着超省域生态文明建设区间的必要性和重要性，但省域仍显然是更为重要的实体性行政层级。

二是生态系统。尽管全国乃至全球范围内的生态系统之间的整体性联系，是不言而喻的客观事实，但不同气候、流域、山系、土壤、植被或物种的多样性，总会因地理空间的改变而逐渐呈现出某种形式或程度的变化。而且总体说

　郇庆治，高兴武，仲亚东 . 绿色发展与生态文明建设[M]. 长沙：湖南人民出版社，2013：88，268-271.

2　郇庆治 . 志存高远 创建生态文明先行示范省[J]. 福建理论学习，2015(6)：4-9.

来，我国大部分省（自治区、直辖市）的行政辖区，是与其较为特殊和完整的生态系统相对应的——其中的例外也许只有内蒙古、甘肃和河北等。可以理解的是，行政区划越小，就越会面临着生态系统之间的交叉重叠，也就会给各种形式行政举措的引入及其实施造成困难，生态文明建设也不例外。因此，相比之下，省域可以更好地同时做到尊重辖区内生态系统的特殊性与完整性，主动改进人类社会活动及其结构与自然生态规律要求的协调程度——有着更宽广的观察视野与更充裕的回旋余地。也正是在上述意义上，我们需要谨慎倡导或宣传比如生态文明村（镇）的创建。

三是历史文化传统。历史文化传统是我国历代行政区划的重要参照标准，比如秦晋、齐鲁、燕赵、荆楚、潇湘、吴越、岭南、塞外等，这些春秋战国时期的称谓，与我们今天的省界划分依然有着相当程度的关联。更为重要的是，区域性历史文化传统与生态系统特性之间的复杂互动，构成了我国今日生态文明建设实践的重要前提。因此，我们在探索与尝试不同形式的制度体系创新时，必须充分意识到并尽量适应不同省域的历史文化传统。换言之，省域的历史文化传统，将会给我国生态文明建设的路径与模式探索提供不容小觑的激励或"正能量"。

毋庸置疑，我国的县域（县、市、区）也有着自己的特点和优势。自秦代置郡县以来，"县"就长期是中国封建社会经济与政治管治架构中的一个关键性单元，所以才有"郡县治、天下安"的传统说法。尽管进入近代社会后，传统县域的经济地位随着中小城市重要性的提升而有所下降，但在中华人民共和国成立后至今所形成的经济与政治管治架构中，包括县级市、区在内的县域仍是十分关键性的构成单元。改革开放之前，我国的大部分县域都形成了一个相对完整的国民经济和工业体系，而改革开放之后，我国的很多县域走上了市场经济模式下的竞争与分化的发展道路。结果，东南部省份的县域经济得到了相对较快的发展，而中西部省份的县域经济的发展要较慢一些。比如，由社会智库"中郡研究所"评选的"2015 年度全国百强县"结果显示，江苏、山东和浙江三省占了其中的绝大多数（63%），分别为 24 个、21 个和 18 个，而包括甘肃、广西、贵州、海南、黑龙江、宁夏、青海、西藏和云南在内的 9 个省份却无一入选（《生活日报》2015 年 8 月 24 日）。其中，排名并列全国第一的江阴市和张家港市，2014 年的地区生产总值分别为 2754 亿元和 2200 亿元（人均 16.9 万元和 14.67 万元），大致相当于宁夏回族自治区或青海省的经济总量（分别为 2750 亿元和 2301 亿元）。

从生态文明建设的视角来说，县域也是一个十分重要的行政与地理空间或平台，尽管缺乏像省域那样的独立性或自主性。

一方面，我国的县级政府有着相对较强的综合性行政掌控与协调权能，同时在省域和乡镇村社之间发挥着承上启下的衔接与过渡作用，因而，可以在一定程度上以一种整体性的思维与战略来考虑辖区内的经济、社会、文化和生态建设，而不简单是对党和国家方针政策与法规的贯彻落实。尤其是，无论对于生态文明建设目标的细化具体化还是建设路径战略的可操作化，县级政府都往往是最直接的一线领导者和组织实施者。

另一方面，县域经济在很大程度上依然（应当）是一种地方经济。这意味着，人与自然关系、社会与自然关系，更多（可以）是以一种本地化或面对面的形式得以展开。经济生产与营销过程中的本地化，可以使得或促进人们（作为生产经营者）对地方性自然资源的更明智与生态化利用，以及对他们身处其中的自然生态的更积极保护，而物质消费与生活活动的面对面形式，不仅可以使人们（作为消费者）更真切感受到个体、社会与自然之间的物质变换过程，以及人类生存生活对于自然生态系统的高度依赖性，而且可以由此培育人们的绿色消费意识和社区主体意识。

当然，与省域和县域相比，在推进生态文明建设的过程中，地级市（州、区）也具有不可替代的明显优势。

一方面，它有着比省域小、但比县域大的地理空间，可以有效解决省域范围内的自然生态差异性过大和县域范围内的自然生态系统交叉重叠难题，从而更好地在自然生态系统完整性和历史文化传统特点的基础上，调整与重构人与自然关系和社会与自然关系，并力争做到"五位一体"和"五要素统合"。

另一方面，改革开放40年来，随着我国经济社会现代化进程的不断拓展与深入，尤其是经济相对发达的东南部省份（比如长三角、珠三角和京津冀地区）的经济与社会一体化程度正在迅速提高。相应地，无论是狭义的经济发展还是像生态文明建设这样高度综合性政策议题的推进，都需要我们从一种更为宽阔的视野来考虑应对——比如对某一自然生态景观的旅游开发和对某种形态生态环境污染的有效治理管控。也正是基于这一原因，近年来地级市（州、区）作为一个行政层级的重要性有着逐渐提升的趋势。可以说，发改委等七部委方案和水利部方案，都把地级市（州、区）作为生态文明建设试点的主要层级，反映的正是这样一种趋势。

对于第三个问题，即生态文明建设的社会主义性质或方向，或者说"政治向度"，笔者认为，这是一个看似不言而喻、实则需要深入探讨或争论的问题，即党和政府在领导生态文明建设过程中的政治意识形态和制度体系取向。对于大部分学者和公众来说，这似乎是一个答案不证自明的问题。[1,2]因为，中国特色社会主义的道路选择和中国共产党的领导地位，已注定了社会主义在生

1　林安云. 社会主义生态文明建设的政治推进方略[J]. 哈尔滨工业大学学报(社科版)，2015(4)：122-126.

2　郇庆治. 社会主义生态文明：理论与实践向度[J]. 江汉论坛，2009(9)：11-17.

态文明建设中的政治正确性与意识形态领导地位。一般说来，这当然是没有异议的，但尤其是在资本主义主导的国际经济政治秩序和话语霸权之下，生态文明的"社会主义"前缀还意味着一种明确而激进的"红绿"政治偏好与选择[1]，而这是目前的生态文明及其建设研究学界所有意或无意回避的。

具体而言，这个问题可以从如下两个方面来理解与回答[2]，一是如何判定欧美国家生态环境问题阐释与应对经验的普遍性或局限性，二是社会主义的基本经济政治制度与生态文明建设之间的关系。

就前者而言，必须承认，欧美资本主义国家在第二次世界大战后遭遇了史无前例的严重生态环境难题或公害，而这些环境或生态难题或危机在 20 世纪 80 年代末以后的确得到了较大幅度的缓和与改善。问题是，这一结果究竟是如何发生的，在何种意义和程度上具有一种全球性普遍意义。事实充分表明，由这些国家操纵和长期占主导地位的国际经济政治秩序，20 世纪 70 年代末开始的新一轮经济全球化背景下的过剩资本输出和落后（肮脏）产业转移，这些国家内部的大众性环境抗议运动以及随后的绿党政治的兴起，以及后来成长为新兴经济体国家的经济改革开放，等等，共同促成了欧美国家转向一种"浅绿"色的经济产业结构、生态环境管治和大众性绿色认知（文化）。也就是说，欧美生态环境质量的相对改善是有条件的，而不是无条件的，因为，这更多是得益于原有生态环境难题或负荷的转移而不是消解。换言之，这些国家之所以呈现为经济发展与环境质量的"双赢"局面，是以众多发展中国家（包括中国在内的新兴经济体国家）对于严重污染性行业与产品的击鼓传花式"接力"为前提的，而地球作为一个整体的生态环境压力是加大而不是减轻了。这也是为什么，1972 年斯德哥尔摩人类环境会议 40 年后，我们面临着一个总体上更加恶化的地球生态系统和居住环境。由此可以理解，欧美国家的"生态现代化"或"生态资本主义"话语与战略，无疑是生态环境危机和挑战应对的一条现实性道路，但却很难说是一条普适性的道路，尤其是对于整个人类社会的可持续发展或文明延续而言。

就后者而言，必须看到，我们的改革开放政策是从对欧美发达工业化国家中的科学技术与经济管理以及相应的政策制度的借鉴与吸纳起步的，并用"融入国际（主流）社会"的笼统性说法淡化或回避了过去曾经过分强调的两种不同社会制度体系的政治分野。但一方面，资本主义从来就不只是一个政治标签或一句空洞的口号，而是从生产生活方式到文化价值观念的有机综合体。也就是说，对欧美资本主义发达国家所谓"先进经验"的机械式"拆解"或"辩证综合"并非易事，更为可能的是，亲资本甚或遵循资本逻辑的政治思维，会在

1 郇庆治. 再论社会主义生态文明[J]. 琼州学院学报，2014(1)：3-5.
2 郇庆治. "包容互鉴"：全球视野下的"社会主义生态文明"[J]. 当代世界与社会主义，2013(2)：14-22.

不知不觉之间逐渐侵蚀我们的整个经济、社会和文化——因为，按照新自由主义的逻辑，私人资本所主宰的市场及其逻辑是不应该有边界的。[1] 结果是，我们也许并未能建立起一个古典自由主义的或欧美标准的市场体系，但显而易见的是，社会和文化的畸形"市场化"已经成为一种"国殇"或"民族之患"。另一方面，经济至上或发展主义的思维惯性，也许还有此间形成的复杂的利益纠葛，使得我们的社会精英和普通民众越来越习惯于一种"泛经济"（发展）或"泛市场"的思路——经济发展（增长）是解决所有其他问题的关键，而市场（化）是解决所有经济与社会问题的关键，相反，人们对于一种不同于资本主义的或替代性社会主义的制度和观念体系的关注与热情大大降低了。但岂不知，无论是生态环境问题本身的应对还是相关性经济、社会与文化问题的较彻底解决，都首先是一个生态可持续的和社会公正的基本经济政治制度框架问题。也就是说，生态文明建设的试点或示范，归根结底是对这样一种新型制度体系的探索。因此，在生态文明建设试点或示范议题上，问题的实质不在于传统社会主义的理论教条，也不在于对资本主义的"为反对而反对"的态度，而在于我们依然需要一种明确的现实批判性或替代性的政治选择，这就是笔者所界定的"社会主义生态文明"的核心意涵。

毫无疑问，上述三个维度并不能涵盖我国生态文明建设试点或示范的理论与实践重要性的所有方面，而至多是笔者目前对当下不同形式的试点或先行示范区建设的关注和思考焦点。依此，概括地说，笔者想着重讨论或回答的是，党的十八大以来全面推开的我国生态文明建设，是否以及在何种意义上不仅成为我们实质性扭转和改变改革开放以来生态环境状况不断恶化过程的转折点，而且成为我们中国特色社会主义现代化建设或文明革新历史进程中的重大节点。

（三）

因而，可以理解的是，笔者在本书中所从事的主要是一种基于定性、而不是定量的理论性研究。换言之，对生态文明及其建设的基础性理论探讨，尤其是生态文明建设试点或示范区实践所提出或需要回答的深层次理论问题与挑战，是笔者所特别关注和着力于分析的对象。对此，笔者的基本看法是，学界目前对于生态文明及其建设的理论阐发与构建还非常薄弱，而广义上的环境政治社会理论或生态文化理论、生态马克思主义（社会主义）或"绿色左翼"理

1　郇庆治.终结无边界的发展：环境正义视角[J].绿叶，2009（10）：114-121.

论、党政文献政策的严肃与深入学理分析等，都可以为我们构建一种独立的"生态文明及其建设理论"提供重要资源与滋养。

　　与此同时，这种理论性思考又是以较为丰富的实地调研为基础的。最近几年来，特别是 2014～2016 年的三年间，为了执行北京市社科基金重点项目"生态文明建设试点示范区实践的哲学研究"，并结合完成国家社科基金重点项目"国内外重大生态文化理论及其主要流派研究"等，笔者分别专题考察了福建省、江苏省、江西省、三明市、陇南市、深圳市、密云区、延庆区、安吉县和唐县等的生态文明试点示范区建设，并参加了许多其他的相关性学术会议、政策咨询调研和典型实例点评。在此基础上，笔者对这些不同行政层级上的不同类型生态文明建设试点或示范区，提出了自己的看法，尤其是它们在何种意义上对笔者在前文中阐述的三个理论向度提出了经验验证或挑战。

　　因此，对我国生态文明建设试点或示范区进行建立在理论文献充分梳理消化基础上的个例研究与比较相结合的综合性分析，可以说是本书在方法论和结构上的主要追求或"特色"。当然，要想真正地做到这一点，显然并不容易。除了笔者个人能力与项目执行时间的相对短暂，使得难以更充分地把握相关文献材料并做更深入的科学分析，文献本身的有限性和实地调研的局限性，也是有必要特别提及的"客观原因"。就前者而言，生态文明及其建设作为一种独立的学术话语或交叉性环境人文社科学科，依然是远未成型或成熟的，更为常见的是对政策文件内容的再叙述或阐释，而不是基于科学界定概念的严谨的学理性分析。这种局面的部分性后果是，许多有着重要理论与学术价值的议题却难以引起学界的注意与共鸣，也就无法推动相关理论研究的深入与拓展。就后者而言，各级地方政府大都十分欢迎学者们的考察调研，但可以理解的是，他们更愿意或希望展示的是当地最成功或"出彩"的一面，生态文明建设上也不例外。因而经常是，亲眼所见、亲耳所闻的却并不是事情的全貌或"真相"，而要在短短几天内"去偏获全""去伪存真"是不容易的。

　　笔者较为集中地投入到生态文明及其建设的理论研究，是在党的十八大之后，因而至多是这一新兴学术领域中的一个"新兵"。我最主要的学术成果是 2013 年年末出版的《绿色发展与生态文明建设》和 2014 年年初出版的《生态文明建设十讲》[1]。它们分别属于实践和理论视域下的研究，前者旨在提供一个更为合理的绿色发展视角下的省域生态文明建设量化评估指标体系，而后者则致力于构建一个综合分析生态文明及其建设的理论框架。

　　在相当程度上，由导言、结论和 15 篇专题论文所组成的本书，是笔者近年来对于生态文明及其建设议题的理论思考的自然延续与拓展。只不过，本书的

1　郇庆治, 李宏伟, 林震. 生态文明建设十讲[M]. 北京: 商务印书馆, 2014.

目标是更为具体的和有限的。 笔者希望，我国的生态文明建设试点或示范，可以成为我们理解、诠释与构建一般性生态文明理论的适当案例或平台，而这样一种理论性分析与反思又能切实促进更大范围内的生态文明建设与创新实践。相应地，本书的主体内容在结构上分为理论篇和实践篇两个组成部分，而在写作风格上，本书也采用了专题文集而不是学术专著的形式。 专题文集相比于学术专著，也许缺少了一些结构上的严密和逻辑连贯性，但笔者想强调的是，作为其构成主体的论文形式，可以为作者预留更大的自由思考空间。 此外，笔者也希望，导言和结论部分可以提供对于本书从核心概念到基本观点的一种更为系统的清晰阐释与表达。

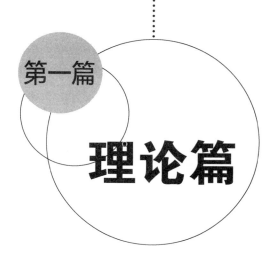

第一篇

理论篇

第一章
生态文明建设：
新政治思维与理论创新

对于改革开放 40 年后的当代中国来说，社会主义生态文明建设，依然既是一种新实践，也是一种新理论。相应地，作为执政党的中国共产党，要想领导好这场崭新的中国特色社会主义实践，就必须努力学习掌握、还要勇于创新这一新型理论。也就是说，大力推进生态文明建设，绝非仅仅是经济、技术和社会文化层面上的创新问题，还是一个政治革新问题、党的建设问题，而党的建设的重要方面就是理论建设或创新。

一、生态文明建设的根本是一种
"好社会"的新政治愿景

对于我国生态文明建设的长远目标、战略部署和任务总要求，党的十八大报告及其三中全会《决定》已经做了系统而清晰的阐述。[1,2] 概括地说，就是要着眼于"努力建设美丽中国、实现中华民族永续发展"和"努力走向社会主义生态文明新时代"的长远目标，把生态文明建设全面融入经济建设、政治建设、文化建设、社会建设的各方面和全过程（"五位一体"），在坚持"基本国策"（节约资源和保护环境）基础上实施"三个发展"（绿色发展、循环发展和低碳发展），其核心是实现节约资源与保护环境的"空间格局、产业结构、生产方式、生活方式"，从而服务于如下具体性"绿色目标"："从源头上扭转生态环境恶化趋势，为人民创造良好生产生活环境，为全球生态安全作出贡献"。更具体地说，就是要着力于如下四个政策层面或重点领域，即"优化国土空间开发格局""全面促进资源节约""加大自然生态系统和环境保护力度""加强生态文明制度建设"，以及如下四个改革议题

1 胡锦涛. 坚定不移着中国特色社会主义道路前进 为全面建成小康社会而奋斗[R]. 北京：人民出版社，2012：39~41.

2 中共中央关于全面深化改革若干重大问题的决定[R]. 北京：人民出版社，2013：52-54.

或政策环节，即"健全自然资源资产产权制度和用途管制制度""划定生态保护红线""实行资源有偿使用制度和生态补偿制度""改革生态环境保护管理体制"。

对于执政党即中国共产党来说，所有上面这些论述，可以进一步概括为一种关于未来"好社会"的新政治愿景。换句话说，中国共产党希望并相信，这种新政治规划或蓝图更能够获得全国绝大多数民众的政治认同，也更能够做到凝聚和动员起全国绝大多数民众的政治意志与行动。笔者认为，其核心要点是：①未来中国理应成为一个山川秀丽的、永续发展的社会主义生态文明（新）中国；②为此，我们必须实质性地改变（或综合性地提升）当前主导性的空间开发格局、经济产业结构、生产生活方式，而这将是一场深刻的社会—生态转型，远不只是经济体制改革的延续与深化；③中国共产党在这一革命性的全面深化改革中将继续扮演政治领导角色。

这一新政治愿景之所以是"新"的，在笔者看来，就在于它与我们过去30年作为未来理想或蓝图的初级版本有着明显不同。

首先，它更强调的是当代中国社会各方面和社会与自然生态之间的协同共进与平衡。尽管我们仍将"发展"主要作为一个肯定性的概念来使用，但它已经不是不受任何条件制约的空间膨胀和数量扩张，尤其是在经济生产和消费总量的意义上（主要体现为 GDP 增长）。换句话说，"物质繁荣"、"社会进步"和"生态环境健康"，至少是同样重要的目标性考量，而且严格来说，后者有着更为根本的决定性意义。因为，如果没有自然生态健康，人民群众的基本生活质量（比如清新的空气和安全的饮食）就难以得到保障，相应地，各种形式的经济福利和物质繁荣（更不用说 GDP 增速）也将难以得到理论上（尤其是伦理与正义维度下）的辩护。[1,2]就此而言，党的十八大报告所提出的"五位一体"或"五要素统合"概念，绝非仅仅局限于实施战略层面。

其次，它更强调的是社会公众（阶层、区域和民族）主体的生活质量与生活品质提升，而不再是少数地区、群体和阶层的经济体量与消费的快速增长。适度的经济成长仍是必要的，尤其是对于那些相对"落后"的地区，但整个国家的首要目标，应逐渐转向如何在并不算小的经济规模基础上，构建一套更为有效地保证社会绝大多数民众基本生活条件的更公正制度和社会保障机制。必须看到，我国不可能实现像欧美国家那样建立在庞大自然物质耗费基础上的社会富裕，而这也就要求我们只能创建一种能够较好维持人与自然、社会与自然之间和谐关系的更为公平的经济社会制度。依此而言，党的十八大报告对于生

1　郁庆治. 发展主义的伦理维度及其批判[J]. 中国地质大学学报(社科版), 2012(4): 52-57.

2　郁庆治. 终结无边界的发展: 环境正义视角[J]. 绿叶, 2009(10): 114-121.

态文明的"社会主义"意涵的强调，绝非仅是修饰之语。[1,2]

再次，它更强调新时期中国全面深化改革的社会—生态转型特征或挑战性。我国过去 30 多年的经济社会发展，更多是建立在主动融入（模仿）欧美工业化国家经济现代化道路和模式的基础上的。事实已证明，我们是一个优秀的学习者，而且这段学习与模仿的经历对于中国经济总量的成长或追赶是十分必要的。但是，一方面，任何模仿都意味着或多或少地"重复"被模仿者的缺陷或错误，我们也不能例外，社会贫富差距扩大和生态环境破坏就是明证；另一方面，无论是社会公正还是生态环境保护，都是我们绝不能牺牲的基本目标，并且它们都很难在传统的工业化范式（尤其是资本主义体制）之内得到充分实现。日渐清晰的是，在当代世界中我们离成为一名"老师"还有相当长的时间和距离，但我们成为一名自主性"学生"的时刻已经到来。所以，十八届三中全会的《决定》指出，全面铺开的深化改革，将是中国共产党领导的新一场"革命"，而与 20 世纪 80 年代初做出的改革开放的"革命性"抉择不同，我们今天的改革有着更坚实的经济基础和更高的政治自觉与自信。

新的政治愿景，意味着不同的政治目标追求或"政治正确性"标准。应该承认，改革开放以来前一个 30 年的实践所造就的，并不只是国家经济体量的迅速扩张或膨胀，还有与之相对应的治国理政理念、政治意识形态和社会道德文化。无疑，这些政策举措、政治观念和伦理价值，都是在那时特定的经济社会背景之下产生的，而且总的来说大都发挥了一种积极的作用，但从上述新政治愿景的视角及其要求来看，它们就未必一定是像过去那样不容置疑的或"政治正确的"，比如，我们都能耳熟能详的"让一部分人先富起来"、"发展（才）是硬道理"和"先经济（污染）、后环保（治理）"，等等。这些在很长时期内都被人们视为理所当然的政治口号，在大力推进生态文明建设的今天，都是我们必须充分反思与清理的"副遗产"。[3]

二、新政治愿景的实现依托于一种新政治

从最宽泛的意义上说，生态文明建设不仅有一个如何政治推进的问题，还有一个能否政治推进的问题。因为，就像文明本身是一个包括器物、制度、技术、观念等不同层面的整体一样，文明的演进或变迁，更多是一个大时空跨度

1 郇庆治. 再论社会主义生态文明[J]. 琼州学院学报, 2014(1): 3-5.

2 郇庆治. 社会主义生态文明: 理论与实践向度[J]. 江汉论坛, 2009(9): 11-17.

3 郇庆治. 发展的"绿化": 中国环境政治的时代主题[J]. 南风窗, 2012(2): 57-59.

的、自主性的现象。[1] 也就是说，任何一种文明形态或样式一旦形成，我们就很难期望，它会在突然之间自主发生根本性的变化——这大概就是阿诺德·汤因比（Arnold Toynbee）所讲的文明的挑战与回应的本意（反之，没有挑战则没有回应，尽管人类文明史上许多对挑战的回应并不成功）。[2] 强调这一点，不仅有助于使我们避免社会主义制度建设过程中的许多历史教训，也会让我们更加明确生态文明建设的历史长期性和现实复杂性。欧洲人说"罗马不是一天建成的"，我们则说"泰山不是垒的"，讲的都是同一个道理。文明革新或社会变革中的政治动力无疑是重要的，但却永远是有限的或有条件的。正因为如此，无论是党的十八大报告还是其三中全会《决定》，更多使用的概念都是推进"生态文明建设"，而不是"生态文明"。

　　然而，笔者在此更想强调的，是生态文明建设实践的自身特殊性：文明生态化革新的广泛性、深刻性和当代中国的现代化环境或语境，都要求我们引入或孕育一种激进的绿色新政治。[3] 首先，需要探索和创建一种生态化或合生态的社会主义（新）经济制度。必须看到，真正面向或代表着人类文明未来的，并不是当今世界中占主导地位的、建立在私人所有权基础上的市场经济，而是一种能够同时将社会基本需求满足和自然生态健康保障置于绝对优先地位的新经济形态或形式："生态化"（生态可持续性）和"社会主义"（社会公正）是其基本特征。[4] 前者的基本政治要求是，社会性和个体性的经济活动（同时包括生产与消费活动），不能以其他个体或社会整体（以及更广泛意义上的生态共同体）的生态环境质量为代价（除非这种代价性付出是无法避免的和得到充分补偿的）；后者的基本政治要求是，社会性和个体性的经济活动（同时包括生产与消费活动），应侧重于个体和社会群体的基本需求的适当满足，尤其是通过各种形式的合作和分享（尽可能限制资本渗入或覆盖的范围和现行的基于资本逻辑的经济考量）。因此，对于当代中国来说，经济体制与制度全面深化改革的基本目标，不是无条件和无限度地扩展资本与市场的适用边界和力度，而是尽快（重新）确立经济、社会和生态之间的相互制衡与有机平衡，尤其是在制度体系或框架的层面上。这就意味着，我们当前的经济制度体系以及"经济主体"，必须进行一场深刻的社会生态化重建或转型[5]，而不简单是一个进一步市场化和扩大开放的问题。

　　其次，需要探索和创建一种生态化的或合生态的社会主义（新）社会。过

1　卢风，等. 生态文明新论[M]. 北京：中国科学技术出版社，2013.

2　阿诺德·约瑟夫·汤因比. 历史研究[M]. 郭小凌，王皖强，译. 上海：上海人民出版社，2010.

3　郇庆治. 论我国生态文明建设中的制度创新[J]. 学习月刊，2013(8)：48-54.

4　郇庆治. 重建现代文明的根基：生态社会主义研究[M]. 北京：北京大学出版社，2010.

5　郇庆治. 布兰德批判性政治生态理论述评[J]. 国外社会科学，2015(4)：13-21.

去一段时期"市场取向"改革的社会后果的积极一面，是社会个体或公民主体意识（包括环境质量和权益意识）的自觉与萌生[1]，但我们也可以清楚发现，这种严重受到个人主义浸染的个体或公民意识，有着明显的消极一面，即往往体现为对传统集体主义的简单化弃置或拒斥。[2] 而在一个严重"去集体化"或"去政治化"的社会中，我们是很难想象有着真正意义上的"政治变革要求"或"生态团结"力量的——这也可以说是当今世界资本主义制度体系的"成功秘诀"所在，即通过从根本上消解任何集体性意识形态和激进政治来捍卫自己所钟爱的意识形态和政治（也就是新自由主义的市场经济和民主政治）。因此，对于当代中国而言，构建一种生态化或合生态的社会主义社会的首要任务，就是去努力实现公众生态意识和集体意识的重新结合，而这种结合是离不开相应的社会（制度）条件的。这其中的一个最重要方面，就是社会公众同时能够借助于制度渠道和集体组织来民主掌控国家的经济及其运行方向，从而进一步提供社会生态化转型的经济前提。这就意味着，我们当前的社会制度体系及其"社会主体"，同样必须进行一场深刻的社会生态化重建或转型，而不简单是一个社会管理或组织创新问题。

再次，需要探索和创建一种生态化的或合生态的社会主义（新）文化。就像资本主义制度体系绝非只是市场经济和多元民主政治的简单叠加，而是有着远为复杂的人与自然、社会与自然关系模式和物质主义、消费主义大众价值文化作为基础性支撑一样，生态文明及其建设，也需要一种新型的伦理价值及其文化形态、文化主体。换句话说，社会主义的生态文明建设，需要社会主义的"生态文明公民"或"生态新人"。[3] "生态新人"当然不会是天生的、纯粹的，甚至可以想象，任何一个时代的"生态引领者"或"生态创业者"，都会多少带有"旧社会"浸染的痕迹。但关键在于，一种健康的生态化的社会主义文化，应该能够做到将"社会教育（社会引领）"和"自我教育（生态反思精神）"相结合，从而呈现为一个相互学习、共同进步的文化创造与进步过程。而且我们有理由相信，新型的经济制度和健全的社会，将更容易使这样一种新文化的孕育与萌生成为可能。因此，在当代中国，生态化的或合生态的社会主义文化建设，并不仅仅是（局限于）一种狭义上的生态文明观念宣教，还是一种新型的社会与经济制度建设、文化建设。需明确的是，先进的文化当然会发挥对整个社会公众的教育引领作用，但先进的文化只有相应的经济制度与社会条件来保障才能成为大众性的文化——所谓"人创造制度，但制度也造就人"

1　环境保护部. 全国生态文明意识调查研究报告［R/OL］. （2014-03-25）［2015-05-08］. http://www.mee.gov.cn/xxgk/hjyw/201403/t20140325_269661.shtml.

2　于建嵘. 抗争性政治：中国政治社会学基本问题［M］. 北京：人民出版社，2010.

3　郇庆治. 生态文明建设与环境人文社会科学［J］. 中国生态文明，2013(1)：40-42.

的辩证意涵，就是如此，尤其是在文明性革新的意义上。

当然，一个真正的难题在于，如何能够创造出一种启始上述革命性全面变革所需要的、生气勃勃的绿色新政治，尤其是在社会主义现代化发展仍是我国主流性政治话语的时代语境下。笔者的基本看法是，生态文明建设将是一个长期性的历史过程，相应地，生态化或合生态的社会主义经济、社会与文化的创建，也将是一个漫长的历史进程。对此，我们必须保持足够的耐心与谨慎。这方面的一个突出例子是，目前由国家部委组织实施或各省（自治区、直辖市）自主开展的不同形式的生态文明试点示范区或先行区建设，更多带有局地性试验的性质，绝不意味着可以通过几个"五年规划"或中长期规划就能够建成生态文明。但是，我们前进的方向必须是明确的。概括地说，生态文明建设所要求的生态化或合生态的社会主义制度与体制的创建，将既取决于精英阶层的高质量"顶层设计"，也需要普通民众的广泛性"民主参与"；将既是一种"制度民主"的完善过程，也应是一种"社会民主"的不断扩展；将既是一种"自由民主"的充分实现（从而更好地确认与保障公民个体权利），更体现为一种"生态民主"的制度化（更加承认与接受对人类自由的生态限制）。[1] 总而言之，它将是一个社会主义民主政治的彻底实践和全面创新过程，也是一个社会主义社会通过不断试验与探索而重新赢得认可与尊重的过程。

三、开启新政治思维需要大力推进党的理论创新

在一般意义上，我们可以对"生态文明及其建设"做一个如下四重维度上的界定[2]：其一，生态文明在哲学理论层面上是一种弱（准）生态中心主义（合生态或环境友好）的自然/生态关系价值和伦理道德；其二，生态文明在政治意识形态层面上是一种有别于当今世界资本主义主导性范式的替代性经济与社会选择；其三，生态文明建设或实践则是指社会主义文明整体及其创建实践中的适当自然/生态关系部分，也就是我们通常所指称的广义的生态环境保护工作；其四，生态文明建设或实践在现代化或发展语境下，则是指社会主义现代化或经济社会发展的绿色向度。其中，前两层含义相结合，可以构成对党的十七大报告中首次提出的"生态文明观念"的更完整解释，并彰显了生态文明及其建设的绿色激进政治意蕴。但必须指出的是，当前至少在相当一部分的社会与知识精英和党政干部中，"生态文明及其建设"主要还是被在后两个维度上来理

1　郇庆治. 环境政治学视角的生态文明体制改革与制度建设[J]. 中共云南省委党校学报, 2014(1): 80-84.
2　郇庆治. 生态文明概念的四重意蕴：一种术语学阐释[J]. 江汉论坛, 2014(11): 5-10.

解、对待。 也就是说，对于他们而言，生态文明及其建设就是一种扩展版或升级版的"生态环境保护工作"，甚或是"新瓶装陈酒"，所不同的只是把过去没有做的事情做起来、把没有做好的事情做好。

对于生态文明及其建设的这样一种实践性或功用性理解的"政治合理性"，是不言而喻的。 因为，至少在一个可以预见的将来，我国生态文明建设面临的主要任务，是实质性治理长期工业化与城镇化过程中产生与积累起来的各种环境污染，比如大气污染、水污染和土壤污染——近年来影响我国华东大片地区的雾霾问题，就已成为一个十分棘手与敏感的民生和环境政治议题[1,2]，以及逐渐恢复已经不同程度超载而变得不堪重负的自然生态系统。 日渐明晰的是，大量所谓工业发达地区已然越过了生态极限的"红线"，而许多所谓不发达地区的经济开发，也显然是不合乎生态文明准则的或"反生态的"。 正因为如此，党的十八大报告才使用了"资源约束趋紧、环境污染严重、生态系统退化的严峻形势"的表述。 所以，不难理解的是，生态红线坚守、环境污染整治、饮食安全保障等，这些看起来与生态文明甚或文明无关的"目标底线"，却是我们未来一段时期生态文明及其建设的"战略前沿"。

然而，这种实践性或功用性理解的最大缺陷，是很难引入或激活一种前文所述的生态文明及其建设的新政治思维。 比如，一方面，我们往往会在狭义的时空范围内孤立地讨论、应对生态环境问题，岂不知，生态环境问题既不承认我们通常意义上理解的行政边界，也不会是孤零零的大气、水、土壤或植被问题，而是互相联系和互相影响的。"头痛医头、脚痛医脚"式的生态环境问题理解与应对，结果往往是不同难题表象之间的置换和局部性改善与整体性恶化现象的并存。 另一方面，我们往往会习惯性地偏向于生态环境问题理解与应对的经济技术思维与行政管理层面。 现代环境管治体制和环境经济（技术）政策手段，的确是欧美国家实现其生态环境初步改善的重要制度工具，但它们的治理成效是依赖于其发达的市场经济、法治环境和民主政治文化的，而且更重要的是，这些国家都首先是以问题的转移而不是消除作为解决路径的。 [3,4]

甚至可以说，欧美国家今天的"碧水蓝天"，正是建立在使像我国这样新兴经济体付出"环境牺牲"的国际经济政治秩序基础之上的——也正是在这种意义上，欧美国家非常希望包括中国在内的新兴经济体的"稳定发展"。 [5]

那么，我们如何才能够"站得更高"或开启生态文明建设的新政治思维

1　郇庆治. 雾霾政治与环境政治学的崛起[J]. 探索与争鸣，2014(9)：48-53.

2　郇庆治. 环境政治学视野下的"雾霾之困"[J]. 南京林业大学学报(人文社科版)，2014(1)：30-35.

3　郇庆治. 21世纪以来的西方生态资本主义理论[J]. 马克思主义与现实，2013(2)：108-128.

4　郇庆治. "包容互鉴"：全球视野下的"社会主义生态文明"[J]. 当代世界与社会主义，2013(2)：14-22.

5　欧美主要强国近年来不断提及的希望包括中国在内的新兴经济体保持稳定并发挥更大的国际作用，大概就首先应在不构成挑战、甚至有利于维持当今世界经济政治秩序的意义上来理解，否则的话就将是另外一种情况或对策。

呢？ 在笔者看来，一个重要路径就是继续大力推进党的绿色理论创新。应该说，无论是 20 世纪 80 年代初的"环境保护基本国策论"，还是 90 年代初的"可持续发展战略"，以及 21 世纪初的"科学发展观"，都是党和政府政治意识形态主动"绿化"的标志性成果，但是，着眼于领导引领我国新时期改革开放实践的社会主义生态文明建设，作为执政党的中国共产党还需要更大的理论解放与创新勇气。

具体而言，笔者认为，我们应着重在如下三个方面取得突破性的理论进展。

其一，更系统地梳理、提炼生态马克思主义（社会主义）学派的理论成果。[2,3] 广义的生态马克思主义理论，既包括对经典马克思主义生态思想的整理挖掘，也包括对 20 世纪 60 年代末以来历代学院派学者和实践派活动家思想的总结分析；既包括对现行资本主义制度及其文化观念的政治生态学批判，也包括对替代性的社会主义经济政治制度与文化的原则性构建。因此，无论在政治立场还是在认知方法论上，生态马克思主义（社会主义）理论都对我国的社会主义生态文明建设有着更多的借鉴价值。

需要强调的是，生态马克思主义（社会主义）已不能再简单理解为一个国外或西方的绿色左翼理论流派。[4] 相反，就像马克思主义（科学社会主义）理论本身一样，它首先是中国共产党人和理论工作者思考包括生态文明建设在内的社会主义现代化与全面发展实践的重要理论资源（工具）和成果。也就是说，当代中国的生态马克思主义，同时是中国特色社会主义理论与实践创新过程中的一个有机组成部分，因而也有一个不断中国化、时代化与大众化的问题。当然，成功实现上述这些的前提是，新一代中国共产党人要率先做到了解它、掌握它和运用它。

其二，更深入地学习、吸纳欧美国家"绿色"环境政治社会理论的积极成果。[5] 必须承认，与 20 世纪后半叶欧美国家大规模的环境法治与行政监管体制建设和环境经济技术革新相伴随的，是各种形式的环境政治社会理论（环境人文社会科学）或生态文化理论的蓬勃兴起。正是这些始于社会公众的价值与文化层面上的生态化转向，直接导致了欧美国家自 80 年代末起的主流政治与政策的"绿化"——环境运动团体和绿党的先驱作用当然功不可没，但主流政党与政治的及时跟进也非常重要。[6] 正因为如此，时至今日，在当今欧美国家，哪怕再保守的政党或政治，都不会挑战"泛绿"的政治正确性。对于欧美国家这

1　郇庆治. 增长经济及其对中国的生态影响[J]. 绿叶, 2008(6)：16-23.
2　郇庆治. 当代西方绿色左翼政治理论[M]. 北京：北京大学出版社, 2011.
3　郇庆治. 重建现代文明的根基：生态社会主义研究[M]. 北京：北京大学出版社, 2010.
4　郇庆治. "红绿"政治视阈下的生态马克思主义[N]. 中国社会科学报, 2011-08-30(1,2).
5　郇庆治. 当代西方生态资本主义理论[M]. 北京：北京大学出版社, 2015.
6　郇庆治. 环境政治国际比较[M]. 济南：山东大学出版社, 2007.

样一个"华丽转身"故事的任何浪漫化叙述或解读，都是片面化甚或错误的，但无可否认并且值得借鉴的是，绿色理论与实践之间的良性互动，的确对于二者都极端重要。

应该指出的是，作为执政党的中国共产党，既不必讳言"生态主义"和"社会主义"不同视角下的政治考量侧重——"社会公正"或"社会进步"永远是任何左翼政治的更直接性目标，但也不必纠结于"红"与"绿"之间的任何僵硬的意识形态分野。严格地说，社会主义生态文明建设的目标本身就意味着，它只能是一种既"红"且"绿"的激进的新政治选择。至于与绿色阵营内部的"深绿"和"浅绿"流派之间的关系，作为一个左翼执政党，最重要的是做到"并重共举""志存高远"——努力在深刻的伦理价值革新和渐进的具体政策主张之间保持一种适度的张力与平衡，同时又坚定而不失时机地推进自己激进的"红绿"政治政策目标与举措。[1]

其三，更自觉地挖掘、传承中国传统文化与文明中的生态智慧。[2] 如今，我们已足可以大胆地承认，延续了数千年之久的主流中华文明是一种典范式的农业文明，但也同时是一种典范式的生态文明。[3] 虽然也存在着某种形式的生态环境退化或破坏，但总的来说，农业文明的经济、社会与文化制度框架及其价值观念，保证了一种相对和谐的、更可持续的人与自然、社会与自然关系，至少相对于当今主流性的工业化与城市化文明是如此（比如，有多少人会相信我们今天的现代工业文明能够延续 5000 年？）。这绝不是说，近代社会以来中国的现代化道路完全是一个"历史性错误"，更不意味着可以否定我们的现代化努力、尤其是改革开放以来所取得的巨大经济成就，而是说，超越工业化的生态化实践需要我们"返璞归真"，重新检视中华文化与文明中的生态智慧。

必须强调的是，在笔者看来，真正重要的不是复习先人使用过的理论文本或教科书，比如目前方兴未艾的读经诵诗活动（固然这也是十分必要的，尤其是对于年幼儿童来说），而是如何能够重新获得和运用对于先人来说也许只是生活常识的生态智慧（比如，"小桥、流水、人家""开门见南山"）。相比过去，人类拥有了太多也许引以为自豪、但却因之隔断了作为一种生命存在与自然相联系的东西，如今我们则必须学会选择和舍弃。道理似乎很简单，但只靠讲道理是远远不够的。对于一个政党和国家来说是如此，对于我们人类社会来说也是如此。

如果局限于本体论的视角，那么，所有的认识及其元素都只能来自于客观性的物质实践活动。但在人与自然关系、社会与自然关系的具体认知架构与社会历史过程中，人类认识和实践之间就是一种远为复杂的辩证互动关系——理

1　郇庆治. 绿色变革视角下的生态文化理论研究[J]. 鄱阳湖学刊, 2014(1)：21-34.
2　乔清举. 儒家生态思想通论[M]. 北京：北京大学出版社, 2013.
3　潘岳. 中华传统与生态文明[J]. 资源与人居环境, 2009(1)：111-113.

论与实践的互动及其在社会历史进程中的呈现，是异常丰富生动、色彩斑斓的。对于生态文明及其建设来说，这种辩证互动性的启迪意义就在于，某些社会主体——无论是行政组织还是社会群体——的理论创新意识和行动，可能会直接影响到他们现实实践的目标愿景、手段路径和实际结果，并且条件合适的话，还会触发（开启）一个更大范围内的全新进程。

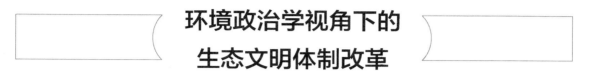

第二章
环境政治学视角下的
生态文明体制改革

政治学意义上的"体制"是指某一政策/议题领域中各种形式制度的组合或综合体，"制度"是指从事某种更具体政策制定实施的组织机构及其规范，而"机制"则是指衔接不同制度之间、整体性体制与具体制度之间的政策性工具或手段。依此而言，生态文明及其建设的政治与政策的决策落实，所需要的就是一个系统性、复合性体制，其中包括不同形式的具体制度（比如政府组织机构和非政府民间团体），而将其衔接起来的则是各种更具体、技术性的机制。也就可以理解，党的十八届三中全会所强调的"深化生态文明体制改革、加快建立生态文明制度"，既是我国新时期全面深化改革需要着力的重要侧面，也是党的十八大提出的"大力推进生态文明建设"战略部署的细化与延展。

一、生态文明体制改革与制度建设构架及其演进

对于我国生态文明及其建设的体制与制度框架，2012年11月举行的中共十八大做了非常宏观而明确的总体规划或"顶层设计"。[1] 概括地说，在笔者看来，它包括如下三个方面的内容。

其一，生态文明体制、制度建设与创新的重要性。党的十八大报告明确指出，"加强生态文明制度建设""保护生态环境必须依靠制度""加快建立生态文明制度，健全国土空间开发、资源节约、生态环境保护的体制机制，推动形成人与自然和谐发展现代化建设新格局"。其根本原因在于，生态文明建设是涉及生产方式和生活方式根本性变革的战略任务，而实现这样的根本性变革，必须依靠完善的体制、制度。

其二，生态文明体制、制度建设的总目标。这方面概言之，就是"努力建设美丽中国，实现中华民族永续发展"。进一步说，它又可以分解成如下三个

---

1 胡锦涛. 坚定不移沿着中国特色社会主义道路前进 为全面建成小康社会而奋斗[R]. 北京: 人民出版社, 2012: 39-41.

具体层面："给自然留下更多修复空间，给农业留下更多良田，给子孙后代留下天蓝、地绿、水净的美好家园"；"从源头上扭转生态环境恶化趋势，为人民创造良好生产生活环境，为全球生态安全做出贡献"；"努力走向社会主义生态文明新时代"。可以说，上述三个层面分别代表和彰显了总目标"美丽中国"或"永续发展"中的自然生态友好、以人为本和社会主义要求或特质。

其三，生态文明体制、制度建设的基本构想。具体而言，它包括如下四个方面的内容：一是在"五位一体"的社会主义现代化建设整体布局下，建立体现生态文明要求（考量资源消耗、环境损害和生态效益）的经济社会发展目标体系、考核办法和奖惩机制。二是建立国土空间开发保护制度，完善最严格的耕地保护制度、水资源管理制度、环境保护制度；加强环境监管，健全生态环境保护责任追究制度和环境损害赔偿制度。三是深化资源性产品和税费改革，建立反映市场供求和资源稀缺程度、体现生态价值和代际补偿的资源有偿使用制度和生态补偿制度；积极开展节能量、碳排放权、水权交易试点。四是加强生态文明宣传教育，增强全民节约意识、环保意识、生态意识，形成合理消费的社会风尚，营造爱护生态环境的良好风气。可以说，上述四个方面共同构成了一个较为系统而完整的生态文明体制与制度框架。

2013 年 11 月举行的党的十八届三中全会的《公报》[1]，用两段话进一步阐述了"加快生态文明制度建设"这一主题。一是在阐述全面深化改革的总目标之后的总论中："紧紧围绕建设美丽中国深化生态文明体制改革，加快建立生态文明制度，健全国土空间开发、资源节约利用、生态环境保护的体制机制，推动形成人与自然和谐发展现代化建设新格局。"二是在分论综述之后的第 13 段："全会提出，建设生态文明，必须建立系统完整的生态文明制度体制，用制度保护生态环境。要健全自然资源资产产权和用途管制制度，划定生态保护红线，实行资源有偿使用制度和生态补偿制度，改革生态环境保护管理体制。"

此外，在"一年来工作回顾"、"全面深化改革总目标"和"全面深化改革系统部署"三段中，分别提到了"全面推进社会主义……生态文明建设"、"加快发展社会主义……生态文明"和"加快生态文明制度建设"。

可以清楚看出，第一，作为"五位一体"总布局的重要一翼和 15 项重大改革战略之一，生态文明及其（体制制度）建设，已经成为党和国家高度重视的重大政治主题；第二，《公报》回应与坚持了党的十八大报告所阐述的生态文明制度建设的总目标与任务总要求；第三，与全面深化改革的会议主题相对应，《公报》着重强调了"生态环境管理体制、制度"和"生态经济体制、制度"方面的改革要求与行动部署。

1　中国共产党第十八届中央委员会第三次全体会议公报[R]. 党建, 2013(12)：4-8.

需特别指出的是，习近平同志在对《决定》所作的解释性说明中[1]，专题阐述了"关于健全国家自然资源资产管理体制和完善自然资源监管体制"（第二部分的第十点），并指出，"健全国家自然资源资产管理体制是健全自然资源资产产权制度的一项重大改革，也是建立系统完备的生态文明制度体系的内在要求"。

习近平同志除了强调自然资源资产的所有权人权益、职责和监管权力、体制之间的关系理顺对于生态环境保护的重要性，还着重阐发了构建一个自然资源资产所有权人和国家自然资源管理者相互独立、相互配合、相互监督的体制与制度背后的认识论问题。"我们要认识到，山水林田湖是一个生命共同体，人的命脉在田，田的命脉在水，水的命脉在山，山的命脉在土，土的命脉在树。用途管制和生态修复必须遵循自然规律，如果种树的只管种树、治水的只管治水、护田的单纯护田，很容易顾此失彼，最终造成生态的系统性破坏。由一个部门负责领土范围内所有国土空间用途管制职责，对山水林田湖进行统一保护、统一修复是十分必要的。"[1] 这其中蕴涵的绝非仅是从所有权和监管权力相区分的角度，来重新规划与构建我国的自然资源与生态环境管理体制和制度体系，还包括强调尊重自然资源和生态环境本身的整体性及其生态价值的重要性。

当然，对生态文明体制改革和制度建设得更具体战略部署，集中体现在《决定》的第 51～54 条中。[2]

在"建设生态文明，必须建立系统完整的生态文明制度体系，实行最严格的源头保护制度、损害赔偿制度、责任追究制度，完善环境治理和生态修复制度，用制度保护生态环境"的总论之后，第 51～54 条具体论述了生态文明体制改革和制度建设方面的行动部署和任务要求。而总起来看，笔者认为，第 51 条"健全自然资源资产产权制度和用途管制制度"和第 53 条"实行资源有偿使用制度和生态补偿制度"，大致属于生态（环境）经济体制、制度的范畴，而第 52 条"划定生态保护红线"和第 54 条"改革生态环境保护管理体制"，大致属于生态环境管治体制、制度的范畴。

应该强调的是，一方面，《决定》"加快生态文明制度建设"部分的总论，还强调了"必须建立系统完整的生态文明制度体系，用制度保护生态环境"。这意味着，生态文明体制、制度，必须是同时包含生态（环境）管理、生态经济、生态社会、生态文化的系统性制度体系，而不仅限于政府管治和经济政策层面，更不能将生态文明体制改革和制度建设简化为一个经济体制与制度

1　习近平. 关于《中共中央关于全面深化改革若干重大问题的决定》的说明[R]. 党建, 2013(12)：23-29.

2　中共中央关于全面深化改革若干重大问题的决定[R]. 北京：人民出版社, 2013：52-54.

议题。

另一方面，生态文明体制、制度建设，既在整体上受约束于《决定》所阐述的全面深化改革的理论指导、总目标（完善和发展中国特色社会主义制度与推进国家治理体系和治理能力现代化）、中国实际（在整个社会主义初级阶段发展仍是解决我国所有问题的关键）和总体进度（2020 年前在重要领域和关键环节改革上取得决定性成果），也同时与坚持和完善基本经济制度、加快完善现代市场体系、加快转变政府职能、深化财税体制改革、健全城乡发展一体化体制机制、构建开放型经济新体制、加强社会主义民主法制建设、推进法治中国建设、强化权力运行制约和监督体系、推进文化体制机制创新、创新社会管理体制、深化国防和军队改革、加强和改善党对全面深化改革的领导等诸多领域密切相关。也就是说，生态文明体制改革与制度建设，既不是一个孤立的政策议题领域，也不可能在实践中做到单骑突进式的推进。

2015 年 4 月，中共中央、国务院《意见》，在强调把生态文明建设放在突出的战略位置并着重落实党的十八大及其三中全会提出的"三个发展"、"四大战略部署"和"四项改革举措"的基础上，把推进生态文明建设的前沿领域或突破口，进一步细化为"强化主体功能定位、优化国土空间开发格局""推动技术创新和结构调整、提高发展质量和效益""全面促进资源节约循环高效利用、推动利用方式根本转变""加大自然生态系统和环境保护力度、切实改善生态环境质量""健全生态文明制度体系""加强生态文明建设统计监测和执法监督""加快形成推进生态文明建设的良好社会风尚""切实加强组织领导"等八个方面、32 项任务。

值得注意的是，第一，该文件明确将"生态文明制度体系"包含的内容归纳为：法律法规、标准体系、自然资源资产产权制度和用途管理制度、生态环境监管制度、资源环境生态红线、经济政策、市场化机制、生态保护补偿机制、政绩考核制度、责任追究制度等。第二，它特别提出要"协同推进新型工业化、信息化、城镇化、农业现代化和绿色化"（"新五化"）。这样，对生态文明及其建设的战略部署和任务总要求的表述，就既可以采取像党的十八大报告及其三中全会《决定》那样的横向条块样式，也可以借助"绿色化"概念做出更具动态感的新概括，比如生产方式的绿色化、生活消费方式的绿色化和观念思考方式的绿色化。当然，一方面，包括"绿色化"在内的"新五化"其实是一个有机整体，很有些类似生态文明建设与其他四大建设之间的"五位一体"依存（互动）关系，而其他"新四化"的健康发展不能有悖于、而必须能够促进"绿色化"的进展。另一方面，比如"三个发展"（绿色发展、循环发展、低碳发展）的具体内容，在很多方面是与"绿色化"的动态要求相一致的，实现低碳和循环本身就是"绿色化"在资源与能源节约上的主要表现。

二、生态文明体制制度改革的环境政治学分析

在全面深化若干重点领域改革的主题下，党的十八届三中全会及其《决定》着重强调了"紧紧围绕建设美丽中国深化生态文明体制改革、加快建立生态文明制度"，从而"推动形成人与自然和谐发展现代化建设新格局"。可以看出，与党的十八大相比，三中全会既坚持了在社会主义现代化事业"五位一体"总格局的视野下来考量、推进生态文明建设，又突出了生态文明建设中的体制改革与制度创新这一关键或"突破口"。不仅如此，像其他政策议题领域一样，《决定》对生态文明体制、制度建设的"四项改革举措"（后来的《意见》则进一步细化为"十项制度"，但基本架构未变）都做了尤为细致的目标规定——比如具体划定哪些方面的生态保护红线。那么，我们应如何正确理解这些看起来"经济色彩浓郁"、而且有些"碎片化"的体制改革与制度创新要求呢？笔者认为，最重要的是坚持与贯彻一种生态文明及其建设的综合性思维。[1]

应该说，过去几年来在解读、宣传党的十八大报告以及《决定》《意见》关于大力推进生态文明建设论述的过程中，学界已经达成了一些较为广泛的共识。比如，就像对制度本身的目标状态（既包括机构化、实体性的制度组织，也包括规范、准则意义上的软制度）和动态过程（也就是我们平时常说的"制度化"）的两个层面理解一样，生态文明体制、制度建设，也应同时包括生态文明建设的制度化和生态文明制度的建设两个层面。

生态文明建设的制度化，更多关注或致力于使生态文明建设成为一种国家（政府）依法和有组织推动的政策议题或领域。一般来说，这意味着更大规模的公共财政与人力资源投入和社会各界尤其是大众传媒的更广泛关注。比如，我国2013年中央预算主要支出项目中，节能环保支出达到2101亿元，比上年预算数增加18.8%，高于绝大部分支出项目的增幅。这大致对应于我们描述某一政策或议题领域重要性时经常使用的"制度保障"。相比之下，生态文明制度的建设，则更多关注或致力于使一个国家（或区域）的基本性经济、社会和生态管理体制具有符合生态文明要求的表征。一般来说，这意味着这个国家（或区域）中各种社会共同体生产与生活方式的实质性改变。这大致对应于我们描述某一国家（或区域）中文明整体性变革时所指称的"制度创新"[2]。

1　郇庆治.贯彻综合思维、深化生态文明体制改革[N].中国社会科学报，2013-11-15.
2　郇庆治.论我国生态文明建设中的制度创新[J].学习月刊，2013（8）：48-54.

　　更具体地说，近年来生态文明及其建设研究中已逐渐达成的共识是，生态文明体制、制度建设的目标，应是一种基于综合性思维的复合性制度体系。概括地说，它至少应包括如下四个层面：一是生态（环境）管理制度，也可以称为生态化的公共管理，需要解决的主要问题是对自然资源、生态环境实施真正合生态性的管理，而非仅仅将生态资源用以经济开发（"赚钱"），或者将生态资源作为资本进行管理；二是生态经济制度，这理当是一个非常重要的层面，主题是如何构建绿色的生产生活方式，其中包括绿色消费方式；三是生态社会制度，主题是社会组织方式、社会生存方式如何体现生态、环境友好的要求；四是生态文化制度，主要问题是生态观念的培育、教育和传播，根本性问题则是如何改变、提升人的生态文明素质。也就是说，科学理解的生态文明及其制度建设，是一项至少同时包含上述四个层面的整体性工作。而且，从目前所设计创制的各种权威性生态文明建设评估指标体系来看[1]，大家也已认同并基本接受这样一种生态文明制度建设的综合性认知。此外，至少从"五位一体"或"五要素统合"的角度来说，生态政治制度也是不容忽视的一个重要层面。而且，生态政治所涉指的也绝非仅仅是相关性法律法规或执政党建设的问题。[2]依此，我们可以说，生态文明及其制度建设的核心性问题，是一种综合性思维基础上的复合性制度体系建设。笔者的看法是，这已是一个颇为难得的生态文明体制、制度建设的理论共识，不应再将其做过于片面或简化的表述。而只要从上述五个层面来理解我国的生态文明及其制度建设，那就很容易看到，我们还只是处在一个非常初步的阶段。

　　相应地，在生态文明体制改革与制度建设过程中，我们事实上同时面临着"立"与"破"的两个方面的任务和工作。

　　其一，生态文明新制度理念的制度化。因为，生态文明制度的建设，就像生态文明及其建设本身一样，是一种全新制度体系的建设，此前的现实中许多制度都是完全缺位的，而我们所要做的就是将那些符合（有助于）生态文明理念、目标的制度构想出来，并完成其制度化。这方面比如健全国土空间开发、生态环境保护的体制机制等，都有赖于非常新的制度理念或要求；此外，全国范围内实行充分的资源有偿使用和生态利益补偿，也是全新的制度构想，比如像上海和西藏乃至全国其他地区之间相对合理公正的生态补偿制度究竟应怎样规划，是一个全新的课题。因此，我们在生态文明制度建设上面临的首要问题是，如何使这些全新的制度理念实现初步的制度化，并在日后的实践进程中不

　　1　比如环保部 2013 年上半年公布的《国家生态文明建设试点示范区指标（试行）》和北京林业大学 2010 年创制的"中国省域生态文明建设评价指标体系"（ECCI）。

　　2　郇庆治．走向生态文明的政治路径［M］//黎祖交．党政领导干部生态文明建设读本．北京：中国林业出版社，2014：335-371.

断调整与完善。

其二，生态文明制度体系的建设也意味着，我们必须大刀阔斧地改革已有的、传统的经济、社会、文化以及生态管理制度中不符合生态文明目标、要求的方方面面。按照党的十八届三中全会及其《决定》的改革总要求，我们应以革命性的思维、精神、勇气，深入检视与反思现有的、传统的关涉生态文明建设的制度、体制和机制，而这肯定会最终牵涉到每一个政府部门的政策管理与日常工作，以及每一个公民的生活方式和习惯。

也就是说，完整意义上的生态文明体制改革与制度建设，绝不仅仅是环境经济政策领域和生态环境管理领域的"雄鸡独唱"，而至少是"五位一体"或"五要素统合"意义上的复合性"交响乐"。同样，它也不仅仅意味着把过去没有的体制、制度、机制建立起来，还需要把那些如今已经不再适合或起着阻碍性作用的体制、制度、机制废除掉，而这几乎必然意味着不同利益和认知主体之间的政治博弈与较量——当然，从生态民主政治的视角来说，这也并不只是一个相互斗争的过程，还是一个彼此交流与学习的过程。

总之，笔者的基本观点是，我们当然要紧紧抓住并切实推进《决定》《意见》等已明确勾勒出的生态经济体制、制度和生态（环境）管治体制、制度方面的改革与建设工作，但同样重要的是，我们必须坚持一种更加综合性的生态文明体制、制度建设的思维与视野。生态文明及其制度建设的目标，除了经济体制、制度和机制之外，还包括政治、社会、文化、生态管理等诸多层面上的多种体制、制度和机制，而后者的创建与完善同样也需要我们进行更大胆、更科学的改革、调整和构建。对此，笔者认为，我们同时需要科学的"顶层设计"和严谨的"摸着石头过河"态度，其核心则是坚持和贯彻一种综合性的思维和创新意识，而绝不能寄希望于单纯依靠市场力量或"资本的逻辑"[1]。因为，生态文明及其建设的宗旨，是让更广义上的社会公正、环境正义成为我们全社会的主导性原则，而这只能通过政府负责任的行为和民众的民主参与去构建、完善，而不能简单交给市场。

三、强化对生态文明体制制度改革深刻性的认识

党的十八大以来，全国上下对"大力推进生态文明建设"的宣传研究，开展得有声有色，而实践层面上对有关战略部署与任务要求的贯彻落实，也取得

1　卢风. 消费主义与"资本的逻辑"［G］//郇庆治. 重建现代文明的根基:生态社会主义研究. 北京:北京大学出版社, 2010: 135-161.

了诸多积极进展。这方面最具代表性的，是国务院于 2013 年 9 月正式出台了重点针对华东沿海地区的《大气污染防治行动计划》（简称"大气十条"，2015 年 4 月和 10 月又出台了相近似的"水十条"与"土十条"）。与较早前公布实施的《重点区域大气污染防治"十二五"规划》相比，"大气十条"的目标更明确、措施也更具体。比如，它明确规定：到 2017 年，全国地级及以上城市可吸入颗粒物浓度比 2012 年下降 10% 以上，优良天数逐年提高；京津冀、长三角、珠三角等区域细颗粒物浓度分别下降 25%、20%、15% 左右，其中北京市细颗粒物年均浓度控制在 60 微克／立方米左右。[1]但站在党的十八大报告所阐明的"五位一体""建设美丽中国，实现中华民族永续发展"的长远目标与战略高度，必须看到，生态文明建设的现实推进，仍有些"雷声大、雨点小"的情势。尽管可以列举出各不相同的"客观"理由——比如近几年来经济增长下行压力增大、民生社会福利支出增加、不同区域之间的经济发展不均衡，等等，但笔者认为，一个亟待解决的深层次问题，仍是关于大力推进生态文明（体制、制度）建设重要性紧迫性的认识，或者说，我们全社会的绿色政治共识尚需强化。

生态文明建设贵在行动，这当然是对的，尤其是在党的十八届三中全会《决定》和随后的《意见》做出了体制创新与制度建设的具体行动部署之后。但在笔者看来，大力推进生态文明建设、包括体制改革与制度创新的重要前提，是我们对于生态文明及其建设认识的实质性提升与突破。在这方面，笔者认为，尤其需要强调如下三点。

首先，生态文明及其建设是一种新型政治。[2]生态文明及其建设作为一个概念一经提出，特别是先后被党的十七大、十八大报告吸纳为一个重大执政理念与方略，就已明确地具有一种新型政治的意涵和特征。[3,4]概言之，生态文明及其建设作为一种新政治，主要包括如下两层含义：第一，保障公众与生态环境权益相关的生活质量，已成为关系到人民群众切实利益的重大民生政治议题和目标。无论从公民基本权利保障、还是从政府政治责任的角度来看，确保公众生活在一个安全、舒适和具有美感的生态环境之中，都已成为我国政府（国家）与公民（社会）之间多重关系中的一个基础性维度。换句话说，认可、尊重并保障公民的生态环境权益，是我们社会主义国家及其政治的基本目标和合法性源泉。第二，大力推进生态文明建设，彰显着中国共产党政治意识形态和发展战略层面上的重大阶段性调整。改革开放 40 年之后，中国共产党不仅因为成功领导了国家经济实力的大幅度提升和社会主义市场经济体制的创建，而得

1　国务院发布《大气污染防治行动计划》十条措施力促空气质量改善［R/OL］.（2013-09-12）［2013-11-22］. http://www.gov.cn/jrzg/2013-09/12/content_2486918.htm.

2　郇庆治. 生态文明新政治愿景 2.0 版［J］. 人民论坛，2014(10 上)：38-41.

3　郇庆治，高兴武，仲亚东. 绿色发展与生态文明建设［M］. 长沙：湖南人民出版社，2013：20-22.

4　郇庆治. 发展的"绿化"：中国环境政治的时代主题［J］. 南风窗，2012(2)：57-59.

到了广大人民群众的衷心拥戴，同时也随着我国经济社会现代化发展的阶段性转变，而面临着诸多层面上的调整或转型压力。在很大程度上，大力推进生态文明建设，就是要通过执政党政治意识形态和发展战略的主动"绿化"，来解决现代化初级阶段中被相对忽视的生态环境保护问题，目标则是努力在一种更高水准上满足人民群众的物质文化需要。但值得注意的是，尽管中央主要领导也多次阐述强调[1]，生态文明及其建设无论在理论界的宣传研究还是各级政府的政策回应中，都尚未达到应有的政治高度。

必须指出，生态文明建设作为一种"新型政治"，并不是欧美国家意义上的"新政治"，后者主要是作为一种现代民主政治环境和语境下的大众性民主抗争运动发展起来，并逐渐渗透到主流性的民主政治制度渠道或平台（"向制度内进军"），从而发挥了一种绿色"星火"的作用（当然，这种绿化作用归根结底是有限的）。相比之下，生态文明建设在我国的政治议题化甚或主流政治化，都首先是通过中国共产党的执政经验反思与学习过程来完成的。中国共产党的自我反思与不断学习能力毋庸置疑，但事实也表明，左翼政党的政治意识形态与政纲的绿化受制于多方面的因素（尤其是对普遍性物质富裕基础上的社会进步的信奉），将只能是一个缓慢的渐进过程[2]，执政的中国共产党也不例外。

其次，生态文明及其建设需要一种新型管治体制。正如党的十八大报告阐述生态文明建设时使用的"五位一体"概念所蕴涵着的，整体性、综合性和多维性是生态文明建设的本质要求，甚至就是生态文明本身。[3] 而这样一种系统性理解对于当今中国来说就意味着，我们最好（必须）能够借助于复合性应对和时间演进，来逐渐消解环境保护与经济发展之间在资本主义制度条件下呈现为的简单化对立。这也是党的十八大报告所强调的建设"社会主义生态文明"的重要意蕴。[4] 很显然，这种意义上的生态文明及其建设，需要一种全新的政府体制和管治。因为实际上，传统政府体制下的"条块分割"特征，并不怎么适合这种综合性的生态文明建设。我国目前存在着的"群龙治水"（导致地下水污染很难找到一个行政主管部门）、"诸神争空"（空气中不同污染成分竟隶属于不同的行政主管部门），就是这方面的最好例证。也正因为如此，我们确实需要一种类似"中央生态文明建设委员会"或"国家自然、环境和遗产委员会"的综合性机构，哪怕是更多发挥一种协调性职能。同样需要指出的是，必须明确，环境管治非常不同于经济管治。在可以预见的将来，我们不能指望，生态

1　中共中央宣传部. 习近平总书记系列重要讲话读本[M]. 北京: 学习出版社, 2014: 120–130.

2　郇庆治. 欧洲绿党研究[M]. 济南: 山东人民出版社, 2000: 165–179.

3　郇庆治. 多样性视角下的中国生态文明之路[J]. 学术前沿, 2013(01 下): 17–27.

4　郇庆治. "包容互鉴": 全球视野下的"社会主义生态文明"[J]. 当代世界与社会主义, 2013(2): 14–22.

环境的有效管理可以单凭企业（行业）自治或公民自律来实现。依此而言，当前正在实施的新一轮"简政放权"，必须充分考虑到环境与经济的边界及其差异。

"管治"或"治理"（governance），目前已经成为一个深刻影响到我国公共管理与决策的学术性概念。[1]党的十八届三中全会《决定》关于"推进国家治理体系与治理能力现代化"的表述，进一步扩大甚或放大了这样一种学术与社会影响[2,3]，其核心是，现代政府要力求在政府、企业和社会（包括大众传媒和非政府组织）等多重角色的立体性共同参与和民主协商中实现公共政策的落实或公共管理的目标，或者说政府的"善治"。但似乎被有意无意回避的是，"管治"或"治理"从词源上是与政府（government）直接相关的，而关于政府的任何讨论都首先是一个政治与民主的问题。因此，在笔者看来，作为生态文明及其建设基础的新型管治体制，至少同样重要的是现行体制的进一步民主化问题（尤其是生态民主理念的政治制度化）和加强"管治"或"治理"问题（多元社会主体的多维度、多形式参与）。

再次，生态文明建设需要一种新型公民。生态文明建设中的物质性、制度性层面，无疑非常重要，但真正支撑着一种生态文明大厦的，只能是有着生态文明自觉的公民或"生态新人"。[4]换句话说，生态文明建设的根本性问题，是成千上万的、尤其是年轻一代的生态文明主体的成长和培育。为此，我们必须着力处理好两个方面之间的关系：既要采取实质性措施包括强化立法与执法来保障每一个共和国公民的生态环境合法权益，又要理直气壮、大张旗鼓地开展每一个共和国公民都要有所担当的生态环境责任和义务的宣传教育。这方面的一个典型实例，是如何积极应对如今已成为大众话题的雾霾天气。2013 年初冬发生在东北地区、长江中游地区的城市雾霾现象表明，无论政府采取何种具体措施，这恐怕都不是一个短时间内能够解决的难题。如果这个判断能够成立，那么，对于广大公众（同时作为消费者和公民）而言，所需要的就不仅是理性的现实态度与耐心，还包括更加积极的主动配合和参与——尤其是尽快改变目前的城市交通出行方式。

部分受个体经济利益的单向度霸权的影响，我国的公民教育长期以来日益简化或萎缩成为一种经济权益宣示，其实，即便是经济活动领域中的权益，也是与责任、义务和职责等约束性规范相联系（依存）的，否则的话，就一定会呈现为经济活动中的无法、无序和无德，而这是与社会主体成员的利益和愿望相违背的。而一旦超出狭义的经济领域，公民资格或权利，就更明显地呈现为

1　李泉. 治理思想的中国表达：政策、结构与话语演变[M]. 北京：中央编译出版社，2014.

2　俞可平. 论国家治理现代化[M]. 北京：社会科学文献出版社，2014.

3　胡鞍钢，等. 中国国家治理现代化[M]. 北京：中国人民大学出版社，2014.

4　郇庆治. 亟待发展的中国环境人文社会科学学科[J]. 环境教育，2011(1)：47-50.

一种相对于社区或共同体的依存性意义（重要性）。 也就是说，离开了某一社区或共同体，个体公民的身份或权益是很难加以界定或独立存在的，而公民的实质性意涵是义责和付出，而不是权益和获取。 在笔者看来，正是这种共和主义和后世界主义的公民概念[1]，而不是传统的自由主义的公民概念，构成了我们生态文明公民教育与培育的适当基础。

当然，生态文明建设并不是、也不可能成为一种截然不同于"旧政治"的新政治，但确已十分清楚的是，生态文明体制改革与制度建设需要基于一种崭新的政治思维和行动。 应该说，党的十八大报告对此已经做出了充满政治想象力的愿景描绘，而三中全会《决定》和《意见》则对此做出了更加明确具体的行动部署，但笔者认为，"美丽中国"的最终美梦成真，还需要全国各族人民、尤其是政治精英更强烈政治认知基础上的意愿与行动。 对此，我们必须有着清醒的认识。

---

1 安德鲁·多布森. 环境公民权与环境友好行为:批判性评述[G]// 郇庆治. 当代西方生态资本主义理论. 北京: 北京大学出版社, 2015: 147-201.

第三章

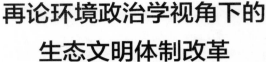

再论环境政治学视角下的
生态文明体制改革

大力推进生态文明建设的重要方法论基础，是对于经济基础与上层建筑之间，以及社会主义现代化建设过程中经济、社会、文化与生态等领域之间整体性与辩证关系的深刻认知与把握。依此而言，党的十八大报告所强调的把生态文明建设融入政治建设各方面和全过程，既是生态文明建设在不同具体领域取得实质性进展的客观需要和必需动力，也将会成为我国新时期民主政治建设不断拓展与深入的重要试验场。[1] 因此，一种清晰的环境政治学理论视角，有助于我们准确理解和贯彻落实党的十八大报告及其三中全会《决定》等关于深化生态文明体制改革、加快生态文明制度建设的决策部署。

一、什么是环境政治？

一般地说，环境政治（生态政治或"绿色政治"），在理论上指的是人类社会如何构建和维持与其生存的自然环境基础之间的适当关系，其中包括人类与地球及其生命存在形式的关系和以生态环境为中介的人们之间的关系，而在现实中，则是指人类不同社会或同一社会内部不同群体，对某种类型环境问题或对环境问题某一层面的认知、体验和感悟及其政治应对。依此，我们可以把环境政治研究的内容大致划分为密切关联的四个部分：绿色思想（生态政治理论）、绿色运动（环境运动组织或团体）、绿党（环境政党政治）和环境公共管治制度及政策[2]，以及按照政治意识形态激进程度或颜色深浅区分的"深绿"、"红绿"和"浅绿"（"蓝绿"）三大阵营。[3]

而从政治行为体的角度来说，环境政治就是政治主体（"利益攸关方"）

1 郁庆治. 走向生态文明的政治路径[M]//黎祖交. 党政领导干部生态文明建设读本. 北京:中国林业出版社, 2014: 335-371.

2 郁庆治. 环境政治国际比较[M]. 济南:山东大学出版社, 2007: 1.

3 郁庆治. 绿色变革视角下的生态文化理论研究[J]. 鄱阳湖学刊, 2014(1): 21-34.

围绕着生态环境议题而形成的权力结构及其互动关系。[1]

需要说明的是，其一，生态环境"议题"并不等同于生态环境"问题"或"难题"。作为后者更多是在客观实在的意义上，往往是科学认知与阐释的对象，而作为前者则是经过一系列政治运作之后的结果。简单地说，一个客观存在的生态环境难题要经过许多步骤，才能成为一个被政治关注、讨论，以至产生某种政治结果的议题。换言之，能够成为政治议题的生态环境难题，未必就是现实中最为严重的生态环境问题，反过来也是一样。比如，全球气候变化之所以在20世纪90年代后成为了国际环境政治的头号议题，与欧美国家的强势推动密切相关，而对于新兴工业化国家和亚非贫穷国家来说，对于生态环境挑战往往有着非常不同的理解。

其二，"利益攸关方"或政治行为体所涉指的"利益"，并不能做一种过于简化的物质利益意义上的理解。这其中既包括传统意义上的财富收入形式的物质利益，也包括生活质量意义上的休闲娱乐形式的精神利益，还包括超出个体/区域自我需求满足意义上的对人类（代际）、甚至非人类物种的可持续性关切。事实上，生态环境议题的政治关切或表达，往往采取一种超出直接或自我物质需要的共同利益或"公益"形式。比如，20世纪60年代末欧美国家兴起的环境运动和绿党，所着力宣称的正是人类社会本身、整个地球的生存危机。

其三，"权力"也不同于传统意义上的实体性、甚至军事性权力。毫无疑问，制度性、实体化权力，比如国家或跨国公司，在当代社会中仍是最为强大的权力存在。但一方面，传统的经济政治制度（市场经济和民主体制），往往呈现为生态环境难题的制造者或"同谋"，而不是认真的应对者；另一方面，欧美国家中被称为新社会政治运动的"绿色运动"，正是作为传统政治经济制度与体制的"对立物"而出现的。甚至可以说，无论资源还是组织结构都有所欠缺的"绿色运动"，却显示了强大的社会政治动员能力或"权力"，并构成了西方社会经济与政治绿色转向的民意或文化基础。

环境政治构架中的主要行为体或角色，主要有如下五个：政府、企业、社会、公众和传媒。它们在一种健康而有活力的环境政治与管治形成中发挥着各自的作用。

政府：尽管政府（不管是自由主义政府还是社会主义政府）在现实中发挥的作用，饱受生态激进主义者的批评，但目前的大致理论共识是，一是生态环境管治或公共环境产品是政府不容推辞的政治"契约"责任，二是政府仍是当代社会中最为强权的权力主体。就前者而言，生态环境治理状况是一个现代国家或政府管治能力的基本标志，也是人民主权政治问责的基本内容；就后者来

1　郇庆治. 雾霾政治与环境政治学的崛起[J]. 探索与争鸣，2014(9)：48-53.

说，区域一体化和全球化的不断推进，并没有弱化、甚至反而强化了民族国家政府的环境管治权能。基于此，比如"绿色国家"理论就认为[1]，民族国家或政府的"绿化"，在国内和国际层面上都是必要的和可能的。

企业：虽然不能说企业只能是生态环境问题的直接制造者或"主犯"，但事实一再证明，企业的自律（社会/道德责任）和各种形式的可持续发展伙伴关系，都更多具有一种象征性的有限意义。任何一个国家的发展当然都离不开企业，但全球化背景下的现代企业的资本增值逻辑和过度竞争性质，决定了其很难自觉服务于社会理性与生态理性的公共目标。因而，政府的监管和社会各界的监督仍是绝对必需的，而只有在这一前提下，我们才可以预期，经济通过企业管理与技术创新而不断走向"生态现代化"[2]。相应地，"让市场在资源配置中发挥决定性作用"，只有在狭义的经济范围内才会是正确的。

社会：政治学意义上的社会，主要是指作为国家与企业的"对立面"。社会与国家之间的对立统一关系的要义在于，有组织的人民群众可以同时在政治与社会的层面上表达权益诉求，行使民主参与和监督权利，而社会与企业之间的对立统一关系的要义在于，有组织的人民群众可以同时作为生产者和消费者，集体发挥其经济民主监督与影响决策的作用，促使企业更好地履行公益与社会责任。需要指出的是，"对立"并不必然意味着"对抗"，而是代表着一个广义社会中的不同基本目标或维度之间的平等对话、沟通和共识达成。比如，欧美国家20世纪60年代末70年代初看起来颇为极端的"绿色运动"，最终带来的却是整个政治制度架构的绿化和企业经营体制的绿化（当然只是有限的）。

公众：世界范围内的社会自组织化程度的降低（尤其是在政治学意义上）和消费社会的到来，正在使公众或公民个体成为环境政治中备受关注的角色。比如，公众个体的消费行为与选择，被赋予日渐突出的环境经济或政治意义，越来越多的环境公共政策也基于这一理念来制定实施（比如交通拥堵费或各种环境税费），但正如不少学者所批评指出的[3]，培养自觉的环境或生态公民有着更为深远的意义。应该承认的是，如何动员公众个体在积极参与环境政治集体行动的同时，实质性地绿化自己的生活方式与习惯，是一个世界性的难题，在欧美国家也不例外。

媒体：环境政治作为一种大众性社会政治运动的兴起，媒体在其中发挥了

1　罗宾·艾克斯利. 绿色国家:重思民主与主权[M]. 郇庆治，译. 济南:山东大学出版社，2012.

2　马丁·耶内克，克劳斯·雅各布. 全球视野下的环境管治:生态与政治现代化的新方法[M]. 李慧明，李昕蕾，译. 济南:山东大学出版社，2012.

3　马克·史密斯，皮亚·庞萨帕. 环境与公民权:整合正义、责任和公民参与[M]. 侯艳芳，杨晓燕，译. 济南:山东大学出版社，2012.

十分突出的作用。环境新社会运动的新议题、新价值取向、新组织形式、新动员手段，在吸引媒体大量报道、公众广泛关注的同时，也促进了该运动本身的快速而持续发展。而在目前这个媒体时代，包括生态环境议题在内的政治社会动员，更是离不开各种形式的传媒。当然，媒体传播有着自己的要求与规律，尤其是网络技术的日新月异，更是在相当程度上重塑媒体的形象与功能。比如，媒体报道的即时性、全球化和平民化，正在使之成为一个巨大的民意凝聚和政治影响力量，但由此而产生的一个突出问题是，媒体对于某一突如其来的环境事件的过度关注或报道，未必有利于政府和社会对该事件的理性思考与应对，而这又往往意味着对其他环境问题的相对忽视。

上述阐释表明，一种健康或理想的环境政治，是上述五方面要素之间的动态平衡和良性互动关系。而真正能够使这种关系成为可能的，只能是一种广义上的、但却是真实的"政治民主"。很显然，这种民主政治并不等同于西方自由主义的多党民主制，而是人民群众的主权与主人地位得到高度保证、制度创造与创新潜能得以充分展现的新型民主，或者说，是一种尚在形成中的生态民主。[1]

就我国而言，中国共产党的独特角色形塑了我国特色的环境政治。中国共产党的唯一、长期执政党地位，决定了她是上述整体性结构中的"第一主体"或"绝对主体"。这意味着，中国共产党政治意识形态的"绿化"及其政策化、制度化，将会扮演一种"牵一发而动全身"的作用。[2] 具体来说，像环境保护基本国策、可持续发展战略、科学发展观等政治生态学话语，可以通过从政府机构到大众传媒的制度化或正式渠道，进行公众动员、政策创议讨论和法规政策落实。因而，应该承认，这样一种集中化的关系架构（自中心向外围）和动力机制（自上而下），确有其积极的一面，可以避免某些环境议题立法与政策制定上的过度争论，而且有着相对较高的贯彻落实效率（至少在形式上是如此）。

但这只是同一枚硬币的一面，我们还必须看到，中国共产党（发展）政治意识形态的绿化呈现为一个缓慢而艰难的过程，而渐趋绿化的政治意识形态的制度化实现和政策落实，也存在着一种明显的"践行赤字"（说得多做得少）或"渗漏效应"（从理论到实践或从上到下逐层弱化）。[3] 就前者来说，像 40 年前改革开放启动全党工作中心向经济建设转移所遭遇的困难一样，如今让全党成员包括中高级干部做到像对待经济建设那样对待生态环境保护工作，也遇到了

1　约翰·德赖泽克. 地球政治学：环境话语[M]. 蔺雪春，郭晨星，译. 济南：山东大学出版社，2012：233-238.

2　郇庆治. 走向生态文明的政治路径[M]//黎祖交，党政领导干部生态文明建设读本. 北京：中国林业出版社，2014：335-371.

3　郇庆治. 发展的"绿化"：中国环境政治的时代主题[J]. 南风窗，2012(2)：57-59.

来自方方面面的阻力——归根结底则是经济（发展）进步主义的思维成为了一种党内主流的意识形态，而 GDP 至上论只是其通俗的表现。"先发展起来再说""没有经济增长哪能搞好环境保护"，这些耳熟能详说法的背后，是"经济上去了就不会在政治上翻船"的新教条。就后者来说，无论是党代会报告的阐述部署还是各种形式的全国规划，虽然都导致了相应法规与制度机构的建立，也开展了许多方面的实际工作，却远未取得预期的或应有的实效——缺乏明确的可检验目标、贯彻落实体制和可问责机制，使看起来科学、甚至有些激进的理念、法规或制度停留于言辞或表面。

科学阐释和实质性改变上述困局的因素固然有很多，但一个建设性的总体思路是，在中国共产党的政治领导下，主动构建一种更为生气勃勃的环境政治格局。换句话说，我们需要更为大胆地考虑政府、企业、社会、公众与媒体等角色之间的政治互动，从而建构一种更加有利于生态环境保护的政治合力或"正能量"，而这也构成了我们进一步讨论生态文明体制改革与制度建设的理论基础。

二、生态文明建设的环境政治目标及其要求

相对来说，对党的十七大报告提出、十八大报告系统阐发的"生态文明建设"的实践层面依据的理解，要更容易些，而对此最权威的概括，无疑是党的十八大报告的表述："资源约束趋紧、环境污染严重、生态系统退化的严峻形势"[1]。因而有理由相信，把上述三方面事实信息的充分公开本身，就是对全社会公众的超乎我们想象的有力社会政治动员。人们会更加确信，我国所遭遇的是对一系列自然资源与生态环境区域性"红线"突破的危机，因而面临的是从发展阶段性、发展模式到发展理念的一种综合性挑战。

对"生态文明建设"的理论层面的阐释，是一个更为复杂、也会蕴涵着更多争议的问题，但却对于如何理解其现实推进的政治动力异常重要。换句话说，我们只有搞清楚生态文明建设需要建设什么，才能真正明白如何从政治上去推动这一进程。

依据党的十七大、十八大报告的阐述，笔者认为，"生态文明及其建设"可以概括为如下四重意涵[2]：其一，生态文明在哲学理论层面上是一种弱（准）生态中心主义（合生态或环境友好）的自然/生态关系价值和伦理道德；其二，

1　胡锦涛. 坚定不移沿着中国特色社会主义道路前进 为全面建成小康社会而奋斗[R]. 北京：人民出版社，2012：39.
　　值得注意的是，2014 年 12 月 9~11 日举行的中央经济工作会议，更明确地将其概括为"从资源环境约束看，过去能源资源和生态环境空间相对较大，现在环境承载能力已经达到或接近上限"。
2　郇庆治. 生态文明概念的四重意蕴：一种术语学阐释[J]. 江汉论坛，2014(11)：5-10.

生态文明在政治意识形态层面上是一种有别于当今世界资本主义主导性范式的替代性经济与社会选择；其三，生态文明建设或实践是指社会主义文明整体及其创建实践中的适当自然/生态关系部分，也就是我们通常所指的广义的生态环境保护工作；其四，生态文明建设或实践在现代化或发展语境下，则是指社会主义现代化或经济社会发展的绿色向度。

进一步说，前两点基础上的综合，应该是一种更为完整的"生态文明观念"的概括。也就是说，生态文明及其建设概念，内在地意味着或蕴涵着一种既"红"又"绿"的激进性变革，但客观而言，迄今为止的学术探讨都拘泥于或者"红"或者"绿"的议题领域，而明显缺乏一种实质性的"红绿"联盟或融合思路。后两点在相当程度上只是不同学术视角和语境下的理论概括或表述，但却有着大致相同的对象实指（在现实中自然生态景观与人文历史遗产的保护和生态可持续发展往往并没有质的区别）。而一个逐渐被认同和接受的观点是，"建设生态文明"，应该是一个同时包括生态文明的生态（自然）管理、经济（生产与生活）、社会（人居）、文化和制度的复合性系统。[1,2]

生态文明及其建设概念上述界定的最大好处，是有助于我们认识到这样一种新型理论与实践的制度性挑战与变革意蕴。概括地说，我们不仅需要在认识上实现对社会主义现代化建设的"五位一体"或"五要素统合"的整体性理解，而且要致力于构建一种确保"五位一体"总布局得以实现的新制度体系和体制，也就是创建一种新政治。[3]

一方面，生态文明的政治制度是生态文明建设的重要目标。它包括两个核心性要素，一是建立在一种生态民主的新民主政治基础之上，二是社会主义的政治性质。就前者来说，我们要学会和通过不断绿化的公民政治意识，来主动地重构人与自然、社会与自然之间的政治制度性关系；就后者来说，我们要逐渐学会和更多通过资源生态与社会财富的公正与公平分配，来尽可能减轻人类社会对自然生态系统的开发利用压力。无论是"建设美丽中国、实现中华民族永续发展"，还是"努力迈向社会主义的生态文明新时代"等提法，都首先是作为执政党的中国共产党的政治信奉与承诺的一种表达，当然同时也是中华民族长远与根本利益以及最广大人民群众政治意愿的体现。因而，生态文明政治制度的建设过程，就是我国社会主义现代化制度与体制不断完善的过程，也就是我国社会主义制度、道路与理论不断完善的过程。

另一方面，生态文明建设的现实推进离不开绿色的政治动力。创建或走向生态文明的关键在于"建设"，而生态文明的建设举措和实际进展，都离不开

1　严耕，等. 中国省域生态文明建设评价报告 E(I,2010) [M]. 北京：社会科学文献出版社, 2010：52-56.

2　贾卫列，杨永岗，朱明双，等. 生态文明建设概论 [M]. 北京：中央编译出版社, 2013：5.

3　郇庆治. 环境政治学视角的生态文明体制改革与制度建设 [J]. 中共云南省委党校学报, 2014(1)：80-84.

绿色政治力量的推动。如果把生态文明划分为生态环境、生态经济、生态社会（人居）、生态制度和生态文化等五个构成性部分，那么，所有这些构成性要素的萌生、成长与扩展，都需要适当的政治力量的积极推动。比如，生态经济发展的直接动力也许是市场，但无论是市场的培育管理、技术产品的研发，还是消费者的意识与行为转变，都离不开政府或非政府力量的政治推动。

更明确地说，落实"五位一体"总布局、努力建设美丽中国的首要政治目标，或者说"重中之重"，就是建设一个强大的"环境国家"或"生态文明国家"。[1]

"环境国家"是指现代国家（政府）与社会之间的一种"绿色契约"关系。国家（政府）依法享有对主权辖区内生态环境的保持、保护与合理利用的管治权限与职能，而人民拥有对国家（政府）的环境管治进行赋（撤）权并行使民主政治监督与抗争的主权权利。具体地说，"环境国家"体现为一个国家的生态环境立法、生态环境执法和生态环境司法制度体系的总和。它们作为一个整体，共同承担着维护一个国家的生态环境安全、健康与美丽的管治责任，而这种管治责任的大小及其行使，又离不开人民群众的（再）赋权和政治监督。对生态环境尤其是自然生态景观和人文历史遗产的有效保护，是生态文明建设的最直接性任务，而这也是"环境国家"理应承担的首要责任。由此而言，强有力的"环境国家"，既是大力推进生态文明建设的重要内容，也会成为生态文明建设不断取得进展的重要动力。

各级人大和政府制定的生态环境或生态文明建设法规，是"环境国家"权能与管治能力的基本体现。从最终可能写入宪法的"大力推进生态文明建设"条款，到街道社区的生活垃圾分拣处置规定，真正体现的都是我们国家对一种生态文明的生产方式与生活方式的自觉意愿和政治追求。俗话说，"无规矩无以成方圆"，生态文明和环境友好的生产方式与生活方式的不断政策化与法规化，表面看起来是对人们行为自由的某种程度制约与限制，但从根本上说，则会有助于人们主动形成与接受一种与自然和谐共处的习惯、文化与文明。即使从文明的最原始意涵来说，它也不仅意味着人类在自然世界中的生存与行动自由（基于技术进步与经济社会组织改进），还包含着人类对自身的诸多纯粹自然性欲望的主动节制与约束。[2]生态文明建设也是如此。

而必须强调的是，广义上的"环境国家"，除了包括一大批掌握先进绿色技艺、又具有生态意识自觉的企业，还应包括或依托于一个健全的"生态文明社会"。也就是说，生态意识自觉与组织起来的公民，成为生态文明建设中的

1　郇庆治. 论我国生态文明建设中的制度创新[J]. 学习月刊, 2013(8)：48-54.

2　曹孟勤, 黄翠新. 论生态自由[M]. 上海：上海三联书店, 2014.

主体与主要推动力。一方面，就像文明根本性体现的是人的素质一样，生态文明的根本性体现也是人的素质。这意味着，生态文明及其建设，归根结底是要实现人的素质的培育与提高。换句话说，生态文明建设的首要任务，就是培育和造就成千上万的具有生态文明素质的"绿色新人"[1]。另一方面，"绿色新人"只能首先来自那些率先实现了文化意识革新与生产生活方式变革的少数公民（群体），而他（她）们将会成为整个社会实现生态文明性变革的引领性力量。因而，生态文明建设的制度性前提，就是创造适当的经济社会条件，从而使之成为由少数"绿色新人"带动的、由最广大人民群众参与的大众性事业。

三、对生态文明体制改革与制度建设的构想

基于上述理解，即生态文明建设的基本政治要求，是在中国共产党的政治领导下创建一个社会主义的"环境国家"或"生态文明国家"，贯彻落实党的十八大报告及其三中全会《决定》关于生态文明制度建设与体制改革的决策部署，就是一个远为全面而深刻的"生态民主重建"进程，而不简单是一个"行政扩权"或"制度与政策经济化"过程。从宏观构架的角度讲，"环境国家"或"生态文明国家"建设，应特别强调如下四点。

一是执政党"绿化"建设。党的十八届三中全会《决定》分为16个部分、60项议题[2]，最后一项、但也最为关键的一项，是"加强和改善党对全面深化改革的领导"。对照《决定》第58~60条，如何把全党同志的思想和行动切实统一到中央关于全面深化改革重大决策部署上来、如何提供强有力的组织保障和人才支撑、如何更好发挥人民改革主体的作用，对于生态文明制度建设和体制改革都至关重要。三中全会后成立的中央全面深化改革领导小组以及"经济体制和生态文明体制改革专项小组"、中组部出台的明确不再以GDP作为考核地方领导干部政绩主要依据的规定，以及全国各省市已广泛开展的生态文明建设试点，都是党中央加强与改善这方面改革领导的重要体现，尽管其长期效果还有待验证。

但另一方面，必须承认，对于社会主义生态文明理论与实践这个崭新的议题领域来说，中国共产党还首先是一个学习者和探索者。比如，近几年来由于雾霾频发而凸显的生态环境质量问题，需要全党做出一种更为积极的民生与民

1　郇庆治. 生态文明建设与环境人文社会科学[J]. 中国生态文明, 2013(1)：40-42.

2　中共中央关于全面深化改革若干重大问题的决定[R]. 北京：人民出版社, 2013.

主政治回应。[1]必须让全党充分认识到，我们面临的生态环境问题与挑战，已很难简单通过污染治理与节能减排等经济技术手段来加以解决，而是必须致力于从发展模式到发展理念的全方位转变，而实现这种转变的"理论武器"和"政策抓手"，就是大力推进生态文明建设。

就执政党建设来说，可以做的工作还有许多，但最根本的是"生态文明建设"重要性、紧迫性、艰巨性的思想教育，尤其是干部思想教育。党的十八大报告在执政党建设部分强调了"执政考验、改革开放考验、市场经济考验、外部环境考验"和"精神懈怠危险、能力不足危险、脱离群众危险、消极腐败危险"，而必须强调的是，推进生态文明建设同样是党面临的长期的、复杂的和严峻的考验，生态环境管治失信（其或失败）危险同样在日趋尖锐地摆在全党面前。总之，必须像惩治腐败那样高度重视生态文明建设问题，实质性提高全党的生态文明建设领导水平和执政能力。当然，党的思想建设、作风建设、组织建设，从来都是一个有机整体，离开了后者的前两者都难以取得实效。而可以肯定的是，中国共产党"绿化"建设的水平，将在很大程度上决定我国生态文明建设的实践进展。

二是环境法治政府建设。党的十八大报告明确要求，"加快建设社会主义法治国家"，而三中全会、四中全会的《决定》则进一步提出，"推进法治中国建设"，以法治精神统领和指导全面深化改革。建设法治中国的基本要求是，一方面坚决维护宪法法律权威，另一方面要坚持依法治国、依法执政、依法行政的共同推进，坚持法治国家、法治政府和法治社会的一体化建设，尤其是司法机构依法独立行使其审判权检察权。

具体到我国的环境法治政府建设，中华人民共和国成立以来、尤其是改革开放以来，我们已初步建立了一套以宪法、刑法、民法等相关基本法和《中华人民共和国环境保护法》、专门性生态环境保护法律为基本内容的法律体系（当然还包括相关性国际法和地方法律规章），以及负责法律制定、实施与监督的立法、司法、行政执法制度体系机制。这是积极的一面。但也必须承认，我国的环境立法、司法和行政执法存在着显而易见的缺陷与不足，未能在促进我国的生态环境保护方面发挥其应有的作用。在立法方面，环境立法精神与原则的严重滞后已成为一个十分突出的问题，这一点在新一轮的《中华人民共和国环境保护法》修改中已暴露无遗——仍不愿明确接受已成为国际通例的宪法性公民环境权益和基础性环境政治参与权利；在司法方面，生态环境法律的"软法"或"二等法"地位虽然是一个世界性现象，但在我国表现得尤为严重，而这与司法部门的长期过于谨小慎微态度密切相关；在行政执法方面，对

1　郇庆治．环境政治学视野下的"雾霾之困"[J]．南京林业大学学报(人文社科版)，2014(1)：30-35.

法律渠道本身的不信任和对行政处罚手段的青睐（"以罚代法"），在进一步损害环境法律本身权威的同时，也严重弱化了环境行政执法的权威性与效力。

解决上述问题的总体思路，还在于按照党的十八届三中全会、四中全会《决定》的要求，既要进一步改善我们的生态环境立法质量与水平，使之更加契合我国应对严重环境挑战和推进生态文明建设的现实需要，又要花大力气提高我们的环境司法与环境执法的质量和水平，实质性克服目前的"有法不依"和"以罚代法"问题。更具体地说，提高环境立法的重要路径之一，是更广泛地开展相关议题立法的民主辩论和公众参与，而改善环境司法和行政执法的关键，则是真正保证司法与执法系统的独立性，同时大力强化对司法与行政系统的法律和民主监督，并对各种形式的"渎职"、"失职"或"违法行为"，严加惩处。而这其中的关键性环节，就是社会、公众与媒体的更充分和有序介入。

三是环境行政监管制度/体制建设。从环境保护和生态文明建设的本质要求来说，目前这种条块分割的行政制度与体制并不是一种适当的模式，甚至有着许多内在性的缺陷。正因为如此，党的十八大报告、十八届三中全会与四中全会《决定》和习近平同志的系列讲话，都强调了应依据自然生态系统的整体性来整合执法主体、相对集中执法权，努力建立一种权责统一、权威高效的行政执法与监管体制。[1]

具体而言，我国的环境行政监管制度与体制至少存在着如下几个方面的问题，比如"职权落差"——自 2008 年升格为政府内阁部门的环保部，依然是中央政府权力构架中的一个弱势单元，因而很难履行公众期待的全国生态环境保护与改善的国家责任；"整体协调性差"——不仅不同生态环境要素、而且不同大气成分也可能隶属于不同行政部门的现实，使环保部与其他部委缺乏应有的既分工又合作，而大部分环境突发事件的失当处置所损害的都是环保部的社会形象；"体制不畅"——环保部目前的机构框架（主体司局、区域督查中心和附属性事业单位），与其他传统型部委相比并没有实质性的改变，因而很难成为一种有效应对复杂的生态环境议题的监管制度/体制；"能力较弱"——以环保部为核心的生态环境行政监管部门的行政执法、政策管理、领导水平和职员素质，都存在着一个能力不足的问题，因而难以在协调各政府部门、动员社会各界力量方面扮演一种领导者的作用。[2]例如，党的十八届三中全会《决定》要求的划定各种"生态红线"，其中许多领域的"红线"并不是目前的环保部一家能够划定的，而即便它这样做的话，也有一个所划定的"红线"会不会被其他部委和地方政府以合法名义突破的问题。

1　习近平. 关于《中共中央关于全面深化改革若干重大问题的决定》的说明[R]. 党建, 2013(12)：23-29.
2　郇庆治. 发展主义的伦理维度及其批判[J]. 中国地质大学学报(社科版), 2012(4)：52-57.

改进我国环境行政监管制度/体制的总体思路，也应包括两个方面，一方面，从整个国家制度框架的顶层设计上做出一种更为合理的规划，比如将"大力推进生态文明建设"和"环境基本人权"写入宪法，设立"中央生态文明建设指导委员会"（或明确把"生态文明建设"纳入目前的"中央文明办"工作范围），组建更高行政级别的"国家生态、环境与遗产委员会"，但所有这些制度性安排，不是为了简单扩大某一行政部门的权力，而是确保中央政府各部门和各级政府真正按照"五位一体"的总要求，将生态文明建设融入其中，直至生态环境保护和生态文明建设成为一种自觉的执政理念与行政意识。另一方面，经过重建或整合的新环境部（或生态环境遗产委员会），能够在组织架构（横向和纵向）、运行机制、工作方式等方面进行重大改革。比如，将生态环境保护法规的贯彻落实与行政监管责任更多转交给地方性政府，将工作重点更多地转向对国家的经济社会发展转型或可持续发展提出立法与政策建议，更多地扮演"环境国家"创建中的国家与社会之间的管治平台提供者的角色，等等。

四是"环境公民社会"建设。应该说，环境公众参与或生态文明建设中的公民主体参与，都是理论上不难说明的问题。党的十八大报告及其三中全会《决定》，也从不同角度阐述了这方面工作的重要性。党的十八大报告强调的是加强生态文明宣传教育，引导社会组织健康有序发展，充分发挥群众参与社会治理的基础作用，而《决定》强调的是人民是改革的主体，当然也是生态文明建设的主体。

但客观而言，作为生态文明建设目标与动力要求的、或者说作为一个健康"环境国家"的基础与支撑的"环境公民社会"建设，我们还存在着一系列的突出问题。除了目前人们更为关注的环境非政府组织的生存与成长问题，还有更普遍性的公民个体的基本环境权益保障问题、如何更好发挥环境学术共同体的作用问题，等等。一方面，自 20 世纪 90 年代初发展起来的我国环境非政府组织，仍处在一种非常初级性的阶段。政府支持性 NGO 的主导地位和草根性 NGO 的艰难生存状况，都不利于其作为一个整体发挥一种建设性的作用。另一方面，更多公众借助于网络技术（而不是 NGO）对个体或群体环境权益的维权，大大增加了群体性环境事件发生的频率与不确定性，而且越来越具有一种"社会抗争"的色彩。[1] 此外，完全可以在国内外舞台上发挥一种更积极作用的"环境学术共同体"（"绿色智库"）建设，也需要更多国家层面上的推动。

应该说，对于上述问题的解决，政府近年来已经采取了许多举措。比如从 2012 年起放宽对社会非政府组织的法律登记要求，逐渐增加政府对非政府组织服务的购买，通过各种全国规划（像《"十二五"全国环境宣传教育纲要》）支

1　郇庆治."政治机会环境"视角下的中国环境运动及其战略选择[J]. 南京工业大学学报(社科版)，2012(4)：28-35.

持部分理论基地的建设，等等，但从生态文明制度建设和体制改革的角度说，国家还需要采取更进一步的措施来促进一个健康活跃的"环境公民社会"成长。比如，环保部 2014 年下半年发布了进一步推动环境公众参与的政策文件，其中一个重要措施就是鼓励组建各省份的"环保联合会"，但问题是，如何使之真正成为一个民间性、但又不会草根化的 NGO 团体；再比如，国家应该组建一批覆盖主要议题领域、学科和学术机构的国家级"绿色智库"，环保部等部委的相关机构可以更多地承担一种组织、协调与服务的角色。[1]

综上所述，如果立足于一种明确的环境政治学立场，就不难发现，党的十八届三中全会《决定》以及随后通过的《意见》所部署要求的"加快生态文明制度建设"，必须在党的十八大报告阐述的社会主义现代化事业"五位一体"总布局的视野下，充分考虑把生态文明建设融入政治建设的目标与动力要求。相应地，它就不仅仅是生态文明的经济制度与体制、生态文明的行政监管制度与体制的建设和改革问题，还是一个内容更为深刻、影响更为深远的政治与社会的生态民主化重建进程。而对于其中的挑战与困难，我们必须同时做好进行攻坚战和持久战的准备。

---

[1]　2014 年 11 月 5~6 日由环保部政研中心主办的"第一届中国环境社会治理学术研讨会"，专门设置了一个"环境智库圆桌"，但与会学者对环境智库或"绿库"的概念界定与功能还有着十分不同的理解。

第四章

"绿色革命"与
中国生态文明建设

完整意义上的"绿色革命"（green revolution），至少包含着三重意蕴或维度：目标、过程和思维。"目标"是指绿色变革所希望达到的结果或状态，"过程"是指绿色变革的现实性展开与进程，"思维"则是指对于绿色变革需求、合理性与动力的理性阐发。也就是说，那些单向度层面上的绿色变革，并不等于一场"绿色革命"。不仅如此，当代世界中的"绿色革命"，都必须在某种程度上体现为或导向对现代工业（城市）文明反生态本性的实质性否定或超越。换句话说，那些渐进性或枝节性的绿色改变，也不意味着一场"绿色革命"。依此，我们不仅可以较为准确地理解欧美国家正在发生着的所谓"绿色革命"[1]，也可以更为明确地认识到我国生态环境问题应对或生态文明建设中引入一种革命性思维的重要性。

一、欧美"绿色革命"：另一种神话

对于当今欧美国家的生态环境状况，碧水蓝天、鸟语花香几乎是一个不争的事实，我们无需引用太多的数据资料来论证或辩驳。但真正的问题是，一方面，这些国家究竟是如何实现这样一种"华丽转身"的，另一方面，它们现实中的人与自然关系、社会与自然关系，在何种程度上已呈现为一种合生态化的样态或特征。

就前者来说，众所周知，即便在20世纪50～60年代，欧美主要资本主义国家还都遭受着严重大气（水）污染的折磨，著名的"八大公害事件"就发生在所谓的发达工业化国家。但自那时起，大众传媒和公众环境参与、环境立法

---

1 "绿色革命"这一术语其实更多是在一种狭义上使用，指20世纪60年代西方发达国家将高产谷物品种和农业技术推广到亚洲、非洲和南美洲的部分地区，促使其粮食增产的一项技术革新运动。但事实随后证明，这种绿色革命不仅会由于化肥和农药的大量使用而导致土壤退化，还会因为农产品本身的品质缺陷而带来更多的消费者身体健康等问题。

与行政监管、环境经济与技术创新、环境国际合作、区域一体化等，所有这些民主政治与市场经济构架下能够调动的元素，都逐渐成为了生态环境问题应对的积极性力量。结果是，国内环境标准或监管力度大幅度提高，导致这些国家的剩余资本向包括中国在内的新兴经济体（最先是亚洲"四小龙"）的大规模转移。然后，国内的推动性力量与来自发展中国家的拉动性力量相结合，成为这些国家经济结构转型升级和环境质量持续改善的主要动力。到 20 世纪 80 年代末 90 年代初，欧美国家主要城市的生态环境状况已发生重大改善，标志性变化是泰晤士河恢复鱼类生长和莱茵河治理初见成效。总之，尽管欧美之间、欧洲内部之间的动力机制有所不同[1]，但它们都成功地利用了市场全球化和政治民主化的世界性潮流，实现了污染性经济与产业结构的转移和转型，从而处在了一个更为绵长与宽广的经济发展链条的顶端或上游，并在相当程度上解决了原初意义上的工业污染难题。

比如，2004 年加入欧盟的波兰，至少从笔者的实地观察来看[2]，其生态环境质量已显著改善。究其原因，一是相对稀疏的人口分布，作为首都的华沙只有不到两百万人，即便在核心城区也有着大片的林草地，包括在居民社区建筑群之间；二是经济结构的快速转型，尽管为此付出了一定的社会（公平）代价，传统产业关停与环境质量改善之间的置换效应是显而易见的，如今虽是中东欧最大的经济体，但波兰正在迅速成为一个以服务业为主的国家；三是欧盟环境法律与规制的积极影响，欧盟"胡萝卜加大棒"的战略，使波兰半强制、半自觉地迅速适应经济活动的社会与环境规约。

就后者来说，我们又必须看到，欧美国家并未做到根本性改变其主流性的经济发展与生产生活方式。初看起来更为高端的产业与经济结构（比如金融性行业和信息性产业为主导），是无法脱离、甚或依赖于其他国家的低端性实体产业与经济的。也就是说，从全球的视野看，这些国家所实现的不过是一种对它们更为有利的国际劳动分工，并通过这种分工把原来发生在本国境内的环境代价转移到了新兴经济体国家。更进一步说，这种高端化的产业与经济结构，并没有改变资本主导下的反生态性社会与自然关系以及人与自然关系，只不过采取了一种更为曲折或隐蔽的形式。而如果我们引入目前已被广泛接受的"生态足迹"概念，那么，这一切就会变得更加清楚。只要把地球而不是民族国家作为观察点，我们就会发现，欧美国家公民的人均资源或环境耗费水平依然是居高不下的，所变化的只是，它们把那些最突出的资源和环境耗费环节"置放"在了广大发展中国家。

————————

1　郇庆治. 国际比较视野下的绿色发展[J]. 江西社会科学, 2012(8)：5-11.

2　利用观察欧洲议会选举之机，笔者曾分别于 2009 年 7 月和 2014 年 5~6 月对波兰华沙等地做过短期考察。总的印象是，生态环境质量很可能是包括波兰在内的中东欧国家最接近欧盟平均水平的一个指标。

　　这方面的典型例子也许是瑞典和新西兰。它们都是人口稀疏、经济现代化水平高的发达国家，同时也被广泛认为是世界各国的"绿色榜样"。但就瑞典的情况来看，一方面，至少在瑞典北部，更突出的问题似乎不是来自环境，而是缘于人。一位瑞典同行颇为自豪地告诉笔者，瑞典的国土是让森林居住的，而不只是服务于人。由此也就不难理解，我们更多看到的是一幅幅"人在自然中"的和谐画面，尽管这种过于稀疏的人口分布和离群索居的生活方式，事实上只会增加居民个体的人均资源与环境耗费。另一方面，真正激进的绿色变革并未发生。比如，"北电南输"的能源结构在某种程度上体现着瑞典产业与经济结构的环境不友好性一面，而在瑞典北部的大规模矿产开采则进一步彰显了对萨米少数种族的环境（社会）正义关切。更为重要的是，这种"绿色典范"的国际形象所带来的，可能是主流公众的一种自我满足感与保守心态，而不是进一步生态变革的推动力。[1]

　　综上所述，欧美国家生态环境问题应对的经验可供我们学习借鉴的地方确实很多，但却不能将其绝对化或"神话化"。准确地说，它们所提供的更多是一个生态现代化战略（"生态改良"）的成功故事[2]，但却很难称之为一个已然完成的或名副其实的"绿色革命"。其一，欧美国家所谓"绿色革命"的革命性意蕴是有限的，至少不能在现代化模式或文明道路替代的意义上来加以描述。从当今欧美社会的现实来说，我们还远不能认为，西方工业文明已经实现了一种基于可持续性的重构，相反，更多学者从 2007 年年末发生的经济危机中所得出的看法是，西方社会结构性变革的节点也许正在到来。[3] 其二，欧美国家所谓"绿色革命"的可复制程度是有限的，并不具有尤其是地理意义上的普遍性。除非人类社会的地球生存空间和人类社会内部的层级关系发生重大改变，生态现代化战略的实施范围和程度总是有限的。也就是说，地球整体的生态环境负载的不断加重和人类社会不同区域的经济发展，终将会使生态环境代价的外部转移变得越来越困难。我们虽然还不能说生态现代化战略的潜能已经耗尽，但可以肯定的是，对于像中国这样的新兴经济体来说，重复欧美国家的绿色变革道路正变得日趋艰难。

　　至于究竟为什么欧美国家能够实现这场"静悄悄的革命"，而我们却很难

　　1　Martin Hultman. Ecopreneurship within planetary boundaries: Innovative practice, transitional territorialization and green-green value[Z]. presented at the conference 'Transitional green entrepreneurship: Rethinking ecopreneurship for the 21st century', Umeå, 2014-06-03—2014-06-05.

　　2　马丁·耶内克，克劳斯·雅各布. 全球视野下的环境管治:生态与政治现代化的新方法[M]. 李慧明，李昕蕾，译. 济南:山东大学出版社，2012.

　　3　在 2014 年 7 月 8~9 日由清华大学与荷兰乌特勒支大学联合举办的"现代性与现代化"研讨会上，中外学者探讨的一个重要议题就是"现代性与后现代性""现代性与可持续性""现代化与可持续发展"之间的关系。大家虽然对现代性与现代化的历史作用还存在着不同看法，但都不认为欧洲社会已经实现了一种成熟与稳定的可持续性。

"故伎重演",笔者在他文中曾在"两制共存与竞争"的背景和语境下做了阐述[1]。其基本看法是,生态现代化为主的渐进绿色变革战略,是欧美国家最容易想到并且经济、政治与社会成本最低的现实性路径,而我国作为一个后发展的社会主义国家,无论从现实可能性还是政治意识形态上,都已很难重复它们基于污染转移和转嫁的旧路。而从一种国际政治经济学或政治生态学的视角看,必须承认的是,欧美国家不仅依然掌握着经济、科技和军事等方面的"硬实力"上的霸权,而且拥有意识形态话语、伦理价值观和生活风格观念等方面的"软实力"上的霸权,也就是乌尔里希·布兰德(Ulrich Brand)称之为的"帝国式生活方式"(imperial mode of living)[2]——少数国家历史形成的、建立在自然生态大量耗费与损害基础上的奢华性生活方式,被广大发展中国家的社会精英与普通民众自愿接受和追求,而其中隐含的不平等和不可持续的人与自然关系、社会与自然关系却被人为忽视或遮蔽了。结果是,生态环境议题就像资本主义发展历史上的其他议题一样,再次成为了资本主义强权维持其世界经济政治霸权的一种政治与政策工具。

二、世界性能源转型的革命性意义

过去 20 多年国际环境政治的焦点,无疑是《联合国气候变化框架公约》以及为落实这一公约而达成的《京都议定书》。基于"共同但有区别责任"的原则,《京都议定书》明确规定了发达国家从 2005 年起开始承担减少碳排放量的义务,即在 2008 ~ 2012 年间,全球主要工业国家的工业二氧化碳排放量比 1990 年平均要降低 5.2%(具体而言,欧盟作为一个整体削减 8%,美国削减 7%,日本和加拿大各削减 6%),而对于发展中国家没有规定约束性的减排指标,只是原则要求其从 2012 年开始承担减排义务。

从表面上看,2009 年年底举行的哥本哈根气候大会,构成了这一公约和议定书贯彻落实中的严重挫折性转折点,甚至可以认为使之"名存实亡"。但我们必须看到,一方面,全球性环境议题的超国家应对与管治,已经成为一种国际性环境政治共识。换句话说,对全球性环境议题的主动介入,已经成为一个世界性大国的基本要求或标识。另一方面,以气候变化减缓和抑制为直接目标的公约与议定书落实,已然演进成为世界主要经济体能源结构的革命性转型。

---

1 郁庆治."包容互鉴":全球视野下的"社会主义生态文明"[J].当代世界与社会主义,2013(2):14-22.

2 乌尔里希·布兰德.如何摆脱多重危机?——一种批判性的社会—生态转型理论[J].张沥元,译.国外社会科学,2015(4):4-12.

甚至可以说，一种基于环境考量的去化石燃料化能源革命正在悄然发生。

就前者而言，后哥本哈根时代的全球气候变化国际谈判已走出僵持困境，并达成了 2015 年前后缔结一个替代性协定的明确目标。美国政府和中国政府几乎同时宣布就应对全球气候变化采取重大决策，就是这一国际背景下的大国姿态或政治宣示。而从 2014 年 6 月举行的首次联合国环境大会（UNEA）来看，不仅参会代表众多（来自 160 多个国家的代表出席会议，其中部长级代表有 90 人，参会人数达 1200 人），而且谈判过程进行的异常激烈——发达国家的主导地位虽然仍在持续，但发达国家与发展中国家之间、发展中国家内部的立场协调正变得愈加艰难。这充分表明，环境议题将在全球管治议程上变得日趋重要，环境难题将日益采取一种整体性的、一致性的和平衡性的方式来加以应对，利益相关者参与的统一性和多样性将成为全球环境管治中的重要考量，国际层面上的环境代价外部化将变得越来越困难。[1] 由此而言，我们必须承认，全球环境管治的制度化，仍是一种更加主流性的发展趋势，哥本哈根大会所遭遇的那种挫折更多是一种阶段性或情景性的结果。[2]

就后者来说，尽管仍存在着一定程度的不确定性或妨碍性因素，比如来自欧盟层面和其他成员国的推动力相对不足，但由德国等核心欧盟国家所领导的能源结构转型已取得重大进展，而且雄心勃勃。以德国为例，从 2020～2050 年，温室气体的排放量将分别与 1990 年相比减少 40% 和 80%～95%，可更新能源占一次能源消费和电力的比重将分别从 18% 和 35% 提高到 60% 和 80%。也就是说，到 2050 年，包括煤炭、石油和天然气等化石燃料的消费在德国电力供应中的比重将只有 20% 左右。所以，德国学者目前更多讨论的，是随着可更新能源比重迅速上升而产生的能源供应稳定性问题和新型环境风险。[3] 相比之下，我国尽管包括水电、太阳能、风能和生物能等在内的新能源发展突飞猛进，但煤炭占能源消费和电力供应的比重依然居高不下。从 2003～2013 年，中国各种一次能源消费的比例变化是，煤炭从 69.3% 下降到 67.5%，原油从 22.1% 下降到 17.8%，水电从 5.3% 提高到 7.2%，天然气从 2.4% 提高到 5.1%，核能从 0.8% 提高到 0.9%，可再生能源从 0 提高到 1.5%。可见，到 2013 年，我国依然是一个严重化石能源依赖的经济，而煤炭消耗的比重十年间只下降了两个百分点，火电在中国电力装机容量中的比重则维持在 75% 左右。而依据中国工程院"中国中长期能源发展战略"课题组的研究结果[4]，为了实现到 2050 年基本完

1　张海滨. 第一次联合国环境大会与全球环境管治的趋势：中国视角[Z]. 在"多学科视野下的环境挑战再阐释中德研讨会"上的发言，北京：2014-07-13—2014-07-15.

2　郇庆治. 重塑可持续发展的全球共识：纪念里约峰会 20 周年[J]. 鄱阳湖学刊，2012(3)：5-25.

3　Miranda Schreurs. The German energiewende and the demand for new forms of governance'[Z]. presented at the 'The Sino-German Conference on Reinterpreting the Environmental Challenge from a Multi-disciplinary Perspective, Beijing,13-15 July 2014.

4　中国能源中长期发展战略研究项目组. 中国能源中长期(2030、2050)发展战略研究·综合卷[M]. 北京：科学出版社，2011.

成由以煤为主的向以油气为主的能源消费结构的转变，我国需要逐渐将煤炭在一次能源消费中的比重降低到 50%～55%（2020～2030 年）和 30%～35%（2050 年），但需要把石油天然气的比重逐渐提高到 30%～40%（2020～2030 年）和 40%～50%（2050 年）。但显而易见的是，至少与德国相比，我国届时仍将是一个更高化石燃料依赖的经济。

需要指出的是，能源转型的革命性意义在于，对一种经济先进性的衡量标准已由过去单纯的经济（技术）效率——主要体现为对自然资源的工业加工与商业营销水平，转向同时考虑经济结构转型基础上的生态环境风险规避——更自觉地考虑经济活动本身的社会公共与生态健康责任。换句话说，除了更高效节约的自然资源开发加工效率，更高可更新能源比重或低化石燃料依赖的经济，才有可能成为一种经济竞争力更强、生态安全系数更高的强势经济。依此而言，我们绝不能空泛地谈论欧洲经济竞争力甚或其本身的衰弱，相反，由德国等核心欧盟国家引领的"绿色转型"（它们通常自称为"能源转型"或"可持续转型"），仍然代表着世界经济发展的未来方向。

对当代中国来说，能源转型的革命性同时体现在迫切性和挑战性两个方面。对"迫切性"的最好诠释，是近年来变得渐趋严重的大面积国土雾霾现象——已经远不再是一个仅限于城市或华东地区的问题。不管雾霾的具体成因机理如何（比如哪些污染物发挥了何种程度上的作用），可以肯定的是，严重煤炭和化石燃料依赖的能源结构是最直接性的原因。也就是说，只要我们不实质性改变当前的能源消费结构和控制过快增长的能源消费总量，无论出台多么严厉的节能减排政策，都很难短期内消除或战胜雾霾。更为重要的是，能源消费的低端化和粗放化，只是我国经济发展模式与生产生活方式的"资源浪费性"和"环境不友好性"的一个侧面与缩影。雾霾之外的严重地表水污染、地下水污染、土壤污染和食品污染等，都在某种程度上成为我国"高投入、高产出、高耗费、低品质"经济链条中的一个"必需性"环节。换句话说，如果没有对整个经济发展模式和生产生活方式的"转型升级"，就很难实现对诸多区域性、复合性生态环境问题的源头控制与治理，也就很难真正解决那些看起来只与能源消费相关的难题。

"挑战性"的直接涵义，当然是实现这样一种转型的难度。我国的能源结构禀赋（煤炭储量相对丰富）、多元化的经济社会发展水平（东中西部之间形成了一种梯度互补）、国际能源供应格局及其变化（油气资源的供应似乎呈现出一种相对平稳的局面）[1]，都在某种程度上构成了我国能源结构转型的抑制

---

[1]　比如，在 2014 年 7 月 5～6 日举行的政治学与国际关系共同体年度论坛上，中海油总公司能源经济研究院陈卫东研究员就阐述了如下看法：可预期未来的能源问题主要不是供应安全的问题，而是环境安全或清洁度的问题。

性因素。但更重要的是，能源问题在当今中国不仅是经济问题，还是社会稳定与民生问题，因而很容易转化为社会政治议题。煤炭资源的开发对于我国的某些省份来说，是直接关系到地方财政和劳动就业的社会民生大事，而不简单是一个经济部门产值和 GDP 增速的问题。结果是，国家能源结构转型的大政方针，往往会与某一个地方的经济发展要求发生冲突，而后者则经常会借助于社会政治稳定等非产业性、经济性的理由加以"规避"。应该说，我国在包括能源结构等方面转型升级上所遭遇的诸多掣肘，多少可以归结为这样一种逻辑。

总之，某一种能源的出现或消费量变化，未必一定会导向一种新的人类文明，但作为人类文明原动力的能源之结构的重大改变，几乎肯定会具有文明重塑的革命性意义。当然，只有当把能源转型置于一个更为宽阔的经济社会与政治变革的背景下来理解时，我们才会充分意识到这一点。

三、作为一种革命性思维的生态文明建设

如果上述所论成立，那么，无论是就客观必要性还是现实挑战性来说，中国都更应该开展一场完整意义上的"绿色革命"。

首先，我们所面临着的生态环境问题，其实与欧美国家有着很大的不同。这种不同主要不是一种发展阶段性的差异，而是一种发展结构性的困境——换句话说，我们所面对的环境问题，更多体现为或由于我们无意间接受了一种反生态性的经济社会发展模式，并已成为这种模式主导下的世界经济增长链条中的一个"必需环节"。因此，简单地相信"欧美的今天就是我们的明天"，从现实可能性上来说并不可靠。更为现实的也许是，我们不得不把生态环境代价外部化上日渐增强的困难，主动转换成为经济结构转型与重建上的内源性动力，而这种转变的核心就是重构我们的发展、经济、甚至是进步等概念本身——这显然是革命性的。[1]

其次，我们所面临着的生态环境问题已明显是一种综合性或复合性的难题。除了环境问题自身的类别、地域之间的高度混合或交叉，比如雾霾、水污染、土壤污染，环境问题与社会政治甚至是文化问题之间的错综交织，已经是一个铁的事实。这意味着，欧美国家过去曾颇为有效的"发现问题、寻求技术方案、解决问题"的应对思路，已经很难奏效。令许多人不解的是，雾霾现象已被发现数年，但我们对雾霾的具体构成和成因依然莫衷一是，更不用说采取系统明确的应对之策，其彰显的正是我们学科分化的现代科技和条块分割的现

1　郇庆治. 发展的"绿化"：中国环境政治的时代主题[J]. 南风窗, 2012(2)：57-59.

代行政的环境认知与管治缺陷。[1]也正是在这种意义上，环境挑战的有效应对，足以构成我们行政管治与科学认知层面上的一种革命性转向。

由此很容易得出的一个结论性看法是，生态文明建设、尤其是社会主义生态文明建设，正是对这样一种"绿色革命"或绿色"新政治"的恰当概括。[2,3]更具体地说，其一，生态文明建设是一种既"深绿"又"红绿"的激进环境社会政治理论。无论是对自然生态独特价值的道德认可与尊重，还是对资本主义经济社会体制的政治重构，都必然意味着对资本逻辑和市场至上法则的前提性质疑或限制。尽管生态中心主义和生态马克思主义的理论论证基于十分不同的前提性假设，但它们分别强调的个体价值观的革新和社会制度体制的重构之间并不存在着矛盾。相反，它们是任何革命性绿色变革成功的"双动力"。

其二，生态文明建设是一种绿色左翼的政党（发展）政治意识形态。将社会主义与生态主义相结合，是当今世界所有左翼政党的共同选择，尽管相互之间的用词与阐释有所不同。对于中国共产党来说，就像对中国现代化发展合理性与正确性的辩护将会逐渐从物质富裕转向公众生活质量与社会公平一样，对社会主义本身的理解与阐释也将会逐渐从经济繁荣与社会和谐演进到内在地包含生态环境质量。也就是说，一个山清水秀、鸟语花香的生存生活环境，理应是中国共产党未来"好社会"政治承诺的应有之义——"美丽中国梦"是"中国梦"的有机组成部分。

其三，生态文明建设是一种承继中国传统文化与价值精神的综合性哲学思维。以高度发达的农业文明为特征的历史悠久的华夏文明，不仅本身就具有强烈的合生态化特质，而且孕育了一种博大精深的综合性或有机性的哲学思维传统。应该说，这种哲学思维传统在过去一个多世纪的近代化历史中遭受了数次羞辱性的冲击——所有政治与文化批判的破坏性影响之和大概都没有近40年来的大规模经济现代化进程更大，但仍以文化残存或基因片段的形式存活于当代中华民族的血脉之中。社会主义现代化建设"五位一体"的政治提法，就是这样一种中国式哲学思维的生动体现。

但需要指出的是，这并不意味着，已然全面铺开的生态文明建设，注定会成为一场全面意义上的"绿色革命"，更无法保证这样一场革命——如果确实发生的话———定会取得成功。正像人类文明变革史上所多次发生的，任何成功的文明革新，都同时需要来自主客观的条件。一方面，在客观条件上，生态环境问题应对的"浅绿色"（或者说"生态资本主义"[4]）的政治思维与战略，

1 郁庆治. 环境政治学视野下的"雾霾之困"[J]. 南京林业大学学报（人文社科版），2014（1）：30-35.
2 郁庆治，李宏伟，林震. 生态文明建设十讲[M]. 北京：商务印书馆，2014.
3 郁庆治. 生态文明新政治愿景2.0版[J]. 人民论坛，2014（10上）：38-41.
4 郁庆治. 21世纪以来的西方生态资本主义理论[J]. 马克思主义与现实，2013（2）：108-128.

依然占据着绝对主导地位。相应地，包括生态文明建设在内的任何激进的环境政治社会理论和实践，都将会或者依附于这样一个大的框架，或者在试图打破这个框架的过程中遭到抑制或孤立。举例来说，如果我国真的大张旗鼓地采取绿色交通的国家战略，那么，最先出面游说或抵制的，恐怕不是我们的地方政府或人民群众，而是世界上为数不多的大型汽车制造商及其隶属国。也就是说，任何时候的任何革命，都是一件颇具风险性的事业，绿色革命也不例外。也正因为如此，实质性变革意义上的"革命"，往往不会是一个主流性（中心性）大国的明智之选。

另一方面，就我们自身而言，对于生态文明建设的革命性意蕴，尤其是对资本主义体制与思维的替代性一面，国内学术界与政治精英并未给予充分的关注，更缺乏必要的政治共识。党的十八大报告明确提出，中国共产党领导人民建设社会主义生态文明，并将其写入了修改后的新党章。这无疑是非常重要的。但在笔者看来，对于生态文明建设理论或话语，我们还依然缺乏一种更系统充分的理论阐释，更缺乏一种广泛的大众性民主讨论[1,2]——前者使目前的许多学术研究停留在政治宣传的层面上，后者则使占最大多数的人民主体难以主动响应。而多少让人担心的是，党的十八届三中全会《决定》等对于生态文明制度建设的行动部署，一旦离开更为整体性的总体背景，很容易将生态文明建设简化为一种行政管理体制和经济政策层面上的解读。因此便不难理解，就像讨论当代社会政治议题时所经常发生的那样，包括我们的人文社会科学学者在内的知识精英，并不怎么明确什么是左翼立场，以及我们为什么还要坚持一种左翼立场（假定大家并不从内心歧视或拒斥左翼立场）。笔者认为，在生态文明建设议题上，这种情况也并非个例。

回到本章对"绿色革命"所做的界定，笔者想表明的是，相比欧美国家所从事的各种形式"浅绿色"实践尝试，当代中国有着更多（有利）的理由或条件，使我们的社会主义生态文明建设成为一场真正意义上的"绿色革命"。但是，必须看到，这只有在把各种生态环境难题的应对置于一个更为宽阔的社会主义现代化建设事业的整体背景与语境之下时，才会成为可能。而笔者尤其想强调的是，相对于"绿色革命"的进程与目标向度，当下更为迫切的逻辑性前提是话语，如果我们终将无力构建一种具有说服力的绿色革命话语，那么一切都将无从谈起。

1　郇庆治. 再论社会主义生态文明[J]. 琼州学院学报，2014(1)：3-5.
2　郇庆治. 社会主义生态文明：理论与实践向度[J]. 江汉论坛，2009(9)：11-17.

第五章

生态文明视野下的小康社会建设：
2020年及其以后

　　作为党的十八大所确定的重大政治主题或任务（"四个全面"之首），"全面建成小康社会"已经成为党和政府在 2020 年前必须完成的一项"政治使命"。而作为客观描述我国社会主义现代化发展长期性进程的阶段性概念，"小康社会"或"全面建成（的）小康社会"还可以在更为宽阔的学科或学术视野下来加以分析讨论。而在笔者看来，生态文明及其建设就是这样一种富有理论阐释或拓展潜能的分析视角与向度。[1] 尤其是，当我们从生态文明建设视角来观察与评估当下的全面建成小康社会实践努力时，似乎更容易看清后者的阶段过渡性特征而不是完成性意涵，也就是我国未来新时期发展的着力点或方向。

一、"全面建成小康社会"与"生态文明建设"：理论阐释

　　就像生态文明建设的核心理念是生态文明一样，全面建成小康社会的概念基础是小康社会，而小康社会在我国又有着极其丰富的历史文化意象及其阐释。但就我国社会主义现代化总体进程、尤其是改革开放以来的现代化发展背景和语境来说，"小康社会"意指一种经济社会现代化发展的总体水平或"样态"。[2] 也就是说，一方面，它不仅与我国悠久发展历史上的各种形式的"太平盛世"宏大叙事相联系，而且与中华人民共和国成立以来一直列为基本目标

　　1　郇庆治. 生态文明新政治愿景 2.0 版[J]. 人民论坛, 2014(10 上): 38-41.

　　2　对于"小康社会"的最权威论述是邓小平同志结合我国现代化进程的"三步走"战略设想所做的阐释。1979 年 12 月 6 日，邓小平在会见日本首相大平正芳时首次使用"小康"来描述中国式的现代化。他说："我们要实现的四个现代化，是中国式的四个现代化。我们的四个现代化的概念，不是像你们那样的现代化的概念，而是'小康之家'。到本世纪末，中国的四个现代化即使达到了某种目标，我们的国民生产总值人均水平也还是很低的。要达到第三世界中比较富裕一点的国家的水平，比如国民生产总值人均一千美元，也还得付出很大的努力。就算达到那样的水平，同西方来比，也还是落后的。所以，我只能说，中国到那时也还是一个小康的状态。"1984 年，他又进一步阐述说："我们确定了一个政治目标:发展经济，到本世纪末翻两番，国民生产总值按人口平均达到八百美元，人民生活达到小康水平。"参见《邓小平文选》第二卷（人民出版社，1983: 237）和《邓小平文选》第三卷（人民出版社，1993: 第 77）。

的"繁荣富强国家"愿景——尤其以 20 世纪 70 年代初提出的"四个现代化"发展目标或战略为代表——存在着明确承继关系。另一方面，尽管其迄今为止不容置疑的物质经济主导性甚或垄断性意涵，关于它的认知和衡量经历了一个渐趋拓宽与深化的过程。

由此可以理解，如果说 21 世纪之前我们更愿意将小康社会的实现等同于一系列经济社会发展指标的满足或超越——比如，由国家统计与计划等 12 个部门研究人员于 1991 年完成的研究报告提出了一个 16 项指标组成的量化评估框架：①人均国内生产总值 2500 元（相当于 900 美元）；②城镇人居可支配收入 2400 元；③农民人均纯收入 1200 元；④城镇人均住房面积 12 平方米；⑤农村钢木结构住房人均使用面积 15 平方米；⑥人均蛋白质摄入量 75 克；⑦城市每人拥有铺路面积 8 平方米；⑧农村通公路行政村比重 85%；⑨恩格尔系数 50%；⑩成人识字率 85%；⑪人均预期寿命 70 岁；⑫婴儿死亡率 31‰；⑬教育娱乐支出比重 11%；⑭电视机普及率 100%；⑮森林覆盖率 15%；⑯农村初级维生保健基本合格县比重 100%，那么，如今我们则更倾向于对我国整个社会的经济、政治、社会、文化与生态等各个层面的一种更加高标准（质量）、综合性（全面）、包容性（公正）的衡量与判断。

可以说，"全面建成小康社会"正是在 20 世纪末已基本实现"小康社会"的前提下提出来的新的阶段性目标，大致对应于我国现代化总体进程的"第二步"战略。相应地，它不仅包括一个更加高标准与完善的量化评估体系：①人均国内生产总值超过 3000 美元；②城镇居民人均可支配收入 1.8 万元；③农村居民家庭人均纯收入 8000 元；④恩格尔系数低于 40%；⑤城镇人均住房建筑面积 30 平方米；⑥城镇化率达到 50%；⑦居民家庭计算机普及率 20%；⑧大学入学率 20%；⑨每千人医生数 2.8 人；⑩城镇居民最低生活保障率 95% 以上，而且拥有一个明确由 5 个层面组成的衡量指标体系：经济建设、政治建设、社会建设、文化建设和生态文明建设——更加接近于"五位一体"的社会主义现代化目标要求表述。尤其值得注意的是，它明确地把少数明显的"短板"内容或指标列为"攻坚对象"，而这其中最具代表性的就是"精准扶贫"和"大力推进生态文明建设"。就前者而言，按照 2010 年新标准测算的 2014 年仍高达 7014 万的贫困人口（贫困率为 7.2%）[1]，无疑是全面建成小康社会进程中的最大"拦路虎"；就后者而言，大气污染、水污染、土壤污染等生态环境恶化问题所导致的广大人民群众的健康呼吸饮食安全威胁——2012 年以来迅速蔓延的大面

---

[1]　胡鞍钢. 全面建成小康社会是'四个全面'的龙头 [EB/OL]. (2015-03-04)[2016-08-22]. http://news. youth. cn/wztt/201503/t20150304_6503183_1. htm.

积 "城市雾霾现象" 则是其典型代表[1,2]，已凸显为全面建成小康社会道路上的另一个共识性难题。

相比之下，"生态文明建设" 是从社会主义现代化进程中的一个十分不同的侧面或维度逐渐构建起来的话语与政策体系。[3,4]概言之，如果说生态文明概念更多来自于我们改革开放之初对于文明整体及其概括的一种二元划分式辩证理解的哲理性拓展（"物质文明" 和 "精神文明"），即用生态文明来描述与界定一种彼此和谐与共生性的人与自然、社会与自然关系及其制度化体现，那么，生态文明建设概念则更多基于我们对改革开放以来各种形式的生态环境难题应对政策与理念的一般性提炼或概括。这二者之间当然有着密不可分的联系，但显然并非仅仅是一种理论与实践之间关系那样简单，而是相互间也存在着一定的张力。[5]

应该说，经过 2007 年党的十七大、尤其是 2012 年党的十八大以来的强力推动，生态文明及其建设已经成为党和政府的主流性政治意识形态与主体性治国理政方略的内在性构成部分。尤其是，从党的十八大报告关于大力推进生态文明建设的 "四大战略部署及其任务总要求" 到《决定》关于生态文明体制与制度改革的 "四项任务"；从《意见》到《方案》，生态文明建设已经成为党和政府强力度、整体性、常态化推进的执政目标与任务。

相应地，一方面，生态文明及其建设的基本意涵已经日益超越环境污染治理或城乡绿化那样的一种直观或简单意义上的认知，而是渐趋聚焦于一种对目前的粗放式经济发展与现代化模式及其基础理念的否定性理解。也就是说，生态文明建设的实质是重构或转向一种人与自然、社会与自然和谐共生的新型经济、政治、社会和文化，而不仅仅是（无限）走向物质经济富裕过程中的自然道德提升或个体生活风格优化——其中，无论是当今世界的霸权主义国际经济政治秩序还是资本主义的主导性（市场）经济和（民主）政治，都首先是实现绿色变革的对象而不是前提。

另一方面，生态文明建设成效的衡量与评估也应是基于一个立体性维度框架的综合性考量。换言之，离开了经济、政治、社会与文化等层面上的生态化重建或转型作为支撑，表面上的生态环境质量提升将很可能是局部性或暂时性的。正因为如此，分别由国家环保部和北京林业大学创制的生态文明建设量化评估指标体系，尽管采取了十分不同的方法论设计和指标设定——前者更多是

1　郇庆治．雾霾政治与环境政治学的崛起[J]．探索与争鸣，2014(9)：48-53.
2　郇庆治．环境政治学视野下的 "雾霾之困" [J]．南京林业大学学报（人文社科版），2014(1)：30-35.
3　郇庆治．生态文明理论及其绿色变革意蕴[J]．马克思主义与现实，2015(5)：167-175.
4　郇庆治．生态文明概念的四重意蕴：一种术语学阐释[J]．江汉论坛，2014(11)：5-10.
5　Qingzhi Huan. Socialist eco-civilization and social-ecological transformation[J]. Capitalism Nature Socialism, 2016, 27(2)：51-66.

一种"规划评估",而后者更多是一种"绩效评估"[1,2],但都将生态文明建设的五个亚维度及其整体(即生态文明的环境、经济、政治、社会与文化)作为一个基本前提。

至此,我们已可以发现小康社会建设和生态文明建设之间的一种内在性关联。毋庸置疑,舒适安全的生态环境与生活环境是一个完整意义上的或全面建成后的小康社会的必须性构成要素。如果说第一阶段的小康社会建设目标(到20世纪末)还只包括了"森林覆盖率"这一代表性指标,那么,现阶段的全面建成小康社会目标(到2020年)已明确将"生态文明建设"列为一个整体性指标体系的五大侧面之一,尽管似乎并未做出非常量化的目标性规定——比如全面建成小康社会条件下的大气、饮用水和食品的质量安全标准。就此而言,我们平时言称的小康社会意指对于绝大多数人衣食住行以及生老病死等人生基本需求的满足,并非是不包括生态环境考量、而是依此为前提的,而这其中理当包含着对于周围生态环境的自然资源开发意义上的改变。但另一方面,从生态文明及其建设的视角来说,"小康社会"还可以做一种适度物质资源耗费和相对简约社会关系(包括社会自然关系)意义上的未来社会愿景阐释,类似加拿大学者威廉·莱斯(William Leiss)所倡导的"简易生活社会"或"守成社会"(the conserver society)[3]。也就是说,生态文明建设的目标及其结果,意味着或很可能导向一种后现代(但不应是反现代)意义上的"小康社会",而不是我们长期以来过度宣传的"高度(物质)发达社会"("各尽所能""各取所需")。

因此,尽管"全面建成小康社会"的话语与政策体系已然包括了生态文明建设的某些相关性评估指标,但后者作为一种独立的话语与政策体系依然可以构成对前者进行自我审视并展开思想对话的重要空间——同时在现行社会结构变革和未来社会结构重构的意义上。依此,在笔者看来,我们可以更好地界定与阐释全面建设小康社会中所面临着的诸多挑战,并科学确立全面建成小康社会之后(2020年以后)的发展着力点或方向。

二、生态文明视野下的全面小康社会建设:实践观察

2016年暑期,笔者应邀对云南省的国家公园建设和安徽省滁州市的农村生

1　环保部. 国家生态文明建设试点示范区指标(试行)[R/OL]. (2013-07-22)[2013-08-11]. http://www.zhb.gov.cn/gkml/hbb/bwj/201306/W020130603491729568409. pdf.

2　严耕,林震,杨立华,等. 中国省域生态文明建设评价报告[R]. 北京:社会科学出版社,2010:2.

3　William Leiss. The Limits to Satisfaction:An Essay on the Problem of Needs and Commodities[M]. Toronto:University of Toronto Press,1976.

活垃圾处置 PPP 项目做了短期考察。[1] 严格地说，这两地考察学习的直接目标或任务，并不是那里的"全面建成小康社会建设"或"生态文明建设"，但似乎又都与这两大主题有着十分密切的联系。因而，笔者在此将从二者关系的视角做一些观察性评论，主要目的是从实践层面上印证或阐明上述生态文明视野下对全面小康社会建设的一些想法。

得天独厚的自然生态禀赋和独具特色的历史文化，为云南省造就了极其丰富的旅游资源，而旅游资源开发和发展旅游产业也就理所当然地成为云南经济社会发展的首选之策。正是在上述背景与思路下，国家公园建设成为云南省及各级地方政府大力推动的战略突破口或"政策抓手"——依此带动地方旅游业及整个经济的发展。由此可以理解，2006 年，云南迪庆藏族自治州立法通过成立香格里拉普达措国家公园（三江并流区域）；2007 年 6 月 21 日，中国大陆首个以国家公园命名的保护区香格里拉普达措国家公园揭牌；十年之后的今天，云南省已经获得正式命名的国家公园已有 13 处之多。2015 年 5 月 18 日，国务院批转《发改委关于 2015 年深化经济体制改革重点工作意见》提出，在 9 个省份开展"国家公园体制试点"，云南省是其中之一。

应该说，一方面，云南省创建国家公园的自然生态条件以及历史文化基础支撑是丰厚而坚实的。比如，笔者一行所考察的位于昆明市禄劝县乌蒙乡境内的轿子雪山，海拔 4247 米，景区内不仅自然生态景观壮观，而且动植物资源丰富，地质地貌景观都具有较高的观赏与科考价值，目前正在进行国家公园申报的前期规划与准备。再比如，作为世界地质公园的石林和作为世界遗产的丽江古城与大理古城，都无疑具有国家性自然生态与历史文化标志的价值，因而符合成为国家公园的前提性条件。[2] 另一方面，包括国家公园、世界遗产、世界地质公园、重点风景名胜区等在内的国家级招牌，的确可以为当地旅游及其相关产业带来一种直接性的促动。且不说像石林和丽江古城、大理古城这样的全国性著名景区——来自四面八方的摩肩接踵的人流是最好的印证，就是目前名气还不算太大的位于昆明郊区的东川红土地景区，也能促成当地逐渐成形的旅游观光产业（以饮食住宿业为主）。

就此而言，在笔者看来，我们至少应该在路径示范意义（作为切入点或突破口）、政策典型意义（作为一种议题性政策）和地方特色构建意义（即云南经验或模式）上，充分肯定国家公园建设对于云南省生态文明建设的制度与体制创新意涵，而这也在总体上是与全面建设小康社会的目标相一致

1　分别是国家林业局昆明勘察设计院与西南林业大学绿色发展研究院组织的《生态文明与国家公园建设——云南经验》学术研讨会和《人民论坛》杂志社组织的"安徽全椒县农村生活垃圾处置 PPP 项目"主题调研。

2　来自林业行业的学者更强调国家公园的独特自然生态属性或特征，主张应谨慎考虑以历史文化特色为主的国家著名风景名胜区。参见：唐芳林. 我们需要什么样的国家公园[M]. 光明日报，2015-01-16.

的。然而，从与学界、业内同行的交流和切身观察中，笔者也注意到一些颇具挑战性的问题。比如，就像其他形式的诸多保护地一样，国家公园的基本特性应是自然人文遗产的保护地属性（保护养育优先）、经济开发活动的适度性或有限性（着眼于生态可持续性或自我抑制性的）、面向全民或全球的公益性（生态政治正确性），而这就注定了国家公园相对有限的地方经济带动或刺激功能。但是，国家相关政府部门之间和国家与地方之间对此显然存在着明显的思维认知与利益关切差异，即创建代表国家利益与形象的更多是保护性的国家公园还是致力于促进地方经济发展或绿色转型的国家公园。[1]不仅如此，这种本属正常的认知与关切差异在现实中明显受到"旅游经济"或"生态资本化"这种垄断性战略的裹挟甚或扭曲。结果是，"重开发、轻保护"（尤其是在保护区和非保护区之间的差别）和"建设性破坏"（通过大量开发项目的实施）以及社会资本介入过程中的制度性约束缺乏，成为近年来云南省国家公园建设以及旅游业发展中引起较多争议的议题[2]。而更潜在的问题是，这种对自然资源开发效率和货币资本投资效率的过度关注，很可能会导致对国家公园和景区周边社群利益的忽视甚或侵害，而这是与建设全面小康社会目标的直接要求相冲突或背离的（比如各种形式保护区周边社区的发展滞后或受限问题）。

作为传统农业大省的安徽似乎更有理由成为我国持续性农业与农村改革的先行者，而引发了我国新时期整个改革开放进程的凤阳县小岗村联产承包制改革正是发生在安徽滁州。笔者一行考察的是一个 PPP 模式下的国家公益项目，即安徽全椒县通过政府购买服务形式特许一个专业化公司进行全县域农村生活垃圾的收集运输处置。

从公共政策创新的层面上看，这一项目当然也有它的特点或值得关注之处。我国的 PPP 模式公益项目本身就仍处在试点运行阶段，其中涉及的许多关键性政策环节都需要通过个例实践来加以补充完善，比如项目公益性的界定与分级、项目承担方与委托方之间的关系及其协调机制、项目服务对象或公益主体的民主监督和介入机制等，而在社会环境相对复杂的农村实施此类公益项目就有着更多的约束性条件，需要做更为细致的观察研究，比如项目执行公司与当地社区和村民之间的关系。而至少从 2015 年启动以来的运行情况看，全椒县农村生活垃圾收集运输处置 PPP 项目做到了委托方（地方政府）、执行方（专业公司）和农村村民都满意，展示了农村垃圾卫生及其他公共服务领域进行企业公益化运营的良好前景。

1　杨宇明. 云南国家公园建设面临的主要问题及其解决的途径[Z]. 在国家林业局昆明勘察设计院与西南林业大学绿色发展研究院组织的《生态文明与国家公园建设——云南经验》学术研讨会上的发言. 昆明：2016-08-09.

2　赵新社. 寻找中国国家公园[J]. 瞭望东方周刊，2014-12-18.

　　而笔者更感兴趣的是，这一农村生活垃圾公益项目是在安徽全椒县农村环境综合整治和美丽乡村建设的大背景下组织实施的。[1] 至少从对两个村庄的观察来看，如果说前些年的社会主义新农村建设所奠定的是农村居住条件大幅度改善的物质性基础，那么，如今的农村环境综合整治和美丽乡村建设，则是一种向更高层次目标的综合性提升——其中既涉及农村新型公共服务系统的重构问题，也关涉支撑农村社区化生活方式和新型公共服务的产业打造问题（尤其是生态农业与旅游业的发展）。换言之，上述努力既可以在全面建成小康社会政策话语体系、也可以在大力推进农村生态文明建设政策话语体系下得以叙述或阐释。也正因为如此，看似普通的乡村生活垃圾处置项目具有了一种生态文明建设与全面小康社会创建的路径重要性或意义——全国著名的浙江省安吉县和甘肃省康县的探索也是从乡村综合环境整治开始切入以美丽乡村建设为主题的生态文明建设的[2,3]。

　　当然，也正是在美丽乡村和生态文明建设的战略层面上，笔者发现了包括安徽全椒县在内的改革先行地区所面临着的系列性挑战。这其中的两个关键性环节是，农村人口的锐减和农村公共性本身的重构。就前者而言，自改革开放以来的经济现代化进程都是以大量农村劳动力的进城务工和定居为前提的，然后我们更多考虑的则是创造使那些"农民工"成为"市民"的经济社会与法律条件。但如今却突然发现，农村人口的锐减正在成为我们用城市现代化的成果"反哺"农村时面临着的最大障碍——直接性的挑战不是如何留得住"乡愁"记忆而是留住或吸引一去不还乡的人口（尤其是乡村精英），这对于处在长江三角洲腹地和皖苏交界地区的全椒县来说似乎尤为严重，缺乏人气的乡村无疑是很难谈得上"小康社会"的；就后者来说，在传统宗族关系规约和小农集体性经济联系渐趋弱化之后，农村村民的集体归属感和认同感已经迅速趋于淡化，而硕果仅存（或重建）的村委办公室、文化（村史）馆和公共娱乐场所显然不足以构成一个足够强大的集体公共空间（the commons）。因而，如何在重振乡村集体经济样态和村社公共服务系统的基础上构建出一种相对稳定的新型乡村公共空间以及相应的共同体感，已然成为我们全面建成小康社会和农村生态文明建设推进的重要内容或时代性挑战。

　　1　负责组织接待我们考察团一行的正是安徽滁州市委的"美丽乡村建设办公室"官员，而且还专门邀请我们参观了两个美丽乡村建设的模范村：石沛镇黄栗树村和六镇镇柴岗村。

　　2　郇庆治. 生态文明建设的区域模式：以浙江省安吉县为例[J]. 中共贵州省委党校学报, 2016(4)：32-39.

　　3　郇庆治. 生态产业化、美丽乡村与生态文明建设：基于对甘肃省陇南市的考察[J]. 中国生态文明, 2015(4)：64-68.

三、2020 年及其以后："全面建成小康社会" 的阶段过渡性意蕴

　　笔者并不怀疑主要测量指标满足意义上的全面建成小康社会目标的实现，更不会无视或贬低这样一个宏大目标实现的经济社会和政治重要性。而只是想强调，广义上的或作为一种独立性话语与政策体系的"全面建成小康社会"和"生态文明建设"的映照性分析，尤其是后者视角下的一种批判性审视，更容易让我们看到前者特别是作为一种具体政策性目标或指标体系的阶段过渡性特征。它包括两个看似有些矛盾的认知侧面：一方面，"全面建成的小康社会"还只是一个经济、政治、社会、文化与生态等层面实现阶段性发展的社会——大致对应于我国也许还要持续一个相当长时间的社会主义现代化进程的中后期阶段（即"三步走战略"的第三个阶段），或者说，无论是就其中的某一个方面还是它们相互间的关系而言都还将依然存在着"短板"或"不协调性"的社会。就此而言，我国继续进行"小康社会建设"和"生态文明建设"的道路还很漫长，还有大量的工作去做。另一方面，无论是就"全面小康社会"还是"生态文明社会"目标的充分实现而言，日益明确的是，经济、政治、社会、文化与生态等不同层面之间的协调性发展或共生性关系的制度化实现，意味着或内在地要求根本性变革目前主导性的欧美式现代化模式及其基础性理念——30 多年的改革开放或融入国际社会进程已经使我们深刻地内嵌其中，而这就至少在某种程度上需要复活我国"小康社会"的历史文化传统意象的另一个侧面，即主张物质节俭吝惜或与自然生态和解的一面。

　　基于此，我们首先需要批判性审思已有的面向 2020 年及其以后我国经济社会发展的几个愿景术语或口号。

　　一是"中等发达国家"。成为一个中等发达国家，既是中华民族近代社会以来孜孜以求的复兴梦想，意味着将彻底告别使我们遭受了无数屈辱的经济社会发展落后局面，也将是我们中华人民共和国一个世纪左右现代化发展进程的合乎逻辑的结果。但这一术语或口号的最大问题在于，它并未超越相对于欧美少数国家而言、甚至就是由它们所确定的现代化话语及相应的制度政策体系——发展中国家的现代化是相对于极少数的发达国家来说的，而这些极少数发达国家不仅有着并不怎么光彩的"发家史"（尤其是赤裸裸侵略性的殖民史），而且它们发达地位的维持似乎也离不开一种远非平等公正的国际秩序

（包括当今经过绿色装饰的地球拯救行动）。换言之，即便在某些指标数据上我们可以达到世界中等国家水平，也很难最终成为欧美标准意义上的发达的现代国家——欧美国家目前所做到的在全球范围内稀释的其现代化所必然蕴含的社会与自然矛盾[1]，将会导致我们整个社会系统的难以为继，更不用说持续性发展。

二是"社会主义社会中高级阶段"。这一术语或口号的最大优点，是强调了我国作为社会主义国家的现代化进程的政治属性，而且，我国改革开放进程的逻辑性起点正是党的十三大提出的关于"社会主义初级阶段"的政治判断。因而顺理成章的是，经过一个特定时期的经济社会现代化发展带来的物质基础积累，我们应当在更大范围和更充分程度上践行社会主义的原则与制度体系——如果社会主义原则与制度确实具有相对于资本主义的优越性的话。然而，它所面临的挑战似乎是更为明显甚或尖锐的。如果我们还相信唯物史观的常识就必须承认，伴随着私人经济利益与权利的持续性神圣化"包装"——往往不过是欧美国家新自由主义意识形态的"传声"和我们国有或集体经济不成功实践方面的"放大"，弥漫于整个社会的已是对于社会公共性事业（尤其是国有企事业）甚或集体行动本身的普遍性质疑，而在这样一种严重歧视性或缺乏信任感的社会文化氛围中，任何政治力量都是很难建设起社会主义的大厦的。[2]

三是"（社会主义）生态文明新时代"。党的十八大报告关于"迈入社会主义生态文明新时代"的提法，完全可以成为一个更具政治意识形态色彩的"红绿"术语或口号，其核心是通过社会主义与生态主义的历史性结合，在成功解决现实性生态环境挑战的过程中复兴社会主义的价值原则与制度理想。应该说，"社会主义生态文明"或一种生态的社会主义，更容易在目前并不怎么有利的国际环境中赢得尽可能广泛的政治支持——"联合国可持续发展目标"（2015～2030）可以作为这样一个绿色政治联盟的共识性盟约或"底线"，而在依然十分重要的国内平台上则体现着可能的激进经济政治变革或转型的广度和深度。[3]当然，并非决然不可能的是，生态文明建设最终蜕变成为一种严重政治折中性的"浅绿色"政策或制度汇集，或者说某种形式的"绿色资本主义"[4]，相应地，我们也许会进入一个某种意义上的新时代，但肯定不会是社会主义的——也就不可能较为彻底地解决我们目前所面临的生态不可持续与社会非正

1　乌尔里希·布兰德，马尔库斯·威森. 全球环境政治与帝国式生活方式[J]. 李庆，郁庆治，译. 鄱阳湖学刊，2014（1）：12-20.

2　郁庆治. 社会生态转型与社会主义生态文明[J]. 鄱阳湖学刊，2015（3）：65-66.

3　郁庆治. 社会主义生态文明：理论与实践向度[J]. 江汉论坛，2009（9）：11-17.

4　郁庆治. 21 世纪以来的西方生态资本主义理论[J]. 马克思主义与现实，2013（2）：108-128.

义难题。

综上所述，"全面建成小康社会"当然具有一种历史承继性，尤其是相对于20世纪末已经实现的基本建成小康社会而言，但基于作为一种独立的综合性发展话语与政策体系的生态文明视角下的分析，使它更容易彰显出相对于2020年及其以后这一关键性时间节点的阶段过渡性特征——如果说前两个阶段更多是一种轻车熟路意义上的现有文明规范下的量的积累，那么新阶段更多需要的将是走向新型文明的质的改变或创造。

第六章
社会主义生态文明的
政治哲学基础：方法论视角

大约在 2015 年年初，笔者在与海南师范大学的杨英姿教授通信时就讨论过，深入探究社会主义生态文明的基础理论或理论基础是一个很有意义的课题，并将其列为同年 6 月组建的"中国社会主义生态文明研究小组"的核心性议题之一。随后不久，笔者注意到，中南财经政法大学王雨辰教授和东南大学叶海涛教授分别在《哲学研究》2015 年第 8 期和《马克思主义与现实》2015 年第 5 期发表了《论生态学马克思主义对历史唯物主义理论的辩护》和《生态环境问题何以成为一个政治问题？——基于生态环境的公共物品属性分析》[1,2]。前者所提出的一个有意思问题是，在社会主义生态文明及其建设的理论视野或语境下，我们应如何理解生态马克思主义与历史唯物主义之间的关系，而后者是一项中国博士后科学基金课题的研究成果，其名称就是"社会主义生态文明及其政治哲学基础研究"。上述几个因素相结合，就促成了如今探讨的这样一个话题：社会主义生态文明的政治哲学基础。在本章中，笔者将着重讨论这一议题的方法论层面，即为什么需要讨论和如何进行讨论，并对几个相关性马克思主义政治哲学流派做些比较分析。

一、社会主义生态文明的政治哲学基础：问题的提出

在开始正式讨论之前，也许需要解释一下"政治哲学"这个概念本身。一般来说，政治哲学既可以界定或理解为一个哲学分支，也可以界定或理解为一个政治学分支。[3~5]就前者而言，它意指对一个社会的政治现象或实践及其认知

1　王雨辰. 论生态学马克思主义对历史唯物主义理论的辩护[J]. 哲学研究, 2015(8)：10-15.

2　叶海涛. 生态环境问题何以成为一个政治问题？——基于生态环境的公共物品属性分析[J]. 马克思主义与现实, 2015(5)：190-195.

3　杰弗里·托马斯. 政治哲学导论[M]. 顾肃, 刘雪梅, 译. 北京：中国人民大学出版社, 2006.

4　安德鲁·文森特. 现代政治意识形态[M]. 袁久红, 译. 南京：江苏人民出版社, 2005.

5　威尔·金里卡. 当代政治哲学[M]. 刘莘, 译. 上海：上海三联书店, 2004.

的本质性意涵和演进规律的哲学层面分析，比如关于政治的起源、本质、规律、目的和手段，以及对政治理论、学说、思想、观念本身的"元政治"研究。在这个意义上，马克思主义哲学当然是、甚至首先是一种政治哲学，因为它包含了对人类社会尤其是资本主义社会的政治活动以及各种理论认知的批判性科学分析。就后者而言，它意指一种特定取向或样态的政治实践或认知的哲学世界观及其价值基础，或者说是关于为何以某种方式阐释或实践某种形式政治的哲学理论依据问题，比如当代社会中的自由民主主义、社会主义、保守主义、新自由主义、新极右翼主义、生态主义和女性主义等，都更多是一种政治学分支意义上的政治哲学，因为它们构成了某种特定形式或样态的进一步政治理论分析或政策主张的价值观基础和话语语境。更具体地说，政治学视域下的"政治哲学"包含着三个内在构成性的元素或侧面：对社会主导性现实的批判性分析、对未来社会替代性方案的构想、走向这一替代性社会的道路或战略。就此而言，如此意义上的政治哲学类似于我们平时所指的政治理论流派或政治意识形态。英国学者安德鲁·多布森（Andrew Dobson）在阐述生态主义思想何以是一种独立的政治意识形态时[1]，所采取的正是这样一种分析思路。上述区分当然只是大致意义上的，但已可以清楚表明，本文所探讨的社会主义生态文明的政治哲学基础问题是在后者即政治学视域下展开的。

　　对于方法论层面上的第一个问题，即为什么需要讨论，笔者认为，这主要是基于如下理由，"社会主义生态文明"实践作为一个特定政治选择，需要一种更深层理论基础意义上的或政治哲学层面上（也可以说广义上"本体论"）的根据。换言之，社会主义生态文明的理论与实践（目标与战略）应该是一个内在契合一致的整体和过程，但现实中显然并不必然会如此。具体来说，一方面，"社会主义生态文明"这一概念，涵盖了两个密切关联、但却并不彼此等同的要素，即生态可持续性考量（"生态主义"）和社会公平正义考量（"社会主义"）。一般意义上的"生态文明"概念，作为当代中国政治与话语语境下的一个主流性环境社会政治术语或理论，更多是对生态环境问题或挑战应对的一种"普适性"或"浅绿性"概括与表达（侧重于经济技术与法律规制在生态环境质量改善中的作用）[2]，目的是吸引尽可能广泛的社会公众加入到这一进程之中。因此，它的主要特点或"优点"，就是社会主体范围和政策工具手段的包容性与多样性。就此而言，生态文明概念或理论本身，并不必然是激进的或社会主义的；相反，在现实中，它往往被理解和界定为现代化与发展进程中的"与自然关系方面"或绿色维度，也就是人们通常所指的生态环境保护工作。

1　安德鲁·多布森.绿色政治思想[M].郁庆治，译.济南：山东大学出版社，2005：264-265.
2　郁庆治.绿色变革视角下的生态文化理论研究[J].鄱阳湖学刊，2014（1）：21-34.

相比之下，更为具体明确的"社会主义生态文明"概念，立足于生态环境问题应对的社会公平正义尺度并内在地蕴含着和要求进行现代经济社会制度的深刻重构。因而，"社会主义"并不是"生态文明"的一个可有可无的前缀，而是一种"红绿"意义上的旗帜鲜明的政治规定性。换言之，在笔者看来，社会主义生态文明是一个政治意识形态立场与政策取向更为明确的独立性概念，而且只能将其作为一个整体来理解，内在地规定着"生态可持续性考量"和"社会公平正义考量"的有机结合与统一。[1,2]由此可见，"社会主义生态文明"概念，蕴含着一种特定构型的生态文明目标追求和实现路径，尤其是强调其中的社会正义（公平）意涵或侧面。很显然，对此我们还需要做出更为充分的阐释与说明。

另一方面，"社会主义生态文明理论"与"社会主义生态文明实践"的整体统一性和良性互动，需要一种更高层面上的价值取向或意识形态规约来保障或促进。必须看到，我国在这方面存在着一种十分吊诡的情景：社会主义生态文明话语或理论的表面化繁荣和生态文明建设实践对社会主义价值（政治）取向的明显淡漠或抵触。就前者而言，无论是中共十八大报告和修改后党章的权威表述还是少数相关学者的理论阐发[3~6]，都未能转化成为对社会主义生态文明理论本身的更为系统的学理性讨论，尽管大量的学术研究课题和著述的标题都使用了"社会主义生态文明"这一言辞或说法。就后者来说，党的十八大以来日渐趋向政策实践层面的生态文明体制与制度改革构想，以及现实中大量铺开的各类生态文明示范区试点建设，都很少触及或在有意无意地回避社会主义视野下的政策创议或可能性，比如国有企业的社会（主义）环境责任担当形式、美丽乡村建设中公共空间或集体所有权形式的重构、基于公民社会平等权利保障的全国性生态补偿机制创建等。而上述现状所提出或凸显的一个深层次问题是，许多学者认为的中国共产党领导下社会主义国家的生态文明建设理所当然是指向社会主义的，至少从逻辑上说并不必然成立——长期缺乏科学系统的社会主义生态文明理论和缺乏这样一种理论正确指导的生态文明实践，都会导向另外一种前景或结果。对此，笔者认为，一个绝非多余的预防或矫正性举措，就是深入阐明一种可以作为二者共同基础的、处于更高阶位的政治价值观或意识形态取向。

对于方法论层面上的第二个问题，即如何进行讨论，在笔者看来，我们首先需要做出一种明确的论域上的限定。毫无疑问，"社会主义生态文明"的理论

1　郁庆治．生态文明理论及其绿色变革意蕴[J]．马克思主义与现实，2015(5)：167-175.
2　郁庆治．生态文明概念的四重意蕴：一种术语学阐释[J]．江汉论坛，2014(11)：5-10.
3　余谋昌．生态文明论[M]．北京：中央编译出版社，2010.
4　陈学明．生态文明论[M]．重庆：重庆出版社，2008.
5　郁庆治．"包容互鉴"：全球视野下的"社会主义生态文明"[J]．当代世界与社会主义，2013(2)：14-22.
6　郁庆治．社会主义生态文明：理论与实践向度[J]．江汉论坛，2009(9)：11-17.

与实践是基于多方面的理论渊源和经济社会条件的，也就是说，我们可以在十分不同的理论与学科视野下来讨论它的理论基础或"本体论"依据。比如，我们既可以集中于社会主义制度框架下"生态文明"的生态主义价值认知的激进性质，也可以侧重于其经济社会文化等方面的后现代主义的文明阶段性特征。相应地，我们就需要追溯与归纳它在自然价值认可、文明类型及其发展动力、技术能源支持等不同议题领域中的本原性价值或认知。而基于一种绿色左翼或"红绿"政治的立场，笔者想强调并希望展开讨论的是对生态文明的"社会主义"前缀的马克思主义政治哲学基础的阐发。或者说，我们如何确定或概括一种对于"社会主义生态文明"的马克思主义政治哲学基础的更精确表述。而一旦具体到这一层面，我们就会发现，候选者中除了经典马克思主义的历史唯物主义（辩证唯物主义、实践唯物主义），还有生态马克思主义（生态社会主义、马克思主义生态学或社会主义生态学）、马克思主义生态文明理论、约翰·贝拉米·福斯特（John Bellamy Foster）的生态唯物主义、小约翰·柯布（John B. Cobb）等的有机马克思主义等诸多说法。笔者的问题是，究竟哪一种"红绿"政治哲学理论或话语，或者它们某种形式的化合，能够对"社会主义生态文明"的理论与实践提供一种更为可靠的基础性支撑呢？

正如前文已指出的，对一种政治哲学或意识形态的功能的一般性界定，包括提供现实批判性阐释、未来社会构想和政治变革战略与路径等三个方面，而作为"社会主义生态文明"之理论根基的某种形式的马克思主义政治哲学也不例外。更进一步说，"社会主义生态文明"作为对"社会主义"的左翼政治旨向与"生态主义"的自然价值感知的自觉结合，其哲学基石或依据是一种能动性的社会关系以及建立在这种能动性社会关系基础上的不断改善的社会—自然关系。而从一种"元政治"或"元理论"的分析视角看，上述设定或判断并不是不证自明的，而是需要做一番义理层面上的哲学论证。这其中至少会涉及如下三个根本性的问题：其一，人类社会关系是否以及在何种程度上是一种能动性或自主性的关系？其二，社会—自然关系与社会关系之间又是一种什么样的关系，何者更具有决定性意义？其三，能动性的社会关系一定会导致一种不断进步的社会—自然关系吗，抑或相反？详尽地讨论这些问题本身并不是本文的任务，但对它们的回答却可以成为我们批判性分析有关"红绿"政治哲学理论流派的重要尺度或参照。

二、唯物史观、生态马克思主义以及其他绿色左翼理论

历史唯物主义或唯物史观就其宗旨而言，致力于成为一种对人类社会历史

及其发展规律和变革机制的科学阐释。在它看来，任何一个社会或文明形态，都注定有一种特定构型的、也即历史性的人类社会关系和社会—自然关系，封建社会是如此，资本主义社会也是如此，因而，从原始社会到资本主义社会的人类社会关系和社会—自然关系，是一个逐渐演进的历史过程。更具体地说，一方面，由于自然界及其物质性存在始终是或已日益成为人类社会实践的对象化存在，尤其是在现代工业社会中，所谓的社会—自然关系本质上不过是社会关系的一种展现或延伸，或者说就是一种社会关系，这大致是实践唯物主义的理论立场；另一方面，对宇宙整体和地球自然生态系统的科学认知都在日益清楚地表明，人类社会及其实践活动只不过是复杂得多、悠久得多的宇宙或地球整体演进与运动过程中的一部分或瞬间，人类的各种活动甚至肉体生存都离不开一些基本的自然物质和生态条件，因而自然界的本体决定性地位构成着社会关系及其历史性展开的终极性限制，这可以说是辩证（自然）唯物主义或自然辩证法所展现出的生态意蕴。

尽管马克思、恩格斯本人对于人类社会的经济活动（劳动实践）和自然科学认识的不同侧面的侧重，以及具体研究领域中个别性措辞或表述的差异（这是非常自然的现象），但对于他们二者来说，一种对人类社会的整体性、历史性的共同理解是毋庸置疑的，也就不存在任何意义上的根本性对立。换言之，在马恩视野下的人类社会及其发展过程中，就像不存在能够脱离社会的自然一样，也不存在可以完全摆脱自然的社会，自然物质性力量对于人类社会的约束性作用和人类社会对于自然物质性力量的能动性改变，始终是一个统一性的人类社会的两个侧面，而正是它们之间的相互制约与促动构成了历史演进的内在动力。[1]

依此，我们似乎可以通过论证历史唯物主义、实践唯物主义和辩证（自然）唯物主义是一个整体或"一体三翼"（即唯物主义的自然观、实践观和历史观），来宣称历史唯物主义或唯物辩证历史观其实就是一种"绿色马克思主义"[2]，并构成了"社会主义生态文明"的政治哲学基础。但依然存在的问题是，除了实践唯物主义与辩证（自然）唯物主义在理论阐发思路上的明显张力或冲突——尤其体现在对社会关系与社会—自然关系之间关系的理解上（究竟何者更具有决定性意义），更为突出的是，资本主义社会条件主导下的社会—自然关系似乎正呈现为一种无可逆转的衰败趋势——特别是在全球层面上，而这一事实所隐含的一个合理推论是，人类社会关系的"进步性替代"（包括社会主义取代资本主义）未必能够确保一种不断改善的社会—自然关系。换言之，

1　郁庆治. 自然环境价值的发现[M]. 南宁：广西人民出版社，1994：1-24.
2　黄瑞祺，黄之栋. 绿色马克思主义：马克思恩格斯思想的生态轨迹[G]//郁庆治. 当代西方绿色左翼政治理论. 北京：北京大学出版社，2011：41-63.

"社会主义生态文明"的未来——就像社会主义本身的未来一样——并不是一种必然可能的前景[1]，至少需要做出更深入的论证。

生态马克思主义（包括生态社会主义、马克思主义生态学、社会主义生态学等略显不同的表述）的理论实质在于方法论层面上的创新，明确地尝试把生态学思维（议题）与马克思主义传统结合起来，以便弥补经典马克思主义尤其是历史唯物主义的自然生态关注不足或"理论空场"。这方面的典型代表是美国生态马克思主义者詹姆斯·奥康纳（James O'Connor）。[2]他的研究思路是，先将人类社会或文明明确划分为社会关系和社会—自然关系两个层面，然后指出，马克思所集中关注的是第一个层面，并通过对经济性社会关系的分析揭示了资本主义社会条件下的"第一重矛盾"（即生产过剩与消费需求不足之间的矛盾），而在他看来，资本主义社会条件下还存在着被马克思所忽视的第二个层面上的"第二重矛盾"，即一般性生产条件（包括自然生态条件）和资本主义生产之间的矛盾。奥康纳认为，无论是对现实资本主义社会的生态批判，还是未来社会的生态社会主义替代，都应该是一种双重意义——社会关系和社会自然关系——上的矛盾消解。

在笔者看来，相对于经典马克思主义，生态马克思主义同时是一种话语与方法论意义上的革新，有助于我们更全面客观地认识当代资本主义社会的现实——尤其是社会自然关系与社会关系的辩证互动或转化，比如德国青年学者乌尔里希·布兰德（Ulrich Brand）近年来对"绿色资本主义"与"社会生态转型"问题的研究。[3~5]他的一个基本看法是，像德国、奥地利这样的核心欧盟国家通过在全球层面上的社会关系与社会自然关系的主动性调整，使一种局部性有利的绿色资本主义的出现成为可能。而更为重要的是，广义的生态马克思主义——而不仅仅被理解为一个国外马克思主义流派——有可能成为现时代马克思主义的一种主流性或前沿性表达[6]，同时体现在抗衡资本主义经济政治全球化和探寻社会主义替代性选择两个方面。相应地，未来确定性意蕴相对弱化的生态马克思主义，与致力于创造一种"红绿"未来的"社会主义生态文明"理论与实践似乎更具亲和性。当然，生态马克思主义研究也存在着自己的方法论难题或挑战。笔者认为，其最大的方法论难题，也许不在于如何更科学地阐释社会关系与社会自然关系之间的关系——比如简单承认它们之间的辩证互动性

1　张云飞. 唯物史观视野中的生态文明[M]. 北京：中国人民大学出版社, 2014.

2　詹姆斯·奥康纳. 自然的理由：生态学马克思主义研究[M]. 唐正东, 臧佩洪, 译. 南京：南京大学出版社, 2003.

3　乌尔里希·布兰德. 如何摆脱多重危机？——一种批判性的社会—生态转型理论[J]. 张沥元, 译. 国外社会科学, 2015 (4)：4-12.

4　乌尔里希·布兰德, 马尔库斯·威森. 绿色经济战略和绿色资本主义[J]. 郇庆治, 李庆, 译. 国外理论动态, 2014(10)：22-29.

5　乌尔里希·布兰德, 马尔库斯·威森. 全球环境政治与帝国式生活方式[J]. 李庆, 郇庆治, 译. 鄱阳湖学刊, 2014(1)：12-20.

6　王雨辰. 生态批判与绿色乌托邦：生态学马克思主义理论研究[M]. 北京：人民出版社, 2009：2.

似乎也会导致新的问题，而是对生态学的科学或"自然本体"意涵的更进一步消化吸纳，那将同时意味着生态马克思主义向生态学的趋近和生态马克思主义自身的革命性变革，比如最终承认自然生态的独立价值[1]。

　　至少可以在某种意义上划归生态马克思主义或"红绿理论"阵营的"生态唯物主义"和"有机马克思主义"，是分别由美国的生态马克思主义学者约翰·贝拉米·福斯特和以小约翰·柯布为核心的过程哲学学派所提出的。就前者来说，福斯特与其他生态马克思主义者的最大不同，是着力于从马克思的著述文本中概括与挖掘马克思的生态学思想或"生态世界观"，并由此展开了对资本主义生态危机的激烈批判。他明确宣称，"马克思的世界观是一种深刻的、真正系统的生态世界观，而且这种生态观是来源于他的唯物主义的"。[2]可以说，上述宣称也同时彰显了福斯特生态马克思主义研究的方法论优点和缺陷。注重对马克思恩格斯理论文本的系统性挖掘与阐释，无疑是我们应该高度肯定的[3]，但将马克思的生态思想归结为一种"生态唯物主义"或"唯物主义自然本体论"并不足够准确或深刻（马克思的思想是坚持唯物主义自然本体地位的因而是合乎生态的）[4]，更不能简单化或极端化为对所有那些尝试创新性结合生态学议题与马克思主义传统的学者努力及其研究成果的不加区别的宗派性拒斥或鄙视[5]。

　　相比之下，小约翰·柯布及其同事最新推出的"有机马克思主义"理论，是他们长期坚持的"过程马克思主义"或"建设性的后现代马克思主义"（力图将怀特海的过程哲学与马克思主义相结合）的一个升级版[6,7]，尤其强调了中国传统文化对于克服当前全球性生态环境危机、中国生态文明实践对于世界各国探索资本主义替代性模式的时代价值——其最著名的口号就是"世界生态文明的希望在中国"[8,9]，并因而受到了中国学界超常的热情关注[10]。应该承认，冠之以"有机"哲学前缀的"有机马克思主义"——同时从古典哲学有机论和现代生态学中汲取了营养，因而对自然生态的哲学伦理理解确实要高于大多数的生态马克思主义主流学派或学者，但是，就像"自然唯物主义"是对现代生态学

1　乔尔·科威尔．资本主义与生态危机：生态社会主义的视野[J]．郎廷建，译．国外理论动态，2014(10)：14-21.

2　约翰·贝拉米·福斯特．马克思的生态学[M]．刘仁胜，肖峰，译．北京：高等教育出版社，2006：前言 P3.

3　陈学明．谁是罪魁祸首：追寻生态危机的根源[M]．北京：人民出版社，2012：42.

4　李本洲．福斯特生态学马克思主义的生态批判及其存在论视域[J]．东南学术，2014(3)：4-12.

5　泰德·本顿．福斯特生态唯物主义论评[G]//郇庆治．当代西方绿色左翼政治理论．北京：北京大学出版社，2011：64-71.

6　菲利普·克莱顿，贾斯廷·海因泽克．有机马克思主义：生态灾难与资本主义的替代选择[M]．孟献丽，于桂凤，张丽霞，译．北京：人民出版社，2015.

7　小约翰·柯布．论有机马克思主义[J]．陈伟功，译．马克思主义与现实，2015(1)：68-73.

8　柯布，刘昀献．中国是当今世界最有可能实现生态文明的地方[J]．中国浦东干部学院学报，2010，(3)：5-10.

9　张孝德．世界生态文明建设的希望在中国[J]．国家行政学院学报，2013(5)：122-127.

10　张亮．面向生态、辩证法与大众：马克思主义哲学新视野[N]．中国社会科学报，2016-01-05(2).

的一种粗略或近似概念化一样，"过程哲学"或"有机哲学"毕竟也不是一种典型的生态哲学，更不等于生态主义。因而，无论是"生态唯物主义"还是"有机马克思主义"，都算不上、似乎也难以成为一种对人类社会关系与社会——自然关系之间关系的更具特色的完整政治哲学阐述。[1] 至少，笔者并不认为，它们与"社会主义生态文明"的理论和实践更为接近一些。

三、深化社会主义生态文明政治哲学基础的探讨

如果说某种程度上的文明生态化或绿化——作为对现代工业社会或文明面临着的生态环境困境的社会性应对——是人类社会未来发展中的一个几乎可以肯定的趋向，我国的生态文明及其建设话语与实践是这样一个全球性趋势下的具体体现，那么，明确将生态可持续性与社会公正相统一作为最高目标和准则的、特定版本的"社会主义生态文明"——充分考虑甚至立足于后者的更高水平保障来推进前者的真正实现，即便在当代中国，也只是其中的一种政治可能性或选项。

承认这样一种相对不确定意义上的"红绿"未来，对作为其学理支撑的政治哲学提出了更具体、但也更高标准的要求：在价值向度上，它必须能够明确阐明，为什么社会公正基础上的生态可持续性是一个更值得追求的目标理想和准则？ 这其中的关键点恐怕是，只有面向和服务于尽可能广大多数社会主体（以及生物种属）的生态可持续性追求或举措，才可以获得环境（生态）正义意义上的政治合法性辩护，尤其不能用少数社会群体的物质私利比如资本所有者的权益来辩护大众甚至全球生态可持续性名义下的政策举措[2]——比如"碳交易"或"碳金融"与抑制全球气候变化之间就是一个包含着诸多可异化节点的价值链条；在科学向度上，它必须能够明确阐明，为什么社会公正保障与促进和生态可持续性改善可以是相互促进而不是彼此冲突的？ 这其中的关键点恐怕是，只有充分动员起来的尽可能广大多数的社会主体的生态可持续行为，才会成为整个社会和大自然的生态可持续水平不断提高的持久性动力与保障，很难想象一个社会与环境严重非正义的文明中能够产生与维持生态可持续的自觉行动——就像"贫穷两极分化"就没有社会主义一样，"贫穷两极分化"的现实

1　在 2016 年 8 月 17 日由北京林业大学主办的"美国有机马克思主义生态文明思想研究"学术研讨会上，笔者强调指出，无论从阐明一种政治替代性愿景及其战略的完整意涵还是为社会主义生态文明这种特定绿色政治与政策提供合法性论证来说，我们都很难说有机马克思主义更接近于社会主义生态文明的政治哲学基础，但并未得到出席本次会议的小约翰·柯布教授和王治河博士的明确回应。

2　郇庆治.终结无边界的发展：环境正义视角[J].绿叶，2009(10)：114-121.

及其政治也不会带来真正的或持久的生态可持续性（"生态主义"）。概言之，在笔者看来，"社会主义生态文明"的立足之本或力量就在于相信，对一种公正的社会关系的自觉意识与追求更可能会促动或导向一种和谐共生的社会——自然关系，而从目前来看，我们对这样一种政治哲学的阐发还远远不够。[1]

最后需要指出的是，推动社会主义生态文明之政治哲学基础不断走向深化的一个重要动力，是依然充满无限想象空间的我国生态文明建设实践。在当下的各种生态文明建设示范区探索中，我们会很容易发现，无论是仍处在规划布局阶段的国家公园建设还是已如火如荼进行着的美丽乡村建设，都会时常遇到国家或公共所有权革新、创新集体经济（资产）形式、新公共空间或共同体感创造等一系列明显具有社会主义趋向的制度与政策选择可能性。问题只是如何使之成长为一种更加明确的大众性政治自觉，并逐渐成为一个个具有政治可信度和吸引力的"红绿故事"（red-green stories）。[2] 也正是在这一意义上，笔者认为，当代中国的社会主义生态文明学者肩负着一种"铁肩担道义、妙手著文章"的历史责任。

1　王韬洋. 环境正义的双重维度：分配与承认[M]. 上海：华东师范大学出版社，2015.
2　笔者坚信，这些"红绿故事"将会成为未来"中国故事"（或中国道路与模式）的最具国际吸引力与传播力的篇章。

第七章
生态马克思主义与
生态文明制度创新

如果准确解读党的十八大报告、十八届三中全会《决定》和 2015 年 4 月通过的《意见》，以及习近平同志的系列重要讲话，那么，一个非常明确的信息是，我国的生态文明及其建设理应包含着强烈的制度创新和重建的要求（相对于资本主义社会的一般性条件而不仅是具体性条件）[1]。但必须看到，多少有些遗憾的是，这一信息或"维度"在学界的宣讲阐发和政府部门的政策制定实施中，并未得到一种平衡性的关注。在理论层面上，对生态文明及其建设的更主流性理解是，我们需要尽快进入一个生态环境保护的"真抓实干"的"绿色化"阶段，而这背后隐含着的假设或图景，就是欧美国家 20 世纪 70～80 年代的"治理经验"（"生态现代化"或"可持续发展"是其最具代表性的理论版本[2~4]）。在实践层面上，生态文明建设一方面显然还未做到像党的十八大战略部署所要求的那样，努力实现与经济、政治、社会、文化建设的"五位一体"，齐头并进，另一方面过分集中于各种"绿色"技术工艺手段、经济政策手段与行政管理手段的引入推广，缺乏一种整体性掌控和制度层面上革新的胆识与勇气。这其中的原因固然复杂，突破这一现实困局的思路与路径也有很多，但在笔者看来，生态马克思主义理论的研究学习可以为我们提供一种现实实践的方法论启发和指导。

一、生态马克思主义及其对生态文明制度创新的启示

经过半个多世纪的不断演进，生态马克思主义、生态社会主义或"绿色左

1　郇庆治. 论我国生态文明建设中的制度创新[J]. 学习月刊, 2013(8)：48-54.

2　郇庆治，马丁·耶内克. 生态现代化理论：回顾与展望[J]. 马克思主义与现实, 2010(1)：175-179.

3　郇庆治. 生态现代化理论与绿色变革[J]. 马克思主义与现实, 2006(2)：90-98.

4　The UN Commission on Environment and Development. Our Common Future [M]. New York：Oxford University Press, 1987.

翼"理论（以下统称生态马克思主义，尽管它们之间在意涵上略有区别[1]），已经发展成为一个庞大的理论话语体系。从主要内容上说，它既包括马克思恩格斯本人的经典性生态思想，也包括欧美生态马克思主义者所做的进一步理论阐释与拓展，还应包括中国学者30多年来（始于20世纪80年代中后期）对上述两个层面的系统性梳理与再阐释。[2,3]

就马克思恩格斯本人的思想来说，如果说辩证唯物主义视角下的人与自然关系观点提供的是一种普遍性的哲学认知与分析方法，那么，历史唯物主义视角下的人与自然关系观点所提供的就是对一般性人类社会条件下的政治经济学认知与分析方法，并且，这二者综合体现为对现实资本主义社会的基本矛盾的批判性分析，以及在此基础上的基本制度替代主张。也就是说，马克思恩格斯"生态学思想"的一个方法论前提，是把人与自然关系归结为一种人与人关系或社会关系，并把资本主义社会条件下的人与自然关系归结为一种资本主义性质的非正义性社会关系。这当然不是说，马克思恩格斯否认现实生活中存在的人与自然之间的物质性变换关系，而是说，更值得关注的是这种物质性变换关系背后的社会（权力）结构和形式。欧美生态马克思主义者对于马恩上述基本观点的最主要贡献——无论是以"重现"或"矫正"的形式，前者如约翰·福斯特和戴维·佩珀[4,5]，后者如詹姆斯·奥康纳和萨拉·萨卡[6,7]——在于，强调资本主义本身就是一种社会自然关系，而不能简单概括为一种社会关系（尤其是经济所有权关系）。承认这一点的重要性在于，资本主义社会条件下的人与自然关系注定是矛盾的或破坏性的，也正因为如此，福斯特、奥康纳和萨卡都得出了"绿色资本主义"或"可持续资本主义"断然不可能的结论。需要指出的是，我国学者对此的贡献不仅在于对马恩经典思想的整理与阐发，还在于结合我们社会主义实践探索所做的一种社会主义性质的"社会关系"和"社会自然关系"构架的不同形式概括——比如刘思华先生早在20世纪90年代初就提出的"社会主义生态经济文明"概念[8,9]。

因此，只要把广义上的生态马克思主义理解为一个整体，我们就必须承认，它意味着对资本主义社会条件下生态环境问题的经济政治制度成因的根本

1　郇庆治.进入21世纪以来的西方绿色左翼政治理论[J].马克思主义与现实, 2011(3)：127-139.

2　郇庆治.当代西方绿色左翼政治理论[M].北京：北京大学出版社, 2011.

3　郇庆治.重建现代文明的根基：生态社会主义研究[M].北京：北京大学出版社, 2010.

4　约翰·贝拉米·福斯特.马克思的生态学：唯物主义与自然[M].刘仁胜, 肖峰, 译.北京：高等教育出版社, 2006.

5　戴维·佩珀.生态社会主义：从深生态学到社会正义[M].刘颖, 译.济南：山东大学出版社, 2012.

6　詹姆斯·奥康纳.自然的理由：生态学马克思主义研究[M].唐正东, 臧佩洪, 译.南京：南京大学出版社, 2003.

7　萨拉·萨卡.生态社会主义还是生态资本主义[M].张淑兰, 译.济南：山东大学出版社, 2012.

8　刘思华.对建设社会主义生态文明论的再回忆[J].中国地质大学学报(社科版), 2013(5)：33-41.

9　刘思华.对建设社会主义生态文明论的若干回忆[J].中国地质大学学报(社科版), 2008(4)：18-30.

性批判，以及对这种制度性前提的社会主义替代。换句话说，社会主义制度条件下的生态环境问题界定或应对，归根结底要着眼于一种新型的"社会关系"或"社会自然关系"，而这也就是我们今天称之为"社会主义生态文明"的最基本意涵。[1]

那么，生态马克思主义究竟能够提供哪些有价值的生态文明制度创新与重建的理论资源呢？

在笔者看来，这至少包括如下三个方面：一是对资本及其运行逻辑的社会和生态制度性的限制。前资本主义时代的历史经验已经表明，当经济内置于传统社会之中而不是凌驾于社会之上的时候，资本即便存在，其运行的逻辑也是会更符合社会与生态理性的，至少不会成为垄断或霸权性的。[2]这当然不是说，我们应该（可以）倒退到任何形式的前现代社会。而是说，着眼于绿色未来，我们必须达成（接受）的第一个共识是，资本逻辑的霸权性并不是不可（应）挑战的。不仅如此，"社会主义生态文明"成为现实的基础性前提是，我们必须要能够重新创设出一套限制资本及其运行逻辑的社会与生态制度。总之，在一个生态文明的社会主义制度中，某种形式的资本即便确实存在，也必须是受制于整个社会民主达成和不断改进的社会理性与生态理性要求的，因而将是一种受控制的或从属性的力量。对此，需再次强调的是，资本不等于效率，也不等于经济（当然更不能理解为社会进步），而是一种人类社会特定时期的特定类型的社会关系和社会自然关系——通过一种社会与生态剥夺性的资产（同时包括实体与虚拟资产）不断积累来维持或扩大一种压迫与等级性的经济政治关系。[3]相比之下，对社会主义生态文明的追求，理应包含着创造一种更有效（节约）利用自然资源的经济生产与生活方式，但目标已是尽可能地满足社会全体成员的社会与生态合理的不同需要，而且也未必非要借助于资本这种"中介"。

二是对市场机制之外以及"非市场化领域"的更多积极关注。比如，对于生态区域、人文历史遗产、公共服务部门、社区、家庭等社会生存（生活）空间，我们要更多采用一种"非市场化"思维来理解与分析。纯粹意义上的资本主义社会，是不允许存在拒绝市场机制发生作用的"非市场化领域"的。但正如我们可以看到的，即便在所谓的发达资本主义国家，完全意义上的"自由市场"也是不存在的——比如，德国版本的市场经济被称为"社会市场经济"或"莱茵模式"[1]。这其中既有资本主义经济运行无法摆脱或消除的"外部性环

1　郇庆治. 社会主义生态文明：理论与实践向度[J]. 江汉论坛, 2009(9)：11-17.

2　卡尔·波兰尼. 大转型：我们时代的经济政治起源[M]. 冯钢, 刘阳, 译. 杭州：浙江人民出版社, 2007.

3　乌尔里希·布兰德, 马尔库斯·威森. 绿色经济战略和绿色资本主义[J]. 郇庆治, 李庆, 译. 国外理论动态, 2014(10)：22-29.

境"的原因（比如对自然外部性的依赖——资源和生态），也有社会主体、特别是劳动者主体作为一种社会文化性存在的"反资本化"抗拒的原因（人们总是无法接受自己只作为某种货币化价值或价格的形式来存在）。依此而言，伴随着 20 世纪 70 年代末以来新一轮经济全球化浪潮扩展开来的更广泛"市场化"或"市场机制"现象，以及在生态环境相关领域中的展现——比如"自然资本化"和"自然金融化"（都需要借助于市场机制）[2]，未必代表着一种长期性或正当的发展趋势。对于社会主义生态文明建设来说，我们需要更主动考虑的，也许是尽可能限制"市场"或"市场机制"发挥影响的空间或力度。即便确需引入某些市场化操作和管理机制，也必须明确，它们的适用时间、范围和力度是有限的，是应受到民主化掌控的。总之，从社会主义的民主目标和生态目标来说，我们真正指望的应该是，社会与生态自觉的公民，联合起来管理自己的相互关系和社会自然关系，而不是交给一个无处不在的自由"市场"。如果这种理解能够成立的话，我们就需要特别关注那些还没有被"市场化"的社会存在领域，并对那些正在进行"市场化"的社会存在领域，更多采用一种"去市场化"或"非市场"的政治与政策思维。

三是对于"国家""政府""社会""计划""教育""技术""创业"等现代社会制度形式的替代性意涵，要做更多的发现和促进工作，努力使之朝向维护与推进社会公正和生态可持续方向进行变革，或者称之为"社会生态转型"[3]。一方面，我们需要承认，现代社会包括欧美自由资本主义社会，在不断回应生态环境问题挑战的过程中已经实现了某种程度上的"绿化"或"生态现代化"，尤其是在经济产业政策和公共管理的层面上。就此而言，某种程度或某种形式的"绿色资本主义"或"生态资本主义"[4~6]，的确是一个发生中的现实。但另一方面，我们又必须看到，所有这些现代社会制度性要素的替代性意涵的充分发挥，离不开一种综合性的结构性变革或重组。比如，在资本主义社会条件下，生态创业正在成为一种时尚引领性的企业经营与营销模式或口号，但却很难摆脱传统经济的资本盈利或增殖法则（"要么增长、要么死亡"），因

1　沈越. 德国社会市场经济探源[M]. 北京：北京师范大学出版社，1999.

2　Ulrich Brand，Markus Wissen. The financialisation of nature as crisis strategy[J]. Journal für Entwicklungspolitik，2014，30(2)：16-45.

3　Ulrich Brand，Markus Wissen. Social-ecological transformation [M] // Noel Castree，et al. The International Encyclopedia of Geography：People，the Earth，Environment and Technology. Willey-Blackwell：Association of American Geographers，2015：forthcoming.

4　Ulrich Brand. Green economy and green capitalism：Some theoretical considerations[J]. Journal für Entwicklungspolitik，2012，28(3)：118-137.

5　Ulrich Brand，Markus Wissen. Strategies of a green economy，contours of a green capitalism [M] // Kees van der Pijl. The International Political Economy of Production. Cheltenham：Edward Elgar，2015：508-523.

6　郇庆治. 21 世纪以来的西方生态资本主义理论[J]. 马克思主义与现实，2013(2)：108-128.

而很难成为合乎或遵循生态的。再比如，在资本主义社会条件下，各种形式的"绿色技术"完全可以实现资本趋利驱动下的快速发展，但要使之真正服务于公众的生活环境质量和全球的生态环境保护，就必须要改变资本主义社会条件及其国际架构本身。而对于社会主义生态文明建设来说，这意味着，我们要在不断改进与完善各种现代制度要素本身的"合生态性"的同时，还要更多考虑这些要素之间关系的"合生态性"。在这方面，共产党领导与执政下的当代中国，无疑有着我们特定的优势。

二、我国的社会主义生态文明建设实践：福建和深圳

应该说，经过近几年来的宣传与实践，我国生态文明建设的综合性、系统性和复杂性，已经得到社会各界和广大民众的充分认识与认同。就像我们很难借助"行政命令"或"运动式突击"，在短时间内克服目前大量存在着的生态环境难题一样——比如近年来严重困扰着华东地区部分省市的雾霾难题，我们也很难仅凭当代社会的某一环节的改进或"优化"，来达到一种生态文明的理想状态。换言之，必须接受的是，中国的社会主义生态文明建设，将是一个长期而艰巨的历史性过程，绝不可能只是一代人、几代人的事情。也许正因为如此，笔者认为，应该特别强调如下两点，一是理论探索要允许和鼓励那些包含着未来与实践可能性的生态理性想象，所有那些符合生态理性与理想的经济、社会和文化理念或实践，都可以成为生态文明建构的适当"元素"；二是实践探索要特别关注与激励那些有别于或超越目前的主流性现实（从理论到实践）的替代性做法或尝试，非常可能的是，正是这些当下看似"生态乌托邦"的异端言行，可以将人类文明导向一种非常不同的绿色未来。而从经验观察与分析的角度看，我国生态文明建设实践中检验上述两者结合状况的理想时空区域，就是目前正在广泛展开的各个层级上的"生态文明建设试点示范区"或"生态文明先行示范区建设"。

1. 福建省的"生态文明先行示范区"创建

至少出于如下三个方面的原因，在笔者看来，省域是观察与思考我国生态文明建设实践的一个更适当层面。其一，从自然地理的角度来说，我国的大部分省域都是相对独立的自然生态系统（除了像内蒙古自治区、甘肃省、河北省等的少数例外情况），也就是说，省域生态文明建设本身，就意味着对某种特定自然生态系统及其规律要求的尊重与顺从；其二，从行政管理体制的角度来说，省（自治区、直辖市）是我国作为一个单一制国家的最主要行政构成单位，也就是说，省域及其行政管理是亚国家层面上的适当层级，既便于中央政府进

行统一性的行政监管，又使得作为地方政府的省级政府有着相对充足的行政资源实施主体性管理；其三，生态文明建设不同于一般意义上的经济或工程建设，是需要基于一定的自然地理系统、人文历史传统与行政空间规模的，也就是说，我们是很难指望某一个村庄或乡镇可以独立建成或维持一种生态文明的。总之，在省域层面上，我们更有理由期望，生态文明建设能够超越既存的经济生产生活方式与社会文化传统的羁绊，率先实现一种迈向新文明形态的时代超越。

基于上述理由，2014 年 3 月第一个获得国务院批准与支持的生态文明先行示范省建设的福建省这一个例[1]，同时具有重大的理论与实践创新意义。为此，《人民论坛》2015 年 5 月，组织策划了一个"生态文明先行示范省创建"的专题[2~8]。从该专题所收录的 14 篇文章来看，可以说，它们作为一个整体，向我们展示了我国"生态文明先行示范省建设的'福建版本'"。比如，郑珊洁一文从福建省生态发展（生态文明建设）宏观战略的视角，勾画了如何将福建的巨大生态优势转化成为发展优势，从而让福建人民群众更多地享受到"清新福建"可以带来的"绿色福利"，并着重阐述了先进理念（绿色城镇化、能源结构调整、重点项目绿色门槛）的引导作用和机制体制（干部考核政策、源头保护制度、生态补偿机制、生态产品市场化、地方性法规）探索的重要性。兰思仁和林业厅的两篇文章，分别论述了"城郊公园"在福建省生态文明建设中的重要性、认识瓶颈与解决之道，和林业改革与发展对于福建省生态文明建设的基础性意义。稳居全国第一的森林覆盖率（65.95%）对于福建的生态文明建设来说，多少有些"幸福的烦恼"的味道，因而，如何更加生态地理解与利用这些宝贵的自然生态资源，对于福建具有特别的挑战性意义，但也正是在这其中，

1　2014 年 3 月 10 日，国务院发布了《关于支持福建省深入实施生态省战略加快生态文明先行示范区建设的若干意见》，福建省因此被认为是第一个国家批准建设的"生态文明先行示范省"。10 月，福建省制定了《贯彻落实〈国务院关于支持福建省深入实施生态省战略加快生态文明先行示范区建设的若干意见〉的实施意见》，其中包括 33 条贯彻落实意见和 134 项近期重点工作，标志着"生态文明先行示范省"创建工作正式启动。

2　郑栅洁. 生态优势转化为发展优势的福建经验[J]. 新重庆，2015（09）：44-45.

3　兰思仁. 福建生态文明先行示范区建设的有力抓手[EB/OL]. （2015-05-19）[2015-11-22]. http://www. politics. rmlt. com. cn/2015/0519/387271. shtml.

4　福建省林业厅. 加快林业改革与发展，服务生态文明示范区建设[EB/OL]. （2015-05-19）[2015-06-04]. http://www. rmlt. com. cn/local/yaowen/.

5　廖福霖. 实现"三个转变"继续领跑生态文明建设[EB/OL]. （2015-05-19）[2015-11-22]. http://www. politics. rmlt. com. cn/2015/0519/387302. Shtml.

6　郭铁民. 新常态下推动福建产业绿色发展[N/OL]. 福建日报，2015-03-08（7）[2015-04-02]. http://www. doc88. com/p-1384606235544. html

7　林国耀. 强化节能减排工作　推进生态文明建设[EB/OL]. （2015-05-19）[2015-11-22]. http://www. politics. rmlt. com. cn/2015/0519/387264. shtml.

8　李振基. 新常态下福建生态文明建设面临的瓶颈与挑战[EB/OL]. （2015-05-19）[2015-11-22]. http://www. politics. rmlt. com. cn/2015/0519/387299. shtml.

包含着我们现存制度与体制创新的巨大可能性。这些文章中讨论的"城郊公园"建设、集体林权改革和重点生态功能区保护等，都是生态文明建设整体性框架下的重要构成部分，对于福建省来说则具有突破口的意义。廖福霖、郭铁民和林国耀的三篇文章，则分别从"三个转变"（生产方式、生活方式、体制机制）、"绿色产业发展"和"节能减排"的视角，论述了福建省的生态文明建设是一个复杂的经济结构升级与转型过程，需要在制度创新与政策举措方面做出更大努力。

鉴于国务院批准福建省的生态文明先行示范省建设只有一年左右时间，而福建省制定实施其具体的贯彻落实意见则只有半年多时间，上述文章体现了我国第一个批准建设的"生态文明先行示范省"所达到的较高的理论认知水平和创新意愿。可以想象，只要切实贯彻实施国务院和福建省的两个《意见》，福建省的生态文明建设将继续引领我国的生态文明先行示范区创建，并将持续提供这方面的有益经验。

但需要指出的是，这样一个"福建版本"，还只是我国生态文明先行示范区（省）创建的"1.0版"。除了其中明显存在着的理论阐释尚欠到位、长期性目标尚欠明确、战略性举措尚欠清晰等之外，笔者认为，一个主要不足是缺乏更丰富的制度与创新想象。一方面，庞大的森林覆盖与生态系统，应该成为建设一种新型的或区域性的生态化文明的积极性基础，而不应简化为有待开发的自然生态资源。必须明确，工业化与城镇化的根本目标，都是为了本地人民群众的基本物质与文化需要满足，而不是对自然资源的无节制工业化开发，不是为了工业产品形式财富的无限制积累。依此来说，生态文明建设的核心是重新寻找人、社会与自然之间的生态和物质性平衡，同时也是要重建一种有利于维持这种平衡的社会、经济与政治制度。对福建省而言，地理与生态的丰富性，应该更有利于其探索这样一种逐渐超越现代化（工业化与城市化）的过程，也就是创建一种基于生态优势的生态文明区域类型。另一方面，东南部沿海地区和少量中部平原地区的工业发展与城镇化，必须要走出一条新型的道路。如果依然局限于传统的工业现代化思路，即便大面积的森林与生态系统得到了较好的保护，而沿海地区和少量中部平原地区仍然坚持传统的工业开发与城市化模式，也很难形成一个整体性的有机平衡。因为，那很可能意味着，工业发达地区的生态代价和环境污染，会逐渐转移到林业山区，而林业山区相对合生态的生产生活方式，也将难以抗拒来自工业发达地区的挑战与冲击。换言之，至少基于笔者2013年夏的实地考察，如何克服自然生态保护与进一步工业化现代化之间的矛盾，对于福建的生态文明建设来说，依然是一个严峻的现实性考验。[1] 而

---

1 郇庆治. 新型工业化、城镇化与生态文明建设：以福建省三明市为例[J]. 环境教育, 2013(12)：67-72.

多少有些遗憾的是，包括李振基论文在内的该专题对此都没有展开更深入的探讨。

2. 深圳市大鹏新区的生态文明建设创新实践

应该说，党的十八届三中全会及其《决定》，标志着我国的生态文明建设已经进入了一个以实践创新为主的新阶段。我们不能指望党中央和国家最高领导人，能够制定一个详尽而清晰的生态文明发展蓝图或路线图，因为任何那样的宏大规划都会难以适应我们这样一个发展中大国的复杂多样的客观现实。同样重要的是，生态文明建设是一场史无前例的经济、社会和文化体制与观念的深层变革，或者说一个文明形态与内在机制的革新过程，因而存在着目前很难预测甚至设想的多种可能性。通俗一点说，生态文明建设的未来或结果，将更多取决于千百万中国人民群众的生态意识自觉与实践创造。正因为如此，我们可以设想，那些最先开启现代化发展历程并已初步完成传统工业化、城市化的地区，更有可能率先倡导与尝试一种自觉的生态文明建设。在笔者看来，深圳市大鹏新区的大鹏办事处的创新性探索，正可以从上述意义上来理解和阐释。[1]

生态文明建设的根本或"要义"，并不简单是更加严格的生态环境保护（这自然是非常重要的），而是以一种整体性的思维与实践去实现一种高度综合性的目标。从理论层面上说，我们要从过去的片面的经济增长（或经济理性）转向更加全面与平衡的综合协调发展（从而能够同时涵盖社会理性和生态理性），其中包括经济活动与我们周围自然世界的健康关系，物质消费与我们内心世界的健康关系；从实践层面上说，我们要让经济建设、政治建设、社会建设、文化建设和生态环境保护各个方面实现"五位一体"（"五要素统合"），而不再是"先富裕起来再说"，我们要把自己区域的发展举措自觉纳入到整个区域、省市、国家，甚至世界的整体或全局，而不再是"孤军奋战"。进一步说，不仅生态文明建设的目标是如此，生态文明建设的路径也是如此。改革开放的第一个 30 年所实现的发展，更多是一种经济领域引领的发展，某一个行业或项目创造一个地区经济腾飞的实例也不鲜见——深圳市自身的成长历程就多少是这样一个典型。但是，时代已经发生巨大变化。所以，我国才产生了生态文明建设的客观要求，党和政府的"大力推进生态文明建设"不过是顺势而为而已。也就是说，全面深化改革开放也好，大力推进生态文明建设也好，都是我们必须主动适应和采取一种综合性的发展思维与战略的理论概括与体现。

具体到深圳市大鹏新区的大鹏办事处的实践，它是一个乡镇基层如何在生

1　胡世民，曾振文．深圳大鹏：一个小城的生态梦想[EB/OL]．(2015-10-15) [2015-11-22]．http://politics. rmlt. com. cn/2014/1217/360990. shtml.

态文明建设和深化改革开放的大背景下，追求自身更好发展的新思路与举措的生动实例。首先是发展理念的时代革新，也就是自觉用一种生态文明的意识与思维，来理解与勾画新型发展战略与举措中的人与自然关系，尤其是注重发挥自然生态景观和人文历史遗产的核心性支撑作用；其次是发展目标的时代革新，也就是自觉把经济福利、生态环境保护、社会和社区建设、新型城镇化和大深圳的发展等目标有机结合起来，尤其是强调高端产业（国际性旅游业）的经济社会结构转型引领作用；再次是发展动力机制的时代革新，也就是自觉把基层党和政府的领导能力、执政能力建设和发挥社会力量、群众个体的民主参与等有机结合起来。正是有了上述这些创新，我们才可以看到，大鹏办事处的城镇规划、城中村改造和产业升级转型，具有一种强烈的生态文明建设意蕴。

但需要强调指出的是，一方面，从生态文明建设的总体目标和大鹏办事处的客观实际来看，其未来的发展还需要付出更为长期与艰巨的努力。无论是作为一个以国际性旅游目的地创建为直接目标的新型社区的建设，还是作为一个更大规模的深圳大鹏新区开发的重要组成部分，都还存在着一定的未来不确定性。即便目前的诸多自然生态景观和人文历史景观得到了最严格的原生态保护，还有一个这些自然生态与人文历史资源性的开发，是否最大限度地服务于本地社会、尤其是本地民众的问题。另一方面，一个乡镇和县区是很难真正建成一种新的文明的。正因为如此，拥有得天独厚的自然生态与人文历史资源的大鹏新区，包括大鹏办事处地区，必须充分考虑如何使之成为整个深圳、乃至广东南部沿海的旅游度假区、生活休闲区和自然生态屏障的问题，而不应过分突出其国际旅游岛的经济产业功能。换句话说，也许最应该考虑和值得努力的，是借助于这样一个新区建设，使大鹏新区成为一个生态文明的微观样板，使深圳市成为一个无可争议的生态宜居的南国大都会，一个拥有自己亮丽"生态名片"的国际性城市。

三、理论比较分析

无论是福建的"生态文明先行示范省"创建，还是深圳市大鹏新区的生态文明建设创新实践，都把制度与体制的改革和创新置于一种优先地位，尤其体现为用整体性的思维与战略——一种"泛生态"或"浅绿色"视角——来应对现代化进程中的生态环境难题或挑战。应该说，这种认知和态度体现了我国学界与社会各界对于生态文明及其建设的主流性理解，而且是我们对待环境与经济发展关系，以及人与自然、社会与自然关系上的一种历史性进步。但正如笔者已指出的[1]，作为一种生态文化理论的生态文明概念，至少包含着四个层面的意涵：其一，生态文明在哲学理论层面上是一种弱（准）生态中心主义（合生态或环境友好）的自然/生态关系价值和伦理道德；其二，生态文明在政治意识形态层面上是一种有别于当今世界资本主义主导性范式的替代性经济与社会选择；其三，生态文明建设或实践则是指社会主义文明整体及其创建实践中的适当自然/生态关系部分，也就是我们通常所指的广义的生态环境保护工作；其四，生态文明建设或实践在现代化或发展语境下，则是指社会主义现代化或经济社会发展的绿色向度。其中，前两者基础上的综合，应该是一种更为完整的"生态文明观念"的概括。依此，生态文明及其建设，内在地意味着或蕴涵着一种既"红"又"绿"的革命性变革，甚至可以说，生态文明目标及其实现必须同时是生态可持续的、社会主义的。上述界定或阐释，并不否认现实生活中不同社会制度下对生态环境难题不同回应的可能性与必要性[2]，但却也清楚表明，生态文明及其建设的真正成功需要一些根本性的经济社会制度前提，或者说，我们需要彻底改变或重建目前被认为是理所当然（或别无选择）的一些经济社会制度性条件。

应该说，社会主义的信奉与承诺本身，就意味着对资本主义及其主导的国际经济政治秩序与文化观念的实质性变革。但并非偶然的是，过去半个多世纪中欧美资本主义国家主导的生态环境问题阐释与应对，在越来越强调其不分种族、阶级、性别、地区、经济社会发展水平等向度差异的普遍性的同时，却有意无意地回避或淡化了对于生态环境难题的社会制度成因及其替代性选择的关注与讨论。[3]生态马克思主义研究的价值或贡献就在于，它提醒我们，生态环境问题在很大程度上是资本主义的社会关系和社会自然关系不断扩张与深化的结果，因而克服生态环境问题的真正出路，就在于逐渐消除资本主义的社会关系和社会自然关系。笔者认为，上述理解对于我国生态文明建设的启迪意义在于，一是我们需要始终坚持生态文明及其建设的社会主义目标和方向。这并非简单是传统意义上的国家所有制或公有制的所有权问题，但也应明确的是，人民群众对自然资源与生态的公共拥有及其利用的民主控制，相比于少数人的资本化占有与开发要更可靠。二是我们需要时刻保持对当今世界主导秩序与框架的审慎态度和超越精神。无须讳言，欧美资本主义国家依然是当今世界经济政治体系与文化的主导者，因而我国的生态文明建设是不可能"置身度外的"，但这并不意味着，我们只能遵循资本主义的逻辑规则——同时在国内与国际层面上，尤其是对于我们这个世界第二大经济体而言。相反，对生态环境难题及

1　郁庆治. 生态文明概念的四重意蕴：一种术语学阐释[J]. 江汉论坛, 2014(11)：5-10.

2　郁庆治. "包容互鉴"：全球视野下的"社会主义生态文明"[J]. 当代世界与社会主义, 2013(2)：14-22.

3　郁庆治. 重聚可持续发展的全球共识：纪念里约峰会20周年[J]. 鄱阳湖学刊, 2012(3)：5-25.

其解决路径和当今世界主导秩序与文化的"中性化"阐释（比如各种形式的"国际化"或"融入国际社会"），很可能会限制甚或扭曲我们生态文明建设的方向性选择。

正是在上述意义上，笔者认为，当代中国的社会主义生态文明建设有着巨大的潜能。[1] 但也必须承认，这方面的潜能显然尚未得到从理论精英到实践创新者的足够重视。党的十八大报告关于"社会主义生态文明"的初步表述，在随后的相关性政策文件中并未得到更明确的制度性阐发或规定，而包括福建省、深圳市大鹏新区等在内的生态文明先行示范区创建实践中，我们也很少看到在这个层面上的主动探索（比如对资本、市场所主导的工业化与城镇化的社会和生态制度性约束）。更令笔者担心的是，经济技术手段和行政管理手段的强化固然重要，但对这些层面的狭隘关注，甚至是对生态文明建设目标与任务的经济技术主义解读或分解，既不会解决我们面临着的生态环境挑战的深层次原因，也不会带领我们走向生态文明的正确方向。

1　郇庆治. 生态文明建设: 中国语境和国际意蕴[J]. 中国高等教育, 2013(15/16): 10-12.

第八章
社会主义生态文明观与"绿水青山就是金山银山"

无论从党的十八大报告提出的"努力建设美丽中国、实现中华民族永续发展"的宏大目标，还是从党和政府大力推进生态文明建设的现实实践来看，习近平同志 2005 年最先在浙江主政时提出的"绿水青山就是金山银山"重要论断，都应当做一种超越辩证认知意义上的解读，而是理解为一种基于当代中国实践的社会主义生态文明观的重要组成部分，并因而有着一种强烈的"红绿"变革政治与政策意蕴。

一、什么是"社会主义生态文明观"？

党的十八大报告在"大力推进生态文明建设"的结语部分正式提出，"我们一定要更加自觉地珍爱自然，更加积极地保护生态，努力走向社会主义生态文明新时代"。而在修改后的《中国共产党党章》"总纲"中则明确规定，"中国共产党领导人民建设社会主义生态文明"。应该说，这种表述已经十分清晰地阐明了我国生态文明建设的社会主义性质、人民主体地位和领导力量，或者说，一种"社会主义生态文明观"的主要意涵。[1~3]但多少有些遗憾的是，国内学界对党的十八大报告中生态文明建设方面内容的宣讲研究，对此都着墨不多。[4,5]在笔者看来，要想准确阐释上述"社会主义生态文明观"的哲学与政治理论基础，就必须进一步学习认识马克思主义的生态观和生态马克思主义的核心观点。

一般地说，马克思恩格斯的自然生态思想或马克思主义的生态观（学），是马克思主义的辩证唯物主义和历史唯物主义理论体系的内在组成部分，尽管

1 郇庆治. 再论社会主义生态文明[J]. 琼州学院学报, 2014(1)：3-5.
2 郇庆治. "包容互鉴"：全球视野下的"社会主义生态文明"[J]. 当代世界与社会主义, 2013(2)：14-22.
3 郇庆治. 社会主义生态文明：理论与实践向度[J]. 江汉论坛, 2009(9)：11-17.
4 卢风，等. 生态文明新论[M]. 北京：中国科学技术出版社, 2013.
5 贾卫列、杨永岗、朱明双，等. 生态文明建设概论[M]. 北京：中央编译出版社, 2013.

有些学者会坚持认为并非是其最为重要的组成部分。[1~2]具体而言，我们可以将其概括为如下三个基本观点[3]：一是唯物主义的生态自然观，二是实践辩证的历史自然观，三是未来社会是人、自然与社会和谐统一的新社会或"资本主义社会的历史性替代"。

第一个观点的主要意指是，马克思主义是现代唯物主义哲学尤其是物质（自然）本体论传统的继承者，因为无论就人类物种的生物渊源还是人类存在（活动）的环境依赖性来说，自然及其规律都是更为根本（本源）性的客观实在。或者说，人类社会作为一种自然物质性存在本身，既是更为悠久与广延的自然世界的生生不息演进过程的结果，也始终是这样一个相互联系和不断运动发展过程之中的组成部分。也正是在这种意义上的，马克思才多次强调，人类的活动甚或存在本身，就是自然的。

第二个观点的主要意指是，与旧唯物主义不同，马克思主义所强调的是，在现实的人类社会中，人们是通过社会性实践尤其是生产劳动来实现与周围自然界的物质代谢（变换）的。换言之，人与自然之间不仅是一种物质性实践关系，还在本质上是一种社会历史性关系，这在资本主义社会制度条件下表现得尤为明显。这当然不是说，资本主义时代的人类物质实践活动或"物质变换"，在更大程度上远离了一种"人与自然关系""社会与自然关系"（"去物质化"或"去自然化"），而是说，"人与人关系"或者说"社会关系"，在更大程度上决定着现实中"人与自然关系""社会与自然关系"的形态。

第三个观点的主要意指是，在马克思主义看来，由于对资本及其所有者权利的体制性偏袒或倚重，资本主义社会中的人与自然、社会与自然关系，不可避免地呈现为异化的、剥夺性的和冲突性的。因而，代表着人类未来的社会主义社会，将只能是对资本主义制度本身的历史性替代，并（重新）走向人、自然与社会之间的和谐统一（即"两个和解"），尽管这种替代绝非是无条件的或可以立即发生的。也就是说，资本主义社会条件下的人与自然关系、社会与自然关系的改变，当然是重要的，但相比之下，人与人关系或社会关系的根本性改变，更重要、也更为迫切。

生态马克思主义、生态社会主义或"绿色左翼"理论（以下统称为生态马克思主义），经过近半个世纪的不断演进，已经发展成为一个庞大的理论话语体系。从主要内容上说，它既包括马克思恩格斯本人的经典性生态思想，也包括欧美生态马克思主义者所做的进一步理论阐释与拓展，还应包括中国学者30

1　郁庆治. 自然环境价值的发现[M]. 南宁：广西人民出版社，1994：1~24.

2　郁庆治. 欧洲绿党研究[M]. 济南：山东人民出版社，2000.

3　潘岳. 马克思主义自然观与生态文明[N]. 学习时报，2015-07-13.

多年来（始于 20 世纪 80 年代中后期）对上述两个层面的系统性梳理与再阐释。[1~2]

需要强调的是，一方面，欧美生态马克思主义者总的来说坚持了马克思恩格斯的自然生态思想或马克思主义的生态观。更进一步说，在笔者看来，他们对马克思主义上述基本观点的最主要贡献——无论是以"重现"或"矫正"的形式，前者如约翰·福斯特和戴维·佩珀[3~4]，后者如詹姆斯·奥康纳和萨拉·萨卡[5,6]——在于，强调资本主义本身就是一种社会自然关系，而不能简单归结为一种社会关系（尤其是经济所有权关系）。承认这一点的重要性在于，资本主义社会条件下的人与自然关系，注定是矛盾的或破坏性的，也正因为如此，福斯特、奥康纳和萨卡都得出了"绿色资本主义"或"可持续资本主义"断然不可能的结论。另一方面，我国学者的贡献不仅在于对马克思恩格斯经典思想的整理与阐发，还在于结合我们社会主义现代化实践探索所做的一种社会主义性质的"社会关系"和"社会自然关系"构架的不同形式概括，比如刘思华先生早在 20 世纪 90 年代初就提出的"社会主义生态经济文明"概念[7]。

总之，作为一个整体，广义上的生态马克思主义，意指对资本主义社会条件下生态环境问题的经济政治制度成因的根本性批判，以及对这种制度性前提的社会主义替代。换句话说，社会主义制度条件下的生态环境问题界定或应对，归根结底要着眼于构建一种新型的"社会关系"或"社会自然关系"。

正是在上述意义上，我们可以理解和界定一种"社会主义生态文明观"的最基本意涵[8~9]：一方面，未来的社会主义必须是生态文明的或绿色的；另一方面，生态文明建设的方向和性质，只能是社会主义的。就前者来说，无论就当代社会生态环境难题的全球性（系统性）复杂性、还是社会主义作为一种替代性制度框架的吸引力或合法性而言，社会主义制度构想与创建都必须意味着对生态环境难题的根本性克服，也就是说，社会主义性质或取向的现代文明，都只能是一种绿色的、合乎生态的文明。正因为如此，生态文明或"绿色化"已经成为当代社会主义政治信奉与承诺的不可或缺的构成部分——甚至连资本主义政党与政治也已声称是"绿色的"。

1　郇庆治．当代西方绿色左翼政治理论[M]．北京：北京大学出版社，2011.

2　郇庆治．重建现代文明的根基：生态社会主义研究[M]．北京：北京大学出版社，2010.

3　约翰·贝拉米·福斯特．马克思的生态学：唯物主义与自然[M]．刘仁胜，肖峰，译．北京：高等教育出版社，2006.

4　戴维·佩珀．生态社会主义：从深生态学到社会正义[M]．刘颖，译．济南：山东大学出版社，2012.

5　詹姆斯·奥康纳．自然的理由：生态学马克思主义研究[M]．唐正东，臧佩洪，译．南京：南京大学出版社，2003.

6　萨拉·萨卡．生态社会主义还是生态资本主义[M]．张淑兰，译．济南：山东大学出版社，2012.

7　刘思华．生态马克思主义经济学原理(修订版)[M]．北京：人民出版社，2013.

8　潘岳．社会主义生态文明[N]．学习时报，2006-09-25.

9　潘岳．论社会主义生态文明[J]．绿叶，2006(10)：10-18.

就后者来说，现实中生态环境问题的认知与应对，当然有着十分不同的思维和路径，其中包括"生态资本主义的"或"浅绿色的"思维和路径，但生态文明建设的理念与战略本身，要求我们只能基于一种综合考虑经济、政治、社会、文化与生态等各方面的（即"五位一体"），尤其是希望借助于社会关系、社会与自然关系的重构（非资本主义性质的），来实现生态可持续性与社会公正目标的激进的"红绿"思维和路径。也就是说，它只能是一种生态的社会主义的性质与方向的。

当然，强调生态文明及其建设的"社会主义"维度，绝不意味着可以忽视另外一个、至少是同样重要的"生态可持续性"维度。毫无疑问，生态文明及其建设的直接起因或推动，是着力于应对和解决现代工业文明条件下产生与积累起来的生态环境难题，而且这一难题已经随着资本主义的全球性扩展和霸权具有一种史无前例的普遍性。就此而言，既然生态环境难题已经是全球性的，那么，生态文明及其建设也必须是全球性的。换言之，生态可持续性应该成为一种全球性（普遍性）的理解与追求。但是，生态马克思主义或社会主义生态文明观更强调的是，生态可持续性及其实现，也不应是一个脱离现实国际经济政治秩序和社会经济与历史条件来笼统讨论的议题。实际上，什么意义和多长时间上的可持续性、面向哪些人的可持续性，以及如何来实现这些不同理解与追求的可持续性，都不仅仅是一种科学认知问题，还是有着明显的政治意识形态与公共政策意涵的政治议题。[1]

二、社会主义生态文明观视野下的
"绿水青山就是金山银山"重要论断

习近平同志关于"绿水青山就是金山银山"的最初阐述，是 2005 年 8 月 15 日他在考察浙江省安吉县天荒坪镇余村时对乡村发展生态旅游的即兴评论："我们过去讲，既要绿水青山，又要金山银山。其实，绿水青山就是金山银山。"9 天后，他在《浙江日报》的"之江新语"栏目发表了《绿水青山也是金山银山》的评论，强调如果把"生态环境优势转化为生态农业、生态工业、生态旅游等生态经济的优势，那么绿水青山也变成了金山银山"。而对此的最新表述，则是 2013 年 9 月 7 日他在哈萨克斯坦纳扎尔巴耶夫大学回答学生提问时的论述："建设生态文明是关系人民福祉、关系民族未来的大计。我们既要绿水青

---

1 Andrew Dobson. Environmental sustainabilities：An analysis of a typology[J]. Environmental Politics ，1996, 5(3)：401-428.

山,也要金山银山。宁要绿水青山,不要金山银山,而且绿水青山就是金山银山。"在此基础上,2015 年 3 月 24 日中央政治局审议通过的《关于加快推进生态文明建设的意见》(以下简称《意见》),正式把"坚持绿水青山就是金山银山"作为我国加快推进生态文明建设的重要指导思想。[1] 那么,这一"双山"论断与社会主义生态文明观有什么样的联系,或者说,我们可以在社会主义生态文明观视野下做出一种怎样的理解与诠释呢?

首先,它是对我国社会主义现代化建设过程中经济发展与环境保护关系认知的一种辩证而生动形象的概括。一方("绿水青山")是人们熟悉得不能再熟悉、因而很少感受到其功益性的公共物品,另一方("金山银山")是人们对更高水准、更舒适程度的物质文化生活的天然需求,分别代表了我国改革开放以来社会主义现代化进程中目标追求的两个侧面。但实践表明,这两个目标性层面虽不是天生矛盾的,却也显然不是直接一致的。"绿水青山就是金山银山",可以说是对二者之间辩证关系建立在历史实践基础上的科学认知或概括。一方面,我们要坚持"双山目标",而不能只强调"单山目标"(无论是"金山银山"还是"绿水青山")。这其中,关键是做好二者之间的基于生态可持续和社会公平原则的合理转换,而绝不能以其中之一为代价去实现另一方,尤其是"决不以牺牲环境为代价去换取一时的经济增长"(2013 年 5 月 24 日在中央政治局第六次集体学习时的讲话)。另一方面,我们又要坚持一种发展的、与时俱进的眼光或视野,致力于实现二者之间一种更高层次上的平衡。具体地说,当前,改革开放 40 年所取得的经济发展,要求我们采取一种更主动积极的生态环境问题应对思维与战略,或者说大力推进生态文明建设。换言之,我们需要尽快从"用绿水青山换取金山银山"的低级阶段提升到正视"金山银山与绿水青山发生现实冲突"的新阶段,并着力向"借助绿水青山实现金山银山"(实施"三个发展")的更高阶段过渡(2006 年 3 月 8 日在中国人民大学的演讲)。

其次,它代表着我们党和政府对自然生态价值的不断绿化的发展意识形态和环境政治认知,或者说一种全新的、更文明的生态认知。对"绿水青山"作为一种最基本公共福祉(公民权利)和社会发展目标地位的确认,既体现了我们对于改革开放以来社会主义现代化发展意涵丰富性的更深刻认识,也是对于我们仍然深陷其中的明显不可持续的发展理念、发展模式与发展阶段的反省反思,归根结底则是对于现代物质文明社会中自然生态独特功用或者价值的时代(重新)发现。"绿水青山就是金山银山"意味着,"绿水青山"有着像"金山银山"那样重要的人类价值——很可能在超越经济和物质功用的狭隘意义上,

1 郭占恒. "绿水青山就是金山银山"的重大理论和实践意义[N]. 杭州日报,2015-05-19.

而当二者发生冲突时，我们需要有一种"宁要绿水青山、不要金山银山"的哲学伦理自觉与态度——基于对自然生态系统完整性与多样性的内心尊重（尽管这当然也构成了人类社会生存和生活质量的前提条件）。对此，党的十八大报告已经做了一种颇为清晰的论述："尊重自然、顺应自然、保护自然"（第一段）；"节约优先、保护优先、自然恢复为主的方针"（第二段）；"控制开发强度，给自然留下更多修复空间"（第三段）；"更加自觉地珍爱自然，更加积极地保护生态"（第七段）等，这些明显具有"环境主义"甚或"生态主义"性质的理解，是我们党和政府政治（发展）意识形态中的崭新元素。在此基础上，习近平同志在十八届三中全会上做关于《中共中央关于全面深化改革若干重大问题的决定》的说明时又指出："我们要认识到，山水林田湖是一个生命共同体，人的命脉在田，田的命脉在水，水的命脉在山，山的命脉在土，土的命脉在树。"[1] 其中，他把人、田、水、山、土、树等因素作为一个有机整体来论述和看待，主张经济发展与生态文明建设中的资源用途管制和生态修复，必须遵循自然规律，反之，如果种树的只管种树、治水的只管治水、护田的单纯护田，就很容易顾此失彼，最终造成生态系统性的破坏。

再次，它蕴含着一种对于人与自然、社会与自然适当关系的不同于资本主义基本制度的政治选择。我国改革开放 40 年来经济发展所取得的成就无需论证，但伴随着经济规模和体量剧增而呈现的资源瓶颈约束和生态环境压力，也是不争的事实。正因为如此，党的十八大报告才做出了"资源约束趋紧、环境污染严重、生态系统退化的严峻形势"的政治判断，并要求大力推进生态文明建设。但需要强调的是，要想从根本上摆脱上述困境，要想真正实现生态文明建设中的制度创建与创新目标，最重要的是构建一种具有中国特色的人与自然关系和社会与自然关系，而这种关系的基本特征应该是符合生态可持续和社会公正原则的，因而是非资本主义的。对这一论点的更详细论证，并不是本文的任务。但可以简要说明的是，"金山银山"（物质财富）在任何社会条件下都是一个社会性的和社会自然关系性的概念，依托于某种形式的经济政治制度和相应的文化观念，并蕴含着或指向某种构型的社会自然关系，相应地，"绿水青山"（生态环境）不仅从总体上是数量有限的（这在当代资本主义主导的国际秩序下尤其如此），并且往往是依从于所处其中的（全球或区域性）社会自然关系的——比如，位于南美的亚马孙森林，并非只是一个地区性的生态（物种）多样性保护问题，而是一个十分复杂的全球经济与贸易秩序问题。[2] 就当代中国而言，如何在现实中做到"既要绿水青山又要金山银山"、不再为"金山银

1　习近平. 关于《中共中央关于全面深化改革若干重大问题的决定》的说明[R]. 党建, 2013(12): 23-29.

2　乌尔里希·布兰德. 如何摆脱多重危机？——一种批判性的社会—生态转型理论[J]. 张沥元, 译. 国外社会科学, 2015(4): 4-12.

山"而牺牲"绿水青山"、真正使"绿水青山"成为"金山银山",都绝非只是一个辩证认识水平和价值伦理态度问题,而是一个盘根错节的经济政治问题,需要我们有着明确的社会主义方向意识,并做出正确的社会主义方向选择。笔者的基本看法是,利用资本手段和市场机制,在未来的相当长时间内都将依然是我们必要的政策工具,但自然生态的资本化和社会自然关系本身的资本主义取向,都不应该是一种独断性的选择。正是在上述意义上,习近平同志关于"良好生态环境是最公平的公共产品和最普惠的民生福祉"(2014年4月在海南考察时的讲话)和"以对人民群众、对子孙后代高度负责的态度和责任,为人民创造良好生产生活环境"(2013年5月24日在中央政治局第六次集体学习时的讲话)的论述,都意味深远。

综上所述,在笔者看来,我们可以对习近平同志"绿水青山就是金山银山"的重要论述,做一种三段论式的意义解读:第一,在目标层面上,我们必须坚持"既要金山银山、又要绿水青山",不可偏废;第二,随着生态文明建设实践进程的推进和认识水平的提高,我们需要敢于践行"宁要绿水青山、不要金山银山";第三,基于一种全新的经济政治制度框架和公民价值伦理,我们将能够做到把"绿水青山"本身视为"金山银山"——对自然资源和生态系统的利用将会采取一种严格的合生态经济准则和技艺来进行,并且始终受到尽可能广泛的生态可持续性和社会公正性的民主监督与检验。依此而言,"绿水青山就是金山银山"系列表述,其实就是"社会主义生态文明观"的主要意涵在中国背景和语境下的另一种形象化表达,所强调的是通过大力推进"社会主义生态文明"建设,在逐渐解决目前所面临的严峻生态环境难题的同时,找到一条通向中国特色社会主义的人与自然、社会与自然关系新构型的现实道路。

三、"绿水青山就是金山银山"重要论断的生态文明建设实践意蕴

2015年4月正式公布的《意见》,已经将"坚持绿水青山就是金山银山"作为重要指导思想之一。但如何在生态文明建设实践中准确全面地贯彻落实这一指导思想和辩证思维,还需要我们创新性地开展大量的开拓性工作。结合前文所述和浙江省实际,笔者认为,如下三个方面尤其值得注意。

其一,价值伦理观变革或生态文明观培育,将是推进生态文明建设进程中一个贯穿始终和标准不断提升的基础性任务。生态文明建设的根本,是创造出

成千上万地实现了生态意识自觉的共和国公民或"生态新人"。[1]党的十七大报告明确将"生态文明观念牢固确立"作为生态文明建设的两大方面之一，而党的十八大报告和《意见》，也都把培育"尊重自然、顺应自然和保护自然"意识作为推进生态文明及其建设的重要内容。但客观地说，我们在这方面还面临着大量的基础性工作要做。"绿水青山就是金山银山"，单纯地解释或明白其中的道理并不十分困难，真正困难的是，如何使之成为一种全社会成员的主导性政治文化共识，又如何使这种主流性政治文化认知成为人们的意识自觉与行为取向。这其中除了人们生态环境友好言行之间广泛存在着的"天然落差"（"说起来容易做起来难"），更值得关注的是，要主动用有利于价值伦理观变革或生态文明观形塑的制度去规约人、培育人，同时也要积极把那些生态文明先驱者的先进言行制度化。

就浙江而言，较早起步的"生态省"建设、"美丽浙江"建设和"生态文明示范省"建设的实践，已在这方面积累了丰富的经验性做法[2]，但也有着进一步努力的巨大空间。特别值得提及的是，安吉县相关部门在宣传生态文明建设方面可谓是"别出心裁""无孔不入"。从接待外地考察（会议）人员使用的材料袋、名片、桌签、茶杯、纸扇，到介绍本县生态旅游景点的专题图书、宣传册（单）、"生态文明地图"，再到每一个村庄的展览馆、博物馆、活动室和示范户，其功效就是，利用各种渠道告知每一位来访者生态文明建设的现实进展，同时也提醒自己的每一位成员生态文明建设是共同的事业。

其二，各级政府部门（官员）综合性治国理政能力的全面提升，是生态文明建设取得实质性进展的关键之所在。无论从推进生态文明建设的战略部署与任务总要求（"五位一体"和"三个发展"），还是从生态文明建设所必然牵涉到的跨区域、跨流域和跨行业管治需要来看，生态文明建设实践所呼唤的都是一种综合性、系统性和有机性的行政管理。很显然，我国目前条块分割的行政管理体制对此是严重不相适应的。甚至可以说，许多生态环境难题的出现乃至失控，本身就与这种体制架构密切相关。比如，华北地区城市的大气污染问题之所以在近年来变得日益严重，一个主要原因就在于国家各部委和该地区省市各自为政的发展规划和管理，甚至出现了空气的不同成分管理隶属于数个部委的尴尬境况。因此，生态文明建设推进的关键，初看起来是国家各个部委和各级政府部门的能力建设与提升问题，但更深层的则是现行管理体制与制度的改革问题。对此，习近平同志在对《中共中央关于全面深化改革若干重大问题的决定》做说明时，结合健全国家自然资源资产管理体制的重要性做了专门阐

1 郇庆治. 生态文明建设与环境人文社会科学[J]. 中国生态文明, 2013(1)：40-42.
2 郇庆治, 高兴武, 仲亚东. 绿色发展与生态文明建设[M]. 长沙：湖南人民出版社, 2013：129-163.

述；此外，他在谈到北京市的大气污染防治时，也强调了"要坚持标本兼治和专项治理并重、常态治理和应急减排协调、本地治污和区域协调相互促进，多策并举，多地联动，全社会共同行动（2014 年 2 月 25 日在北京考察工作时的讲话）。也就是说，"绿水青山就是金山银山"的认识辩证法，只有转变为一种当代中国生态文明建设的辩证实践，才能完整展现出其理论的魅力和力量，而这其中的关键性环节，就是"政府的自我革命"——绿色治国理政能力或生态文明建设领导能力的革命。

就浙江来说，尽管生态文明建设方面近年来卓有成效，但着眼于生态文明及其建设所要求的管治体制与制度改革（重构），最多也只是处在起步阶段。一方面，现代化发展背景和语境下难以避免的工业化、城镇化与生态环境质量改善之间的矛盾及其化解，应该说尚未取得决定性突破。依据北京林业大学2014 年度《中国省域生态文明建设评价报告》的结果[1]，浙江省 2012 年的"生态文明指数"排名为全国第三，表现优异，但"森林质量"（第 24 位）、"自然保护区的有效保护"（第 31 位）、"地表水体质量"（第 17 位）、"环境空气质量"（第 14 位）、"水土流失率"（第 20 位）、"化肥使用超标量"（第 15 位）和"农药使用强度"（第 30 位）等反映生态环境质量的三级指标，都处在明显靠后的位置，归根结底还是与其巨大的工业体量和快速推进的城镇化相关（2012 年的地方生产总值和人均值分别为 34606 亿元、63266 元）。另一方面，对于符合生态文明要求的省域性或流域性经济、政治、社会、文化与生态体制和制度机制的探索，尚需采取更大的步骤和步伐。[2] 比如，对南太湖地区水生态环境保护制度体系与机制的探索，对舟山市等沿海地区海洋生态文明建设的探索，对西南部生态功能（敏感）区域生态补偿制度机制的探索，都应考虑引入更大胆的管治思路与举措。推进"绿水青山就是金山银山"理念由第二阶段向第三阶段的过渡，最关键的是体制与制度层面的适时跟进和为政者能力的迅速提高。

其三，坚持人民主体地位和人民民主制度，是社会主义生态文明建设的最根本目标与政治保障。必须明确，占社会绝大多数的普通人民群众，既是生态文明建设及其成果的实践（享有）主体，也应是生态文明建设有关政治与政策的民主监督（决策）主体。唯有如此，生态文明建设才能始终是一个来自最广大人民群众、又为了最广大人民群众的可持续事业。换言之，"绿水青山就是金山银山"，终究需要成为最广大人民群众的一种自主、自愿和自觉的选择（行动）。对比之下，必须看到，我国目前的生态文明建设推进，仍具有强烈的"自上而下"的大众动员特征，而浙江作为我国最先大规模开展试点示范区探

1　严耕，等. 中国省域生态文明建设评价报告(ECI 2014)[M]. 北京：社会科学文献出版社，2014：172-177.

2　沈满洪，谢慧明，王晋. 生态补偿制度建设的"浙江模式"[J]. 中共浙江省委党校学报，2015(4)：45-52.

索的省份，理应在这方面身体力行、做出表率。

正因为如此，在全国率先开展"美丽乡村"建设并依此来引导生态文明建设的安吉县的经验，尤其值得关注。乡村环境整治与改造、新农村建设、林权改革与发展林下经济、观光农业与生态旅游、生态产业与制造业，以及农村党组织的建设，这些看似散乱元素的适当组合包装——县级政府发挥了核心性的筹划引领作用，不仅构成了内容充实丰富的县域性生态文明建设，而且在不经意间最大限度地将分散无序的农民组织起来，成为一个既积极向上、又生动活泼的民主参与和建设过程。

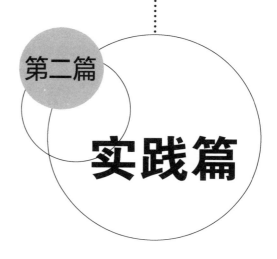

第二篇

实践篇

第九章

国家生态文明试验区：
福建样本及其挑战

经国务院批准，福建省自 2014 年 3 月起正式启动创建我国的第一个全省域"生态文明先行示范区"或"生态文明先行示范省"；2016 年 8 月，她又再次获批成为全国第一批国家生态文明试验区（另外两个是江西省和贵州省）。[1,2]这标志着，党的十八大以来党和国家大力推进生态文明建设的实践，已经聚焦于省域层面，而福建省自 2001 年开始的"生态省"建设，也已进入一个崭新的发展阶段。基于上述宏观背景，笔者认为，我们才能充分认识福建省"国家生态文明试验区"建设的深远意义及其面临的诸多挑战。

一、省域视野下的生态文明建设：福建的典型意义

从实践推进的角度说，生态文明建设面临的第一个理论性问题，是它的合适性时机和区间。前者指的主要是，一个国家和地区对于自身的经济现代化进程及其生态环境负效果的整体性判断以及行动决断，而后者指的主要是，一个国家和地区在多大规模的地理空间内来考虑与应对经济、生态和社会之间的平衡是更为合理与有效的。具体到我国的生态文明建设，对于前者，党的十八大报告及其三中全会的《决定》已经做出了明确的政治宣示与战略部署，而对于后者，省域（省、自治区、直辖区）很可能是一个更为理想的选择。

在笔者看来，这主要是基于"省域"在如下三个方面的相对独立性或自主性。[3]一是行政区划。在我国这样一个相对集权的单一制国家，作为主要构成层级的省（自治区、直辖市）有着相对于其他行政级别（地级市区、县市区、乡镇、村社）更高程度的管治权力、资源和效率（比如地方立法权），因而可以

1　高建进. "生态省"战略上升为国家战略 福建成全国首个生态文明先行示范区[N]. 光明日报, 2014-03-22(01).
2　2016 年 8 月 22 日，中央办公厅、国务院办公厅印发《关于设立统一规范的国家生态文明试验区的意见》和《国家生态文明试验区(福建)实施方案》，标志着我国的生态文明示范区建设已进入了一个全新阶段。
3　郇庆治, 高兴武, 仲亚东. 绿色发展与生态文明建设[M]. 长沙:湖南人民出版社, 2013: 88, 268-271.

较为独立或自主地实施辖区内的公共管理和公共服务，包括推进生态文明建设。就此而言，我们甚至可以说，就像生态环境保护的第一监管责任方是省（自治区、直辖市）政府一样，生态文明建设实践的第一推动责任方也是省（自治区、直辖市）政府（当然是中央政府之外意义上的）。二是生态系统。尽管全国乃至全球范围内的生态系统之间的整体性联系，但不同气候、流域、山系、土壤、物种或植被的多样性，总会因地域变化而呈现出某种形式或程度的改变。而且总的来说，我国的大部分省（自治区、直辖市）的行政辖区，是与其较为特殊的生态系统相对应的——其中的例外也许只有内蒙古、甘肃和河北等。一般来说，行政区划越小，就越会面临着生态系统之间的交叉重叠，也就会给各种形式行政举措的引入及其成效造成困难，生态文明建设也不例外。也正是在上述意义上，笔者认为，我们需要谨慎倡导或宣传比如生态文明村（镇）的创建。三是历史文化传统。历史文化传统是我国历代行政区划的重要参照标准，比如秦晋、齐鲁、燕赵、荆楚、潇湘、吴越、岭南、塞外等，这些春秋战国时期的称谓，与我们今天的省界划分依然有着相当程度的关联。更为重要的是，区域性历史文化传统与生态系统特性之间的复杂互动，构成了我国今日生态文明建设实践的重要前提。我们在探索与尝试不同形式的制度创新时，必须充分意识到并尽量适应不同省域的历史文化传统。

很明显，福建省在上述三重维度上都是一个颇为典型的实例。尤其应强调的是，福建之所以成为我国"生态文明先行示范省"和"国家生态文明试验区"创建的首选，更在于它独特而相对独立的自然生态系统（"八闽山水"）和历史文化传统（"闽越文化"），远非简单是或简单化为一种政府性的行政举措或努力。

2016 年 8 月之前的全国性生态文明建设试点，主要有环保部负责的"生态文明建设试点示范区"和由发改委牵头的"生态文明先行示范区"建设。[1] 环保部早在 1995 年就开始了系统推动"生态省、市、县"创建的工作（1999 年海南省第一个获批建设"生态省"），并需要指出的是，无论是环保部着力推动的"试点示范区"，还是发改委等着力推动的"先行示范区"，其中像福建省这样的全省域范围试点都是凤毛麟角、屈指可数。环保部"试点示范区"框架下相对谨慎的规模性选择，尽管也许会使得许多政策或制度创新的引入变得容易些，但它们的贯彻落实或绩效评估却很可能因此而变得困难。比如，在一个规模较小的、并不适宜经济开发的生态功能区之内讨论或尝试（横向）生态补偿机制，是非常困难的或没有意义的。不仅如此，在发改委等支持建设的第一批

1　此外，国家水利部于 2013 年和 2014 年公布了两批"全国水生态文明建设试点城市"（分别为 27 个和 59 个）；国家海洋局于 2013 年和 2016 年公布了两批"国家级海洋生态文明建设示范区"（分别为 12 个）。

"先行示范区"中，福建又是 5 个省域候选中唯一的东部沿海省份（其他 4 个是江西、贵州、云南和青海）。如果考虑到其中难以回避的环境与发展、生态保护与工业化和城镇化之间的矛盾或冲突，那么，福建省的生态文明建设探索与经验显然有着更大程度上的普遍性或可借鉴价值。

因此，福建省的"生态文明先行示范区"或"生态文明试验区"创建，是一个更值得期待的典型或"创举"。其典型意义就在于，她能够或更有希望以生态文明建设的实质性意涵和适当规模来从事一系列的实践尝试、尤其是制度创新。

二、福建"国家生态文明试验区" 创建的有利条件与挑战

福建省致力于生态文明示范区建设的前提性工作，是正确认识自身的优势条件和面临着的主客观挑战，也即是对自己的"绿色资产"（包括"负资产"）有一个准确清醒的判断。那么，福建省在"生态文明先行示范省"或"生态文明试验区"创建上具有哪些有利条件和制约因素，或者说，哪些方面是需要保持、哪些方面是需要改进的呢？

就前者来说，福建省的主要优势或"资本"，可以概括为如下三个方面[1~2]：

一是生态天赋。优越的气候地理条件和丰厚的自然资源禀赋，再加上长期以来较为严格的保护政策，使绿色成为福建省的标志性颜色。目前全省 65.95% 的森林覆盖率（地处中西部的三明市的森林覆盖率更是高达 76.8%），不仅相比国内其他省份连续 38 年一路领先，而且对于保证省域内的大气质量、地表水质量和生态环境总体质量发挥着至关重要的作用——2014 年，全省 23 个城市的空气质量都保持在国家优良的水平，其中，福州市和厦门市在环保部重点监测的 74 个城市中名列第 7 和第 8（前 6 名分别是：海口、舟山、拉萨、深圳、珠海和惠州），在福建省 9 个设区城市中名列第 4 和第 7（12 月）。可以说，"清新福建"的前提是"绿色福建"，而"绿色福建"是"清新福建"的保障。因而，与国内其他省份（或"生态文明先行示范区"）不同，森林与绿地意义上的"绿色"，对于福建来说主要是维持和分享的问题，而不是播种和创造的问题。

二是经济优势。福建省虽然在经济总量和人均 GDP 上略逊于浙江、江苏，而与山东相当，比如，2014 年闽、浙、苏、鲁四省的上述两个指标分别

1　郇庆治，高兴武，仲亚东. 绿色发展与生态文明建设 [M]. 长沙：湖南人民出版社，2013：98-128.

2　陈蓝燕，施云娟. 福建生态文明建设先试先行、筑牢生态屏障实施生态立省 [EB/OL]. (2015-05-21) [2015-06-20]. http://www.fj.people.com.cn.

为：24055 亿元和 63203 元、40154 亿元和 72901 元、65088 亿元和 81769 元、59426 亿元和 60707 元，一方面，福建无疑属于国内经济最发达地区的"第一集团"之列，另一方面，近年来稳定增长的工业、农林业和蓬勃发展的旅游业，不仅表明了经济发展新常态下逐渐加速的结构性"绿色"调整或升级（2014 年"三产"比例为：8.4%：52%：39.6%），而且初步显示了"生态经济"对于整个经济发展的助力或引领潜能。当今世界，以"低碳"、"循环"和"可持续"为核心内容的"绿色"经济及其竞争力，已成为一个国家和地区经济竞争力或优势的核心性标志，而福建省在这方面已经处于国内领先位置。

三是实践经验。福建是我国最早开始"生态省"和"生态文明示范区"建设的省份之一。2000 年，时任省长的习近平同志就高瞻远瞩地提出了建设生态省的战略构想，强调"任何形式的开发利用都要在保护生态的前提下进行，使八闽大地更加山清水秀，使经济社会在资源的永续利用中良性发展"[1]。2002 年 8 月，福建经原国家环保总局批准成为全国生态省建设试点。2004 年 11 月和 2006 年 4 月，《福建生态省建设总体规划纲要》和《关于生态省建设总体规划纲要的实施意见》，先后公布。2010 年 6 月，福建省人大常委会颁布了《关于促进生态文明建设的决定》；2013 年年初，福建省提出创建全国性生态文明示范区，并于 2014 年 3 月获得批准。经过十多年的不懈努力，福建省从党政主要领导到广大人民群众，已经形成了"生态优势是福建最具竞争力的优势、生态文明建设应当是福建最花力气的建设"的政治共识与文化，并积累了相关政策制定与落实上的丰富经验。比如，2014 年年末引入实施的三位副省长担任重要河流负责人的"河长制"，虽非制度首创，但却非常有利于河道整治并实现"水清、河畅、岸绿、生态"的既定目标。再比如，2014 年 4 月成立的全国首个省级生态环境审判庭，对于依法治理生态环境、依法推动生态文明建设，都是开拓之举。

当然，我们也必须看到，福建省生态文明建设尤其是全国性示范区创建进程中还存在着一些不容忽视的难题与挑战。

目前，我国对于生态文明建设的量化评估大致分为两类：一是规划评估，主要由国家环保部以及全国生态文明研究与促进会负责实施，二是绩效评估，最具代表性的是由北京林业大学生态文明研究中心创制的"中国省域生态文明建设评价指标体系"（ECCI）。该中心从 2010 年起每年发布反映各省域生态文明建设整体水平的"生态文明指数"（ECI）。其基本方法是，依据国家权威部门的数据信息，通过生态活力、环境质量、社会发展、协调程度和转移贡献等 5 个二级指标（自 2013 年起去除了"转移贡献"指标），对全国 31 个省（自治

1　石伟. 生态建设让八闽大地更秀美[N]. 福建日报, 2012-03-05.

区、直辖市）的生态文明建设状况进行排序评价。

在 2012 年公布的 2010 年度省域生态文明指数排名中[1]，福建省以 94.18 的总分名列第 9 位，落后于北京、广东、浙江、天津、海南、上海、辽宁和江苏。而真正值得注意的是，在由生态活力（37.5 分）、环境质量（22.5 分）、社会发展（30 分）、协调程度（37.5 分）和转移贡献（22.5 分）指标所构成的评价体系中（总分 150 分），福建的得分分别是：22.60 分、11.25 分、21.56 分、23.77 分和 15 分，其中前两者的全国排名仅为第 14 位和第 21 位，多少有些让人感到意外。具体看每一个二级指标下的三级指标情况，我们就会发现：在生态活力方面，福建的森林覆盖率和建成区绿化覆盖率全国领先，但自然保护区的有效保护和湿地面积占国土面积比重却明显落后；在环境质量方面，空气质量、地表水质量和水土流失率排名全国上游，但农药施用强度全国倒数第二位（43.78 吨/千公顷），仅好于海南；在社会发展方面，除了人均教育经费投入较少外，其他指标比如人均 GDP、服务业占 GDP 比重、城镇化率和人均预期寿命等都排在全国中上游水平；在协调程度方面，工业污水达标率全国领先，工业固废综合利用率、城市生活垃圾无害化率、单位 GDP 能耗、单位 GDP 水耗、单位 GDP 二氧化硫排放量表现较好，但环境污染治理投资占 GDP 比重排名较为落后；在转移贡献方面，农林牧渔人均总产值、用水自给率、人口密度三项指标均处于全国中上游水平，煤油气能源自给率排位稍低。

应该说，上述评价体系的指标设定和测量并非无可挑剔，个别指标的具体表现也会较快发生一些历时性变化。[2] 但客观地说，上述评价结果中的"短板性"指标，还是反映了福建省生态文明建设中面临着的一些瓶颈性、深层次问题。[3] 比如，水土流失虽然全国比较并不是一个非常突出的难题，但对于福建来说，这依然是一项不容忽视或放松的生态保持的基础性工作，除了应大力推广像龙岩市长汀县的水土流失治理经验，更为重要的是切实注意与预防工商业开发和城镇化进程中的水土流失风险（这种生态风险更多是由于南方红壤土质所决定的）；再比如，严重超出科学标准的农药化肥施用，所反映的是我国东南部省份普遍存在的农林业"化学化"问题，这不但关涉到有关农林产品（例如茶叶和竹制品）的质量安全和绿色竞争力，还是关乎如何以合生态的生产方式与经济技术来发展有机农林业的大事；再比如，相对紧缺的工商业发展与城镇居住空间，使得很难独立设置较充裕面积的各种自然生态和人文历史遗产保

1　严耕，等. 中国省域生态文明建设评价报告（ECI 2012）[R]. 北京：社会科学文献出版社，2012：262-271.

2　比如，在它的 2014 年评估报告中，福建省 2012 年的总体排名仍是第 10 位，但四个二级指标的排名分别为第 12、第 10、第 10 和第 9 位。

3　依据笔者适度调整后的"绿色发展视域下的我国省域生态文明建设评估指标体系"，福建省在总分上可以名列第 4 位，但尤其是在"自然保护区比例""农药施用强度"等三级指标上的"短板"依然十分明显。参见：郇庆治，高兴武，仲亚东. 绿色发展与生态文明建设[M]. 长沙：湖南人民出版社，2013：94-96，104-114.

护区，而任何低环保标准的经济开发项目（区）建设，都可能造成对居民生态环境质量的挤占或侵害，这种缘于生态空间富足的"幸福的烦恼"对于福建的国土空间格局规划与管理提出了极高的要求（结果往往是不得不在不同利益追求之间进行艰难的妥协与平衡[1]）；再比如，福建省在某种程度上是以东南部的福州、泉州和厦门为经济中心的一幅微缩版的我国经济社会发展构图，而如何尽量缩小不同地区之间的经济差距和确保大致均等的公众物质生活质量与公共服务水平，同时是经济社会全面协调发展和生态文明建设实践意义上的一个挑战，具有明显的社会主义色彩的生态补偿制度及其落实机制几乎是一种必然的选择。

三、"实虚并举"：努力赢得一个高起点的开局

笔者上述分析的主要目的，是为全面理解国务院 2014 年 3 月印发的《关于支持福建省深入实施生态省战略加快生态文明先行示范区建设的若干意见》（简称"意见"）和福建省的《贯彻落实〈国务院关于支持福建省深入实施生态省战略加快生态文明先行示范区建设的若干意见〉的实施意见》（简称"实施意见"），以及 2016 年 8 月中央办公厅、国务院办公厅印发的《关于设立统一规范的国家生态文明试验区的意见》和《国家生态文明试验区（福建）实施方案》，提供一个更为细化的认识背景和框架。作为全国第一个生态文明建设示范省或国家试验区，福建无论在理论还是在实践上都同时需要扎实的工作态度和大胆的政治想象，或者说"实虚并举"，唯有如此，才能赢得一个高起点的开局。

国务院 2014 年 3 月印发的"意见"已明确提出，要充分发挥福建省的生态优势和区位优势，坚持解放思想、先行先试，以体制机制创新为动力，以生态文化建设为支撑，以实现绿色循环低碳发展为途径，深入实施生态省战略，着力构建节约资源和保护环境的空间格局、产业结构、生产方式、生活方式，成为生态先行示范区。依此，该"意见"将福建省生态文明先行区的战略定位概括为如下四个方面：国土空间科学开发先导区、绿色循环低碳发展先行区、城乡人居环境建设示范区和生态文明制度创新实验区，并提出了福建省 2015 年和 2020 年的生态文明建设主要目标，比如到 2015 年单位地区生产总值的能源消耗和二氧化碳排放均比全国平均水平低 20% 以上、城市空气质量全部达到或优于二级标准、主要水系 I～III 类水质比例达到 90% 以上，到 2020 年能源资源利用效率、污染防治能力、生态环境质量显著提升，系统完整的生态文明制度体系

1　郇庆治. 新型工业化、城镇化与生态文明建设：以福建省三明市为例[J]. 环境教育，2013(12)：67-72.

基本建成，绿色生活方式和消费模式得到大力推行，形成人与自然和谐发展的现代化建设新格局。

同年 8 月，国家发改委等六部委公布的《关于开展生态文明先行示范区建设（第一批）的通知》，明确将福建省的"先行示范区"建设的制度创新重点，确定为健全评价考核体系、完善资源环境保护与管理制度、建立健全资源有偿使用和生态补偿制度。10 月，福建省政府制定了《实施意见》，其中包括 33 条贯彻落实意见和 134 项近期重点工作，标志着"生态文明先行示范省"创建工作正式启动。

仅仅两年之后，2016 年 8 月，中央办公厅、国务院办公厅印发的《国家生态文明试验区（福建）实施方案》（简称《福建方案》），要求福建省率先开展生态文明体制改革综合试验，并明确提出了试验区两阶段的主要目标：到 2017 年，试验区建设初见成效，在部分重点领域形成一批可复制、可推广的改革成果；到 2020 年，试验区建设取得重大进展，为全国生态文明体制改革创造出一批典型经验，在推进生态文明领域治理体系和治理能力现代化上走在全国前列。为实现此目标，全文约万字的《福建方案》还具体勾勒了 6 个方面的 26 项具体改革试验任务，包括建立健全国土空间规划和用途管制制度，健全环境治理和生态保护市场体系，建立多元化的生态保护补偿机制，健全环境治理体系，建立健全自然资源资产产权制度，开展绿色发展绩效评价考核等。

应该说，上述一系列政策文件是内容丰富的，不仅为福建省的生态文明"先行示范区"或"国家试验区"创建规划了一幅立意高远的宏伟蓝图，还提出了许多多维度下的制度创新设想或政策支持性举措。因而，接下来福建省上下的首要工作就是实实在在、扎实认真地贯彻落实——比如四大战略定位的政策落实、近期目标的分解落实、近期重点工作的贯彻落实，等等。

尽管如此，部分是为了更好地贯彻落实上述文件中所提出的目标要求与政策部署，部分是基于前文中所做的理论性思考，在笔者看来，福建省"生态文明先行示范省"或"国家试验区"的近期创建工作还应特别注意如下三点。

一是更充分认识"生态文明建设"尤其是"生态文明先行示范省"或"国家试验区"创建的挑战性意蕴。社会主义现代化进程之中的现阶段特征，要求我们客观承认工业化与城镇化发展和更好地生态环境保护之间的内在性矛盾或冲突，而生态文明先行示范省或国家试验区创建的根本性要求，就是更自觉和更加能够从确保生态环境质量的视角来约束或重构我们的（新型）工业化和城镇化模式与追求。就此而言，再笼统地说"环境与发展的共赢"或"又好又快的发展"，已并不科学或准确，相反，我们应更多宣传自然生态境况或约束下的文明生存与发展（遵循或服从于自然生态的承载能力与自我更新时限）。

二是更多着眼于"生态文明先行示范省"或"国家试验区"建设的切实性

成效。党的十八大报告及其三中全会《决定》的最大亮点，是对于生态文明制度建设重要性的强调，这无疑是正确的和必要的。但也必须看到，无论是促动性制度还是制度化体现，最终的落脚点或检验还是生态文明的经济、社会、政治与文化等各方面的切实进展和成效。对福建省而言，现实存在的诸多生态环境难题的逐步缓解和城乡公众享有更高的生态环境质量，才是对其生态文明先行示范省或国家试验区创建的真正检验。新政策或制度的引入当然是重要的，但也要预防对于生态环境质量目标本身的忽视甚或替代。

三是更加立足于省域层面上的地方创新或经验。无论是"先行示范区"还是"国家试验区"，都包含着或强调先行先试区域的制度创新或经验的普遍性要求（即所谓的"可复制、可推广"）。但是，生态文明建设（包括生态文明先行示范省或国家试验区创建）就其本质而言，只能是局地性的或本土性的——"一方水土养一方人"，而就其实践推进来说，只有针对当地难题和在已有经验基础上的努力，才会取得实质性创新或突破。对于福建省来说，笔者认为，以大武夷山地区为核心的国家公园建设（国家级限制开发区）、基于国有重点林区自然生态保护的有机农林业发展（有机茶业和林下经济）、围绕林区管理和流域治理的生态补偿制度建设、福州泉州厦门金三角区域的生态现代化等，都可以成为很好的突破口。

第十章

生态文明创建的绿色发展
路径：以江西省为例

有机整体或"五位一体"意义上的生态文明及其建设，即把生态准则或考量融入到经济、政治、社会与文化建设的各个方面和全过程[1]，内在地蕴含或规定着其现实实现的两个战略性维度或路径：生态建设的经济（政治、社会与文化）化和经济（政治、社会与文化）建设的生态化。而如果对此做进一步的简约性界定与阐释，即它们分别是对一个国家或地区的生态环境资源（禀赋）的更理性经济利用（发展生态经济）和对一个国家或地区的现代经济生产生活体系（方式）的生态化转型（工业/城市经济生态化），那么就不难设想，在当下中国的生态文明（示范区）建设实践中，江西省理应成为践行前一种路径或模式的一个适当区域。基于此，本章将对江西近年来的生态文明创建工作做一种初步的反思性审视，着力分析自然生态资源禀赋优越、但传统工商业经济相对不太发达地区在发展理念和战略上的"绿色超越"是否以及在何种程度上可以成为我国生态文明（示范区）建设的一个可行性路径。

一、作为一种生态文明创建战略路径的"绿色发展"

广义上的"绿色发展"或"环境友好型发展"，所体现或表征的是世界范围内各自源起更为久远的生态环境保护话语与政治和发展话语与政治的一种历史性结合或融合，而这大致发生在 20 世纪 70 年代末 80 年代初。此间，一方面，生态环境保护经过 1972 年在斯德哥尔摩举行的联合国人类环境大会，逐渐成为一个具有全球性社会政治影响的公共管治议题，结果是，环境友好或"绿色"渐趋成为一种政治正确性不容置疑或挑战的公共决策与行为准则（不限于政府层面）。另一方面，伴随着源自少数欧美发达国家的新一轮的资本输出浪潮，包括中国在内的许多发展中国家的工业化/城市化扩展成为现实可能，集中

1　胡锦涛. 坚定不移沿着中国特色社会主义道路前进为全面建成小康社会而奋斗[R]. 北京：人民出版社，2012：39.

表现为利用来自传统工业化国家的资本与技术大规模开发其较为丰裕的自然资源，并向这些国家出口资源与劳动密集的中低端工农业制品。因而，其过程大致是，欧美国家中的环境社会运动（绿色运动）和政党（绿党）最先提出了追求一种不同于工业（资本）主义经济增长（发展）既存模式的绿色政治要求——希望转向一种替代性的发展或"绿色发展"，而这种政治主张不久就被广大发展中国家接纳为一种新型普适性规范——即对现代化经济发展（增长）的"绿色"（生态环境保护）约束。前者的例子是，对于绿党政治（家）来说，走向未来生态化或绿色社会的基础，是创造一个可持续的生态化经济从而实现"生态发展"（eco-development），而这种可持续经济只能是一种产生和满足人们合理的基本需求的经济[1~3]；后者的例子是，1981 年 2 月 24 日，我国国务院颁布的《关于在国民经济调整时期加强环境保护工作的决定》中就明确指出，"环境和自然资源，是人民赖以生存的基本条件，是发展生产、繁荣经济的物质源泉……长期以来，由于对环境问题缺乏认识以及经济工作中的失误，造成生产建设和环境保护之间的比例失调……必须充分认识到，保护环境是全国人民根本利益所在"，这实际上已认识到一种保护生态环境基础上的经济发展或"环境友好型发展"的战略重要性。

毋庸置疑，正是 1992 年在里约举行的联合国环境与发展大会，使"可持续发展"这一在西方环境话语与政策语境下构建起来的术语成为了一种关于绿色发展的全球主流性表达——不同工业现代化水平的世界各国和地区共同承担起应对包括全球气候变化在内的诸多生态环境挑战的历史性责任，从而实现一种"既满足当代人的需求、又不对后代人满足其自身需求的能力构成危害的发展"[4]。随后 20 多年的国际可持续发展实践表明，人类社会及其现代文明转向可持续发展道路或模式的复杂性，远远超出了当初政策创议者的预期和想象[5]：大多数发展中国家仍难以实现稳定满足民众基本生活需求意义上的经济发展，少数新兴经济体（"发展起来的发展中国家"）则几乎都不同程度地遭遇到不同层面（经济、社会与生态）可持续性追求之间的张力甚或冲突，而那些所谓发达国家和地区俱乐部的边缘性成员也呈现出了明显的社会政治与经济脆弱性一面（比如近年来作为欧盟和欧元区成员的希腊）。尽管如此，在当代国际社会中，可持续发展话语和政治仍是一种全球共识度最高的绿色发展主流性阐释，2015 年 9 月通过的包括 17 项二级指标和 169 项三级指标的联合国《2030

1　Petra Kelly. Thinking Green[M]. Berkeley, California：Parallax Press，1994：chapter 2.

2　The European Federation of Green Parties. The Guiding Principles of the European Federation of Green Parties [Z]. Masala，1993：3-11.

3　The German Green Party. Die Grünen：Das Bundesprogramm[Z]. Saarbrücken，1980.

4　世界环境与发展委员会. 我们共同的未来[R]. 王之佳，柯金良，译. 长春：吉林人民出版社，1997.

5　范春萍. 面对失控的世界　人类必须做出抉择[J]. 中国地质大学学报（社科版），2012，（2）：1-9.

年可持续发展议程》就是明证。[1]

因而，可以大致理解为，绿色发展概念是后来影响更为广泛和深远的可持续发展概念的前奏或通俗性代称[2]——绿色的发展自然（理应）是可持续的，而可持续发展概念是对绿色发展概念的理论与政策意涵的进一步明晰化和全球性扩展，尽管许多激进的生态主义学者或活动家会强调，只有生态主义价值取向下的或基于生态可持续性的发展才会是真正的绿色发展，就像可持续发展也存在着自己的"强""弱"等不同版本一样[3]。撇开上述可以感知的些微差异不论，概言之，一方面，绿色发展或可持续发展的要义与宗旨，在于逐步实现工业（城市）现代化进程中经济理性、社会理性和生态理性的内在性融合，从而形成一种以可持续性为基本表征追求的新发展意识、路径与模式。很显然，这是一场同时关涉到现代工业文明的经济技术基础和价值观念基础的历史性变革或革命，并将导向一种基于全新的人与自然、社会与自然关系构型的人类文明形态或类型。另一方面，走向绿色发展或可持续发展的现实变革进程或实践努力，将会依然在一个特定构型的国内经济政治结构和国际经济政治秩序下展开与推进。这意味着，它将是一个充满着观念、战略与结构性博弈甚或冲突的长期性过程，其现实进展仍将受制于具体的经济社会与历史文化条件，并呈现为不同的国别或地域性形态。

应该说，当代中国学术与政策语境下的"绿色发展"，总体上是处在上述绿色话语与政治国际流变的进程之中而不是之外的。换言之，我国党和政府不同时期提出并倡导的"环境保护基本国策论""科学发展观""生态文明建设理论"等，其实都是绿色发展或可持续发展这种全球性政治生态学话语与政治的内在组成部分。因而，广义上的绿色发展或可持续发展，对于我国而言在理论层面上已算不上是一个全新的人文社会科学术语，在实践层面上也已有着颇为丰富的政策创议和制度化意义上的探索——比如我国学界对可持续发展理论的研究以及《中国 21 世纪议程》的政策制定与贯彻落实[5~6]。

对于本章来说，笔者所关注的是，绿色发展概念与生态文明及其建设话语与政治逐渐达成了一种我国特定学术与政策语境下的联结，更明确地说，"绿色发展"成为了中国生态文明建设实践的一个战略性维度或侧面。[7]

一方面，经由与绿色经济、循环经济和低碳经济相对应而拓展开来的绿色

1　郇庆治，等. "可持续发展、生态文明建设与环境政治"笔谈[J]. 江西师范大学学报(哲社版)，2016(4)：3-13.
2　郇庆治. 国际比较视野下的绿色发展[J]. 江西社会科学，2012(8)：5-11.
3　郇庆治. 环境政治国际比较[M]. 济南：山东大学出版社，2007.
4　郇庆治. 绿色乌托邦：生态主义的社会哲学[M]. 济南：泰山出版社，1998：260.
5　联合国可持续发展大会中国筹委会. 中华人民共和国可持续发展国家报告[R]. 北京：人民出版社，2012.
6　中科院可持续发展战略研究组. 2015 中国可持续发展报告：重塑生态环境治理体系[M]. 北京：科学出版社，2015.
7　郇庆治，高兴武，仲亚东. 绿色发展与生态文明建设[M]. 长沙：湖南人民出版社，2013：5-13.

发展、循环发展和低碳发展（即"三个发展"），在 2012 年党的十八大报告中正式成为其"大力推进生态文明建设"篇章的重要战略性内容。"坚持节约资源和保护环境的基本国策，坚持节约优先、保护优先、自然恢复为主的方针，着力推进绿色发展、循环发展、低碳发展，形成节约资源和保护环境的空间格局、产业结构、生产方式、生活方式，从源头上扭转生态环境恶化趋势，为人民创造良好生产生活环境，为全球生态安全作出贡献。"[1] 换言之，主要涉指经济空间格局、产业结构和生产生活方式绿色化的绿色发展或绿色经济，成为生态文明建设在经济领域中的重要体现或努力目标——尤其相对于循环发展或循环经济所要求的原材料低（零）耗费（废弃物低或零外排）和低碳发展或低碳经济所要求的能源低消耗（污染物低排放）而言。

另一方面，2015 年 10 月举行的党的十八届五中全会通过的《关于制定国民经济和社会发展第十三个五年规划的建议》，明确把"绿色发展"列为与其他四个发展（创新、协调、开放、共享）相并列的"五大发展理念"之一。这既是落实和深化"科学发展观"作为党和国家政治指导思想在新一个五年规划时期中统领作用的政治宣示，也是把生态文明建设全面融入我国新时期现代化建设各个方面以及全过程的原则要求。"坚持绿色发展，必须坚持节约资源和保护环境的基本国策，坚持可持续发展，坚定走生产发展、生活富裕、生态良好的文明发展道路，加快建设资源节约型、环境友好型社会，形成人与自然和谐发展现代化建设新格局，推进美丽中国建设，为全球生态安全作出新贡献。"对照党的十八大报告的相关论述就可以看出，问题的关键不在于作为"五大发展理念"之一的"绿色发展"有着哪些全新的意涵或表述形式，而在于"绿色发展"或"大力推进生态文明建设"必须成为我国新一个五年规划时期现代化发展的内在性或规约性准则。

上述的背景性和语境性分析旨在表明，本章所指称的绿色发展概念，主要是在生态文明建设或示范区创建的现实路径或战略维度的狭义上使用的。更具体地说，生态文明创建的绿色发展路径是指，更多侧重于较为丰厚自然生态资源（禀赋）的合生态化经济利用的绿色发展——在某种程度上涵盖了人们平时所指的循环发展和低碳发展（举措），可以成为一个不同于着力于对既存的大规模工业化生产消费经济体系进行生态化改造（即"生态现代化"[2~3]）的另一种考量或模式。

1　胡锦涛. 坚定不移沿着中国特色社会主义道路前进 为全面建成小康社会而奋斗[R]. 北京：人民出版社，2012：39.

2　郇庆治，马丁·耶内克. 生态现代化理论：回顾与展望[J]. 马克思主义与现实，2010(1)：175-179.

3　郇庆治. 生态现代化理论与绿色变革[J]. 马克思主义与现实，2006(2)：90-98.

二、江西生态文明建设：从"先行示范区" 到"国家试验区"

地处中国东南部的江西，地形地貌以江南丘陵、山地为主，盆地、谷地广布，省境东西南三面环山地，其中武夷山主峰黄岗山（2157 米）为省内最高点，北部为近 2 万平方公里的鄱阳湖平原；全境水网稠密，河湾港汊交织，湖泊星罗密布，有大小河流 2400 余条，总长度达 1.84 万公里，较大的有赣江、抚河、信河、修河和饶河，而鄱阳湖是我国最大的淡水湖；气候类型上属于中亚热带温暖湿润季风气候，无霜期长，雨量充沛，年均降水量在 1341 ~ 1940 毫米。由于这些得天独厚的自然生态禀赋，一方面，江西自古就是我国著名的"鱼米之乡"，盛产水稻、小麦，以及油菜、棉花、油茶和茶叶等农副产品，同时拥有十分丰富的动植物资源（比如属于中国特有的珍稀濒危物种有 110 种）和各种形式的水资源（比如河川径流总量居全国第七位、人均居全国第五位），另一方面，江西不仅有着自身生态环境的脆弱性一面（比如较易发生水土流失的占比极高的红壤和黄壤），而且承担着非常重要的全国性生态系统服务和生物多样性保护功能（尤其是鄱阳湖流域和包括武夷山区在内的国家东南林区）。

江西全省面积为 16.69 万平方公里，人口 4542.2 万（2014 年年末），现辖 11 个地级市、100 个县级（县、市、区）行政区。长期的农林业大省定位（中华人民共和国成立后的 50 年间累计净调出商品粮 600 亿公斤），造成了江西相对较低的传统意义上的工业化和城镇化水平：2015 年，江西省的地方生产总值为 16723.8 亿元，人均 36819 元（而相邻的福建省和安徽省分别为：25979.82 亿元和 70417 元、22005 亿元和 35997 元），其中三次产业结构比例为：10.6%：50.8%：38.6%，城镇化率为 51.6%（全国平均水平为 56.1%）。

可以说，上述现实构成了江西省思考与从事生态文明建设的总体性背景或语境。一方面，继续传统型工业化与城市化的发展动力或潜能。经过中华人民共和国成立以来尤其是改革开放以来的持续努力，江西省已经具备相当高程度的现代工业化与城市化基础，如今，超过半数的地方生产总值来自工业产业，超过半数的辖区人口已经成为城镇居民。不仅如此，单纯就第二产业比如重金属等稀有原材料的开采加工以及建立在它基础上的城镇化来说，江西的工业现代化发展——比如赣南地区的稀土开采及其加工业——依然有着较大的增长空间，而且它的生态环境容量如果按照江浙地区的现行标准的确是还比较大〔比如 2015 年江西 11 个省辖市中只有萍乡和九江两市的大气质量优良达标率（按日计算）低于 85%，分别为 76.3%和 83.8%，而江苏 13 个省辖市达标率仅为 61.8%～72.1%[1~2]〕。事实也表明，与 2000 年数据（分别为 2003.07 亿元、4851 元和 3764.54 亿元、11194 元）相比，2015 年江西省与福建省的地方生产总值和人均产值差距是缩小而不是扩大了——分别从 53.2%和 43.3%提高到 64.4%和 52.3%，而这其中第二产业的较快扩张功不可没。因而，可以想象，即便在大力推进生态文明建设或绿色发展的话语（政策）语境下，不但资源耗费或环境污染性的原材料开采加工和化工机械等产业会找到一定的生存拓展空间，而且既存的"三高一低"（高投入、高产出、高消耗、低品质）工业体系的生态化改造也会遇到各种形式的阻碍（比如以"投入成本""市场选择""民生需求""社会稳定"等诸多理由或名义）。

另一方面，不断成长的绿色发展转型或生态文明建设氛围与意识自觉。无论从国家现代化发展总体布局还是普通民众对于经济社会现代化发展的目标追求来说，维持或实现不断改善的区域（城乡）生态环境质量已然成为一种不容回避或漠视的民生和政治需求，江西也不例外。这意味着，"先工业化、后生态化"的传统思维或路径，将会面临着日益增加的体制性约束和大众性抗拒。就此而言，自改革开放以来逐步形成并趋于固化的全民性经济（发展）主义或 GDP 至上思维，开始出现一种社会性的裂变或断裂——对于各级党政干部群体而言，无约束地发展经济或增长 GDP 已经不再必然是一种政治正确的事情（包括关系到每一位官员政治前景的仕途升迁），而对于最广大人民群众来说，6%还是 8%的地方 GDP 增长显然没有洁净的空气和清澈的河水更实在、必需。在这方面，必须承认，近年来传统工业化发达的东部沿海省份中日渐凸显的生态环境恶化情势（比如严重的大气雾霾和地表水污染现象）发挥了一种正向性的"反面教员"作用。同样重要的是，在当代中国语境下，无论是生态文明建设还是绿色发展，并不意味着或可以解释为停止任何意义上的经济增长或发展，尤其是普通人民群众物质生活条件和水平的持续性改善，而这对于那些仍处于严重贫困和生活不便地域的社群来说还首先是一种平等生存权利或社会公正的问题。

正是在上述语境和思路下，对于像江西（在某种程度上也包括福建）这样的生态环境资源（禀赋）优厚、而传统工业化模式嵌入程度相对较浅的省域来说，生态文明建设这一最初由生态环境保护与治理引发的同时关涉到经济、政

---

1 江西省环保厅. 2015 年江西省环境状况公报[R/OL]. (2016-10-12) [2016-11-22]. http://www.jxepb.gov.cn/sjzx/hjzkgb/2016/625f4083123e43a0a829293ebb91ab1b.htm.

2 江苏省环保厅. 江苏省环境状况公报(2015)[R/OL]. (2016-06-05) [2016-11-22]. http://www.jshb.gov.cn:8080/pub/root14/xxgkcs/201606/t20160603_352503.html.

治、社会与文化各个层面变革的系统性工程，或者说一场异常复杂与深刻的整体性社会生态转型，就会较自然地转换成为一种对其自然生态资源（禀赋）及其经济性利用的新型感知和实践。相应地，这种重新认识省域内自然生态资源保护价值及其合理利用途径的过程，也就是江西省主动推进生态文明建设或实施绿色发展转型的实践历程。

"生态省建设"（1999～2007 年）：自 20 世纪 80 年代起，江西省就开始组织实施"山江湖"治理工程，加强省域内的水环境整治与生态基础建设。1999 年，结合落实国家生态环境建设规划，江西省政府制定了《江西省生态环境建设规划》，按照地貌条件、气候条件和生态环境建设的需要，把全省生态环境建设划分为赣北鄱阳湖平原区、赣西北丘陵山地区、赣东北丘陵山地区、赣中西丘陵盆地区、赣中东丘陵山地区、赣南山地丘陵区六个片区，分别提出了三个阶段（1999～2010 年、2010～2030 年、2030～2050 年）的具体规划目标与要求。海南省 1999 年获批全国第一个"生态省"创建试点后，也有学者提出江西应积极准备争取列入国家试点，但江西省至今并未加入这一由环保部主导的以省为单位的制度创新试点（具体包括海南、吉林、黑龙江、福建、浙江、江苏、山东、安徽、河北、广西、四川、辽宁、天津、山西等 14 个省份）——尽管如此，到 2015 年年初，江西省已创建获批了国家级生态县（区）5 个（靖安县、婺源县、湾里区、铜鼓县、浮梁县）、生态乡镇 228 个，省级生态县（市、区）15 个、生态乡（镇）599 个、生态村 610 个。

"生态文明示范区建设"（2008～2012 年）：党的十七大正式提出"建设生态文明"目标后，江西省政府根据科学发展观的总体要求制定了"生态立省、绿色发展"的区域发展战略，并于 2008 年年初提出创建鄱阳湖生态经济区的战略构想。2009 年 12 月，《鄱阳湖生态经济区规划》获得国务院批准，标志着鄱阳湖经济区建设上升为国家战略。与此同时，围绕生态文明建设与环境监管体制改革，省委、省政府积极推动"省、市、县、乡、村"五级的生态示范创建和鄱阳湖、柘林湖等生态功能保护区试点建设，为保持与提升全省生态环境质量做了大量的政策与制度创新探索。但值得注意的是，江西仍未参加 2008 年起由环保部主导的"生态文明建设示范区"市县两级试点。

"生态文明先行示范区"建设（2012～2016 年）：2012 年党的十八大以后，江西省的生态文明创建或绿色发展转型明显提速。这其中的一个重要节点是 2013 年 7 月举行的省委十三届七次全会，提出了"发展升级、小康提速、绿色崛起、实干兴赣"的"十六字方针"。2014 年 3 月，江西省代表团在全国人大会议上提出了把江西纳入全国生态文明先行示范区的议案。7 月，国家发改委等六部委公布了包括江西省在内的"生态文明先行示范区建设"第一批名单，11 月，正式批复《江西省生态文明先行示范区建设实施方案》。该方案为江西设定的总体目标包括：建成中部地区绿色崛起先行区，率先走出一条绿色循环低碳发展的新路子；大湖流域生态保护与科学开发典范区，积极探索大湖流域生态、经济、社会协调发展新模式；生态文明体制机制创新区，形成有利于生态文明建设的制度保障和长效机制，并希望在 2017 年取得积极成效、2020 年取得重大进展。2015 年 3 月 6 日，习近平总书记在参加"两会"江西代表团审议时又明确要求，"着力推动生态环境保护，走出一条经济发展和生态文明相辅相成、相得益彰的路子，打造生态文明建设的江西样板"。11 月，省委、省政府举行全省生态文明先行示范区建设现场推进会，将武宁、婺源、崇义、芦溪、南昌市湾里区、浮梁、资溪、南昌市新建区、安福、共青城市、安远、余江、靖安、铜鼓、宜丰、奉新等 16 个县（市、区）列为江西省第一批生态文明先行示范县；12 月，又出台了《关于建设生态文明先行示范区的实施意见》，决定实施围绕着"六大体系""十大工程"的共计 60 个项目建设[1]。在 2016 年全省"两会"上，"生态文明先行示范区建设情况和生态环境状况"成为继传统的"一府两院"报告后新增加的重要报告内容，属全国首创。2016 年 8 月，江西省成为国家公布的首批 3 个生态文明建设"国家试验区（省）"之一（另外两个是福建和贵州）。这意味着，在为期 3 年的"生态文明先行示范区（省）"创建第一阶段（2014～2017 年）结束后，江西省将自动转入更具权威性的"国家生态文明试验区"试点。

可以看出，江西省的生态文明建设或示范区创建具有明显的"后来者居上"性质，并且紧紧围绕着致力于绿色发展或"绿色崛起"而展开。至于"绿色崛起"的意涵，省委主要领导将其界定为如下五个层面[2]：一是制定绿色规划，把绿色发展理念落实到省"十三五"规划当中，落实到全省各地各部门的经济社会发展规划、城乡建设规划、土地利用规划、生态环境保护规划以及各专项规划中，科学布局绿色发展的生产空间、生活空间和生态空间；二是发展绿色产业，把江西生态优势转化为发展优势，加快构建以新型工业化为核心、现代农业和现代服务业为重点的绿色产业体系，大幅度提高经济绿色化程度，努力建设成为全国重要的绿色产业基地；三是实施绿色工程，以重大生态工程为抓手，积极保护和修复自然生态系统，全面推进污染防治项目的实施，不断提升生态环境质量，使江西的绿色优势得到提升，主要生态指标保持全国前列；四是打造绿色品牌，借助江西丰富的绿色资源，大力推出优质、安全的农

1　"六大体系"指的是定位清晰的国土空间开发体系、环境友好的绿色产业体系、节约集约的资源能源利用体系、安全可靠的生态环保体系、崇尚自然的生态文化体系、科学长效的生态文明制度体系，而"十大工程"指的是现代农业体系建设工程、十大战略性新兴产业重点工程、现代服务业集聚区建设工程、旅游强省基础工程、清洁能源重大工程、推行绿色循环低碳生产方式重大工程、生态建设重点工程、环境保护重点工程、生态文化推广工程、绿色生活引导工程。

2　江西省委书记强卫就生态文明建设答记者问［EB/OL］.（2016-10-08）［2016-10-11］. http://www.wenming.cn/syjj/dfcz/jx/201511/t20151125_2977397.shtml.

产品，大力发展风景独好的生态旅游，大力培育健康养生、养老等朝阳产业，让江西绿色品牌占领国内外市场；五是创建绿色文化，把生态文明理念纳入社会主义核心价值体系，积极开展生态文明创建活动，进一步普及绿色政绩观、绿色生产观、绿色消费观，引导人民群众崇尚节约、低碳生活，形成尊重自然环境、建设生态文明的浓厚氛围。

概括地说，江西省近年来生态文明建设的进展主要体现在如下四个方面[1]。

一是积极推动符合生态文明要求的新型工业化与城镇化。省委、省政府提出，推进绿色发展与生态文明建设的关键或内核，是产业升级、发展升级，而新型工业化与城镇化是实现产业与发展升级的基本路径。基于此，江西近年来针对不同区域的资源特色、经济基础、产业影响力等禀赋条件，部署加快 60 个工业重点产业集群的发展，着力扶持新型光电、电子信息、生物医药等重点产业发展，积极发展汽车、大飞机等先进装备制造业，努力推动全省产业转型升级、提质增效。比如，基于南昌大学在 LED 技术研究上的创造性成果，江西正致力于打造"南昌光谷"，做大做强全省的 LED 产业集群，用"江西创造"来打造"江西制造"的制高点。

二是强力推进生态环境综合整治与治理。江西省近年来加紧划定生态红线、水资源红线和耕地红线，为绿色江西扎牢底线篱笆；深入开展"净水""净空""净土"行动，实施重点行业脱硫脱硝、除尘设施改造升级、机动车尾气污染防治三大工程；加快"五河一湖"环境整治、鄱阳湖流域水环境综合治理等工程建设和城镇污水处理厂建设完善，加强土壤污染源头综合整治特别是重点推进 7 个重点防控区试点示范工程建设。为此，江西创建了县（市、区）级以上三级"河长制"，省委书记、省长分别担任省级正副"总河长"，七位副省级领导分别担任五河及鄱阳湖、长江江西段的省级"河长"，在全国率先探索河流污染预防的长效机制。此外，她还在流域生态补偿、森林生态补偿、湿地生态补偿和矿产资源开发生态补偿机制方面进行制度创新，并强化对地方政府的生态文明建设成效考核奖惩。结果是，2015 年，全省森林覆盖率保持在 63.1%，设区市空气质量优良率（按日计算）在 90% 左右，河流、湖泊的 III 类以上水质断面达标率达 81%[2]，生动展示着"环境就是民生、青山就是美丽、蓝天也是幸福"的朴素真理。

三是大力发展生态农林业。省委、省政府明确提出，以绿色发展理念为指引，重新认识与定位当代农业，以"百县百园"（即每个县、市、区创办一个现

1　王晖, 刘勇. 奋力打造生态文明建设的江西样板[N]. 江西日报, 2016-02-02.

2　江西省环保厅. 2015 年江西省环境状况公报[R/OL]. (2016-10-12) [2016-11-22]. http://www.jxepb.gov.cn/sjzx/hjzkgb/2016/625f4083123e43a0a829293ebb91ab1b.htm.

代农业综合性示范园区）为平台推动现代农业围绕品质与品牌的发展升级。到2015 年，全省创建国家级现代农业示范区 11 个、省级现代农业示范区 66 个，绿色有机农产品总数 1248 个，居全国前列；全省农村居民人均可支配收入为11139 元，连续 6 年高于城镇居民人均可支配收入增幅。在生态林果生产与销售方面，赣南已经成为脐橙种植面积世界最大、年产量全国第一的柑橘生产基地。2015 年，"赣南脐橙"以 657.84 亿元的品牌价值居中国初级农产品类地理标志产品第一名，果农人均脐橙收入达 7500 元；脐橙收入占赣州市农民人均纯收入的 12%，有 25 万种植户从中收益，直接带动 30 余万人脱贫。而相邻的吉安市也在采用类似策略打造自己的"井冈蜜柚"品牌，为新一轮扶贫开发和美丽乡村建设提供现代农业产业支撑。

四是优先发展生态观光旅游业：省委、省政府将旅游产业提升到了前所未有的战略高度，把旅游作为推动经济增长的朝阳产业、发挥生态优势的低碳产业、促进区域开放的先导产业和建设全面小康的幸福产业来全力推进，大力实施旅游强省战略，努力打造"风景这边独好"的江西旅游品牌形象。如今，旅游已经成为江西绿色发展的第一窗口、第一名片和第一品牌。2015 年，江西共接待游客总数 3.85 亿人次，同比增加 23%，实现旅游总收入 3630 亿元，其中乡村旅游接待总数 1.9 亿人次，实现总收入 1800 亿元。

三、实例分析：靖安和资溪

江西省生态文明先行示范区建设的重要推进途径是进行先行示范县（市、区）的创建试点，分别隶属于宜春市的靖安县和抚州市的资溪县就是 2015 年11 月设立的第一批试点县，而靖安县还是江西省第一个建成的国家级生态县（2013 年通过验收）。为此，包括笔者在内的"中国社会主义生态文明研究小组"成员和东华理工大学的同行于 2016 年 9 月 17~19 日对两县的生态文明建设做了短暂考察，从而大大深化了笔者对于江西省积极探索生态文明创建绿色发展路径及其面临着的诸多挑战的理解。

1. 靖 安

靖安县地处赣西北，总面积 1377 平方公里，现辖 5 镇 6 乡，人口 15 万（2015 年），经昌铜高速到南昌只有 37 公里，距昌北国际机场 56 公里，位于长江中游城市群、南昌都市区和昌铜高速生态经济带三大规划区之内。靖安不仅拥有山青水绿的生态环境和风景秀丽的自然景观（比如九岭山国家自然保护区和三爪仑国家森林公园），出县交界断面水质达国家 II 类标准，自然保护区内水质达国家 I 类标准，森林覆盖率高达 84.1%，境内有野生动植物种类 2535 种，超过全省总量的 50%，而且有着悠久的历史文化传承与人文历史遗存，自公元 937 年建县以来文化名人辈出（比如明代尚书李书正和著名清官况钟），诗风久远，是"中华诗词之乡""江西书画之乡"。

近几年来，靖安县逐渐明确自己的生态环境优势、近郊区位优势和生态文明示范区创建优势，致力于成为连接"南昌都市区"与"长株潭城市群"的"战略节点"和赣湘合作的"桥头堡"、长江中游城市群的"绿心"和南昌慢生活的"故乡"——"白云深处、靖安人家"，努力打造绿色发展和生态文明建设的"靖安模式"。靖安的生态文明创建工作可以大致概括为如下两个方面[1~2]：一是大力强化生态文明创建的顶层设计。二是积极探索绿色崛起的切实路径。就前者而言，主要表现在成立了以县委书记、县长为正副组长的生态文明建设领导小组和办公室，并制定了详尽的实施方案、行动要点和工作规程。就后者而言，主要表现在围绕美丽乡村建设，实施人居改善工程，其中最具特色的是引入城乡垃圾一体化处理体制和全面实行"河段长"制度，对境内水域进行分段管理、分片保护；围绕强化生态基础支撑，实施了生态品牌创建、森林景观提升和古树名木保护等生态保育工程，尤其是力争成为国家级重点生态功能区和全省生态文明先行示范县；围绕打造绿色产业体系，实施旅游强县、绿色低碳工业建设、循环经济推广、农业转型升级等产业转型升级工程，其中特色鲜明的是发展生态休闲观光旅游业、有机农林业和山区生态循环经济；围绕构建绿色文化，实施生态理念普及、生态行为推广和生态创建引领等生态意识培育工程，比如通过编制发放市民学生手册和乡规民约以及举办各种形式的地方性文化节。

在县发改委官员的陪同下，笔者一行重点考察了如下三个生态文明建设工程项目：一是自行车绿道。致力于打造"户外运动天堂"的靖安旅游品牌，结合承办第七届鄱阳湖国际自行车首站比赛，在已有 100 公里环山公路自行车道的基础上，2016 年又投资兴建了全长 25.04 公里的自行车绿道，该绿道分为环城北路骑士道、滨河骑友道、山地骑侠道三条路线，并在沿途配备了驿站、观景摄影平台、医疗救助站等服务设施，适合不同体质和专业水平的骑手骑行。二是九岭滨河公园。它是位于城东九岭大桥潦河南岸的一个免费 WiFi 覆盖、景观优美、设施完备的开放式休闲运动公园，目前已完成整个工程的第一期，旨在向市民与游客提供一个环境优美、功能齐全的时尚休闲空间。值得提及的是，它也是靖安创新性引入实施"河长制"（宣传做到家喻户晓、"河长"建制

1　陈志尧. 靖安县生态文明建设情况汇报［R］. 靖安，2016-09-17.

2　靖安县生态办. 靖安县推进生态文明先行示范区建设情况汇报［R］. 靖安，2016-09-17.

全覆盖、建立"互联网+河长"监管模式、实施政府月调度制）及其成效的一个具体体现。三是宝峰禅韵生态小镇。自 2013 年以来，依托宝峰深厚的禅宗文化及优越的生态环境，结合全国深化城镇基础设施投融资模式创新试点，靖安按照 5A 级景区标准对集镇及其周边村庄基础设施进行了整体性改造提升，精心建设一个唐风禅韵古镇、一个马祖文化公园、一条旅游文化产品步行街、一个传统文化传播平台（宝峰讲堂）、一个河心湿地公园等五大工程。目前，宝峰禅韵小镇已成为一个具有全国性知名度的生态文化小镇，正在致力于冲击全国 5A 级景区。

2. 资 溪

资溪县地处江西省东部、闽赣交界的武夷山脉西麓，国土总面积 1251 平方公里，现辖二乡五镇和 5 个生态公益型林场，人口 12.6 万（2012 年），连接济广高速、福银高速的资光高速和 316 国道、鹰厦铁路贯穿全境，是江西的东大门和重要的入闽通道。资溪既是一个生态资源（禀赋）大县，森林覆盖率高达 87.3%，生态环境综合评价指数列中部地区第一位、全国第七位（2009 年数据），保存有全世界同纬度最完整的中亚热带常绿阔叶林生态系统，因而是一个名副其实的"动植物基因库"，也是一个著名的移民大县，人口构成上 1/3 本地人、1/3 浙江"两江"移民、1/3 全国其他地区移民，同时，20 世纪 80 年代以来不断走出去的 4 万多资溪人使之成为名扬国内外的"面包之乡"，在全国各地开设有 8000 余家面包店，并已进入俄罗斯、越南、缅甸等国外市场。

近年来，尤其是 2015 年成为江西省第一批生态文明先行示范县以来，资溪更加明确地实施生态立县战略，坚持在保护中发展、在发展中保护，积极推动绿色发展和生态文明建设取得新成效[1]：一是敢为人先确立生态立县战略。早在 2001 年，县第十一次党代会就正式确立了"生态立县"的发展战略，明确提出大力发展以生态旅游为突破口的生态经济，并在 2007 年、2016 年进一步将其概括为"生态立县、绿色发展"和"生态立县、旅游强县、绿色发展"。2012 年，还请旅游策划专业机构将资溪的整体形象设计为"纯净资溪、休闲圣地"，如今已成为无处不在的宣传广告语。二是不惜代价守护生态环境。在科学划定、严格遵守重点生态功能区、生态环境敏感区和脆弱区等区域生态红线的同时，大力推动生态旅游业"带一产、接二产、连三产"，强力推动产业结构的绿色化调整。三是积极培育绿色产业体系。确立并大力推进以生态旅游业为主导，以有机休闲农业、绿色低碳工业和现代服务业为重点的绿色产业体系。生态旅游业的主导地位意味着，将全县 1251 平方公里国土面积打造成全县域旅游景区、最美生态旅游目的地——包括三条精品旅游线路、十大重点景区和

---

1 黄智迅. 探索生态文明，打造纯净资溪[Z]. 资溪，2016-09-18.

100 个精品景点。2015 年，全县接待游客达 340 万人次。四是创新机制推进生态文明建设。从 2003 年起就已将生态文明建设相关内容纳入县直部门和各乡镇（场）年度目标考核与绩效管理考核，从 2005 年起就开始将森林质量、水质等指标纳入领导干部政绩考核和离任审计的重要内容，并在 2013 年后逐步完善成一种独具资溪特色的"生态审计制度"。此外，还建立了包括"县、乡、村、组"四级的"山河长"负责制。五是不断增强生态文明建设综合保障。自筹资金 12 亿元（总投资 30 亿元）的资光高速计划于 2016 年年底建成通车，届时会实质性缓解资溪目前的高速交通瓶颈，"一城三区"（即中心城区+大觉山、九龙湖、师公十八瀑景区）的新发展格局规划，将会大幅提速资溪的"园林城市"与"森林城市"建设，"绿满资溪、花开百村"和景区沿线景观提升等一系列环境综合整治工程，正在整体性提升资溪的生态乡镇和美丽乡村建设水平，而各种形式的生态文化宣传践行活动，正在创造更为浓郁的生态文明建设社会氛围。

在县政府和发改委官员的陪同下，笔者一行重点考察了如下两个生态文明建设工程项目：一是大觉山生态旅游景区。二是九龙湖生态旅游度假区。前者是一个集自然景观与人文景观于一体的生态旅游景区，占地面积 204 平方公里，分为东西两大片区：东区以 30 万亩原始森林为中心，汇集了各类植物 1498 种，并拥有 40 余种国家一、二级名贵保护动植物，是"天然氧吧、动植物基因库"；西区以迄今已 1600 年的宗教文化特色为主体构成，有瀑布观景台、古艺术亭阁、高山湖泊观光、大峡谷漂流、大觉寺、太空步廊等众多景点。目前，资溪正努力将其进一步提升为国家 5A 级景区，并成为其生态旅游业发展的标杆。后者位于县城郊区 8 公里处，库区面积延绵 13 公里，从空中俯视九座山岭宛如九条蛟龙盘卧山峦丛林之间而得名。尽管最初设想的旅游度假区建设目标尚未充分实现，但其自然生态景观确实美轮美奂。

从总体上说，靖安和资溪都明确坚持了省委、省政府提出的以"绿色崛起"为核心理念的"在保护中发展、在发展中保护"的指导性原则，试图通过大力发展生态旅游业、有机休闲观光农林业和低碳循环新型工业（尤其是服务业）来最大限度地保持生态环境质量的同时实现经济总量的扩张。就此而言，靖安和资溪是江西生态文明创建尤其是先行示范区建设的一个地域性"缩影"或"样板"，并突出体现了江西作为国家中部地区、生态环境资源（禀赋）相对优越地区、经济社会现代化水平相对较低地区生态文明建设上的"绿色成长"特色。而从比较的角度看，地理区位更为有利的靖安似乎有着更大的现代化经济社会发展潜能——目前正在规划实施的昌铜高速生态经济带建设就提供着这样的重大机遇，尽管这也会使其未来的生态环境保护面临着更大的传统工商业扩张压力，相比之下，资溪至少在目前体现为更为坚定的构建生态旅游业主导的绿色经济体系，但却缺乏这一战略成功实施似乎不可或缺的像靖安那样的地理区位先天性条件（浙江的安吉县是这方面的较成功实例）。

结　论

正如本章开篇就已指出的，讨论生态文明创建或先行示范区建设的"绿色发展路径"的方法论前提是，绿色发展只是生态文明建设目标的一种途径或战略手段，尤其是在与我们平时经常谈论的"生态现代化战略"（已经大规模或较深度工业化的生态化转型或重构）相比较的意义上。这意味着，生态文明建设并不意指经济领域中的无所作为或拒绝任何意义上的成长，特别是普通人民群众基于基本物质文化需要满足的生活条件与生活质量改善。也就是说，这里并不适用基于生态中心主义价值与伦理所推演出来的许多生态政治与政策要求——比如对所有物种与动植物个体及其生态系统的不加区别的保护，因为那样的话，将会完全扼杀像靖安和资溪这样生物多样性异常丰富地区的经济社会发展可能性，并会导致更为复杂的生态与社会公正难题。但是，它也明确无疑地表明，生态文明创建或先行示范区建设的长远目标，是一种基于新型政治、社会与文化制度体系和观念支撑的把生态可持续考量置于首位的新型经济，其基本特征是本地民众合生态需求的生态化满足，而不应不可避免地走向一种建立在资本主义价值观和社会制度体系基础上的物质生产与生活方式。[1]

相应地，生态文明及其建设并不等同于绿色发展，相反，前者对于后者同时具有方向和路径选择的规约性意义。也就是说，绿色发展既可以成为渐进走向生态文明及其建设的一个现实性路径，也有可能成为传统现代化（工业化和城市化）模式的一种时代呈现或变种——"绿色资本主义"或"生态资本主义"概念正是对这样一种形成中的社会现实的批判性描述[2]。二者的根本性区别在于，笔者认为，前者主动地致力于避免或超越自然生态资源（禀赋）的经济性利用中的资本主义（社会）生产方式和（大众性）生活方式，更多考虑如何实现本地民众的合生态需求的生态化满足，而这往往意味着对自然生态资源的社会性分享与管理，相比之下，后者仅仅把自然生态资源（禀赋）作为尚待开发的"绿色资产"或"绿色资本"，因而，所谓发展不过是使那些较容易资本化的自然生态系统及其要素转化为真实资本，加入到一个更为庞杂的资本生产与流通过程，而这其中人的需求尤其是本地民众的需求及其满足并不重要。

1　郁庆治, 李宏伟, 林震. 生态文明建设十讲[M]. 北京: 商务印书馆, 2014: 1–3.

2　郁庆治. 21 世纪以来的西方生态资本主义理论[J]. 马克思主义与现实, 2013(2): 108–128.

　　基于上述理解，我们可以对江西省生态文明创建或先行示范区建设的绿色发展路径探索做一个初步的评价。在笔者看来，现阶段就做出一个"已经找到"或"此路不通"意义上的断定，显然还为时尚早。也许，我们可以将其转换为如下三个具体性问题：一是"绿色崛起"或"绿色发展"正在或将会导致经济活动中资源耗费和环境污染程度（性质）的降低吗？二是"绿色崛起"或"绿色发展"正在或将会导向一个更加生态化的经济结构与制度体系吗？三是"绿色崛起"或"绿色发展"正在或将会通向一种更高社会形态意义上的生态文明吗？对于第一个问题，笔者的观察大致是肯定的。以靖安和资溪为例，两县通过关闭整改低效高耗污染企业、选择支持绿色低碳循环产业、大力发展生态农林旅游业等政策措施（资溪甚至到抚州去创办"飞地工业园"），使得传统产业（比如石材、木竹加工）所带来的环境污染大大减轻，而生态旅游业和有机休闲观光农林业的扩展虽然肯定会导致对自然生态资源开发力度的增加，但总的来说不可再生（逆）性和污染程度要低得多。至少就目前来看，无论是生态旅游度假景点还是城乡公共休闲观光设施的开发建设与消费使用，都呈现为一种适度可控的情形。

　　对于第二个问题，笔者认为很可能是一种双重性的结果。单就靖安和资溪而言，答案似乎是清晰的。即便是工业较为发达的靖安，2015 年全县规模以上工业增加值也只有 16.52 亿元，尽管这已经比 2010 年的 6.9 亿元增长了139.42%，并且占地区生产总值的比重从 30.87%上升为 45.5%，而资溪则直接提出了建立以生态旅游业为主导的绿色经济体系的目标（2015 年实现规模以上工业增加值 3.32 亿元，而同年全年游客接待量超过 340 万人次，实现旅游综合收入突破 21 亿元，同比增长 34.5%）。可以想见，随着生态文明先行示范县建设举措的不断落实，尤其是国家 2016 年 9 月公布的对于两县的"国家重点生态功能区"定位，它们必将进一步"绿化"其现存的产品与产业结构，并探索创建与之相应的整体性经济制度构架。但从全省范围来看，过去十年中江西明显是一个工业化比重不断提升的过程。与 2000 年相比，地区生产总值和三产结构分别从 2003.07 亿元和 23.2%∶35%∶40.8%，改变为 16723.8 亿元和 10.6%∶50.8%∶38.6%，前者增长了 8.35 倍，而后者中的第二产业比重提升了超过 15 个百分点，同样值得注意的是，第一产业和第三产业占比长期持续性下滑，最极端的是 2010 年的 12.8%∶55%∶32.2%[1]。不仅如此，2015 年南昌和九江两市的地区生产总值合计达 5902.69 亿元（而两市的人均地区产值分别为 70752.67 元和39582.27 元），占到全省总量的 35.3%，已然呈现为一种高度集中与分化的格局。而一般来说，较高的第三产业和适当的第一产业比例更容易保证较好的生

1　黄毓生，曾巧生.江西省产业结构与就业结构关系的实证分析[J].江西行政学院学报，2011（4）：48-51.

态环境质量，过度集中的大规模经济则会直接导致更多的生态环境难题。

对于第三个问题，笔者认为既最容易、也最难做出回答。一方面，与过去过分倚重基于煤炭能源的以建材、重金属开采、纺织、机械制造、化工等行业的工业化城市化相比，如今更多侧重于开发使用新能源的以绿色低碳循环工业、生态旅游业和有机农林业为代表的绿色产业显然是现代文明形态演进中的一种质的进步，就此而言，江西近年来所践行甚或引领的先行示范区或试验区框架下的许多制度创新与政策探索当然是迈向生态文明的坚实步骤，理应给予高度肯定。比如，国内最具权威性的北京林业大学创制的"中国省域生态文明建设评价体系"就对江西省做出了较高的连续性评价，2005～2008年分别在第12、9、13、17位，2009～2013年分别为第21、16、18、6、9位（其中2013年表现较差的指标是"社会发展"）。[1]但另一方面，作为一种崭新文明形态的生态文明的萌生、确立，显然需要更多的国内政治、社会与文化条件和有利的国际环境——对这些更一般性条件的探索尝试也是江西作为国家级试验区的重要历史使命。比如，一个地区及其各个社群对于这场文明性变革的主动而充分的参与，从而在逐步改变现存的生态不合理、社会不公正的制度体系的同时实现自身文明素质的革命性提升或重构，无疑是不可或缺的，而我们在目前的生态文明创建或先行示范区建设过程中所看到的还主要是一种自上而下的政治社会动员。在对靖安、资溪和抚州等地的实地考察中，特别令人欣喜的是，地方官员群体中已经有越来越多的"关键性少数"认识到并致力于所掌管区域的自然生态系统的可持续性保持，逐渐跳出基于狭隘的经济主义思维的"你追我赶"逻辑。但笔者想强调的是，他们的各种形式的地方化努力，只有既自觉趋近于正在迅速革新着的生态文明理念与思维，又主动诉诸最基层的广大人民群众，才会最终将其转化为一种生机勃勃的可持续事业。

---

1 严耕, 等. 中国省域生态文明建设评价报告(ECI2010-2015)[M]. 北京：社会科学文献出版社, 2010-2015.

第十一章

生态文明创建的生态现代化
路径：以江苏省为例

正如笔者在第十章所指出的，"五位一体"意义上的生态文明建设，即把生态建设融入到经济、政治、社会与文化建设的各个方面和全过程[1]，内在地蕴含着或规定着其现实实践的两个战略性路径：生态建设的经济（政治、社会与文化）化和经济（政治、社会与文化）建设的生态化。而如果对此做进一步的简约性阐释与界定，即分别是对一个国家或地区的生态环境资源（禀赋）的更经济性利用（发展生态经济）和对一个国家或地区的现代经济生产生活方式的生态化提升与重构（工业/城市经济生态化），那么就不难设想，在当代中国的生态文明（示范区）建设实践中，江苏省理应成为践行后一种路径或模式的一个适当区域。基于此，本章将在生态现代化视角下对江苏的生态文明先行示范省建设做一种初步的反思性审视，着力阐明兴起于欧美国家的生态现代化理念与战略是否以及在何种程度上构成了我国生态文明（示范区）建设的一个可行性路径。

一、生态文明示范省建设战略的演进与提出

江苏省的省域生态文明示范区建设努力，始于 1999 年由国家环保部主导的全国"生态省（市县）"创建。早在 2001 年，省第九次党代会就提出了富民强省、率先基本实现现代化的目标，要求进行经济结构的战略性调整，大力加强生态建设，逐步实现人与自然的协调与和谐。2004 年，省十届人大常委会第十三次会议审议批准了《江苏生态省建设规划纲要》，明确提出分三阶段（2004～2005 年、2006～2010 年、2011～2020 年）完成"生态省"创建的目标。该《纲要》立足于全省工业较为发达、但人口资源环境与经济社会发展矛盾也较为突出等特点，按自然条件将全省生态空间划分为 3 个一级区域（黄淮平原生态

1　胡锦涛. 坚定不移沿着中国特色社会主义道路前进 为全面建成小康社会而奋斗[R]. 北京：人民出版社，2012：39.

区、长三角平原生态区、沿海滩涂与海洋区）和 7 个二级区域（沂沭泗平原丘岗区、淮河下游平原区、沿江平原丘岗区、茅山宜溧低山丘陵区、太湖水网区、沿海滩涂区、近海区），并对各主要产业如何与生态要求相契合做了详细规划，规定了相应的目标任务与监测考核指标（包括经济发展、资源与环境改善、社会进步三大类）。

2007 年党的十七大以后，江苏逐渐将生态省建设重点扩展为强调节约能源资源和保护生态环境的产业结构、增长方式和消费模式，即一种复合意义上的生态文明建设。2010 年 11 月，省委省政府制定了《关于加快推进生态省建设全面提升生态文明水平的意见》，强调江苏完全有基础、有能力、有条件在全国率先基本建成生态省，并规定了分别到 2015 年、2020 年的整体目标。2011 年 8 月，省委省政府又印发了《关于推进生态文明建设工程的行动计划》，具体提出了在节能减排、促进绿色增长、打造城乡优美环境、推进绿色江苏建设、恢复生态系统、示范创建等 6 个方面的工作任务。

2013 年 7 月 24 日，江苏省举行生态文明建设新闻发布会，专题介绍省委省政府印发的《关于深入推进生态文明建设工程率先建成全国生态文明建设示范区的意见》和省政府制定的《江苏省生态文明建设规划》（2013～2022）。其总体目标是，经过十年左右的努力，实现生态省创建目标，率先建成全国生态文明建设示范区。其中包括，到 2017 年，80% 的省辖市建成国家级生态市，到 2020 年，全省所有省辖市建成国家级生态市。[1]

2016 年 2 月 24 日，江苏省委省政府召开全省生态文明建设大会，学习贯彻习近平总书记生态文明建设思想，动员全省人民自觉践行新发展理念特别是绿色发展理念，要求深入实施生态文明建设工程，展现新江苏"环境美"现实模样，确保如期实现生态省创建目标，努力建设全国生态文明建设先行示范省。会议提出，"十三五"期间江苏省生态文明建设的关键点，是把握好江苏发展的阶段性特征，实现环境质量明显改善、主要污染物排放明显下降、生态系统保护明显加强、环境风险得到有效控制的阶段性目标，在新的起点上抓好生态文明建设的新开局。

可以看出，经过十多年的不断认识与实践，江苏省已经逐渐形成了一个以全国"生态省"创建为核心内容或依托的生态文明示范区建设战略，概言之，就是在 2020 年前后使江苏率先成为全国"生态省"或"生态文明建设示范区（省）"。但需要说明的是，第一，从"生态省"到"生态文明建设（试点）示范区"的创建，是由国家环保部来主导实施的，并且自党的十七大以后逐渐从前者转向后者——基础较好的部分"生态市县区"（包括地、县两级）转变成为

1　郇庆治, 高兴武, 仲亚东. 绿色发展与生态文明建设[M]. 长沙: 湖南人民出版社, 2013: 166-168.

"生态文明建设（试点）示范区"，相应地，江苏省的工作重点也发生了类似的转移。截至 2013 年 10 月，环保部先后六批共批准了 125 个"全国生态文明建设（试点）示范区"，而江苏省就占了 40 个，其中包括无锡、常州、苏州、扬州、镇江等 5 个省辖市。因而，按照 60% 构成单位必须达标这一前提性条件，江苏在 2013 年 7 月提出 2020 年之前率先建成全国生态文明示范省的目标（所有地级市届时都成为"生态市"和"生态文明示范区"），应该说是言之有据的。第二，由国家发改委等七部委主导的"生态文明先行示范区"建设，自 2013 年年底开始启动，并在 2014 年 6 月和 2015 年 12 月先后公布了两批共 102 个单位的入选名单，共包括了 5 个省、53 个市州和 16 个生态敏感或跨行政区域，其中有江苏省的镇江市、南京市、南通市和淮河流域重点区域。但是，作为我国工业化程度最高和工业（城市）经济最发达的省份，江苏并不意外地落选了"生态文明先行示范省"的名单（它们分别是福建、江西、云南、贵州和青海）。也很可能是由于这个原因，江苏省在 2016 年年初表述生态文明先行示范省建设目标时使用了一种更为灵活的说法，即"努力建设全国生态文明建设先行示范省"。

因而，基于对其五个构成性要素的界定，江苏省生态文明建设的优势是明显的，即较强的工业（城市）经济实力或经济社会现代化水平。如今，江苏与上海、浙江、安徽共同构成的长江三角洲城市群，已成为国际六大世界级城市群之一。江苏省的人均 GDP、综合竞争力、地区发展与民生指数（DLI）等经济社会发展主要指标，均居全国各省第一，是我国综合发展水平最高的省份，已经相当于联合国划定的"中上发达国家"水平。具体而言，江苏省 2015 年实现地区生产总值 70116.4 亿元，人均 87995 元，三次产业比例为 5.7%∶45.7%∶48.6%；江苏省县域经济发达，2013 年中国综合实力百强县市中，江苏占据了 18 席，其中 5 个居于百强前 10 位；截至 2014 年年底，江苏省有省级以上开发区 131 个，其中国家级开发区 40 个（每个省辖市有 3 个以上）；江苏省的城镇化率 2015 年为 66.5%，远高于全国平均水平（56.1%）。

但换个角度来说，上述庞大的经济体量或经济开发强度，也会构成对江苏省生态环境系统的巨大压力。一般而言，江苏省的生态环境是非常有利于人类社会的生存生活和经济开发活动的，因而自古就是我国人口密集和农工商经济发达的核心性区域。而就现状来说，江苏的陆地国土面积为 10.72 万平方公里，其中平原和水域占 90% 以上，可谓是沃野千里、河湖密布，肥沃的土地资源和丰富的水资源，构成了对人类社会基础性经济活动的得天独厚的物质支撑和一个非常稳定的自然生态系统；然而，江苏人口密集，2015 年的常住人口为 7976.3 万（略少于原联邦德国的总人口），居我国第 5 位，是人均国土面积最少的省份。因而不难理解，江苏的人口、资源和环境与经济活动之间其实长期存在着不匹配、紧张甚至冲突的一面，而这种紧张关系在一个迅速构筑起的现代工业（城市）经济体系中只会变得比传统社会条件下更为凸显或严峻——工业（城市）经济体系的高投入、高产出和高废弃特征几乎注定了它相对于传统农林牧渔业经济的环境不友好或反生态性质。而令人遗憾的是，这正是江苏省经历了改革开放 30 多年的经济体量持续扩张后所不得不面对的一个尴尬现实：一方面，经济总量在全国一马当先，2015 年与广东一起率先成为"七万亿俱乐部"（GDP）的一员，"一年一个台阶（万亿）"，而且依然保持着 8% 左右的年增长率；另一方面，标志着省域生态环境质量的基本指标改善乏力或继续恶化，环境拐点（依然）尚未到来。

依据《2014 年度江苏省环境状况公报》，全省环境质量总体保持稳定。据统计，2014 年废水排放总量 60.12 亿吨，废水中化学需氧量排放总量 110 万吨，氨氮排放总量 14.25 万吨；废气中二氧化硫排放总量 90.47 万吨；氮氧化物排放总量 123.26 万吨，烟（粉）尘排放总量 76.37 万吨。与 2013 年相比，化学需氧量排放总量、氨氮排放总量、二氧化硫排放总量、氮氧化物排放总量等指标，都有所减少。具体而言，第一，全省地表水环境质量总体处于轻度污染——列入国家地表水环境质量监测网的 83 个国控断面中，水质符合Ⅲ类、Ⅳ～Ⅴ类和劣Ⅴ类的断面比例分别为 45.8%∶53.0%∶1.2%，与 2013 年基本持平；第二，全省环境空气质量比 2013 年略有好转，但按照国家二级标准进行年评价，13 个省辖城市环境空气质量均未达标——环境空气中 PM2.5、PM10、二氧化硫和二氧化氮年均浓度分别为 66 微克/立方米、106 微克/立方米、29 微克/立方米和 39 微克/立方米，一氧化碳和臭氧浓度分别为 1.7 毫克/立方米和 154 微克/立方米，其中 PM2.5 和 PM10 与上一年相比分别下降了 9.6% 和 7.8%；第三，全省城市声环境质量总体较好，生活噪声和道路交通噪声仍是影响声环境质量的主要因素；第四，全省生态环境无明显变化；第五，全省近岸海域环境质量基本稳定——近岸海域 16 个国控海水水质测点中，符合或优于二类标准的测点比例为 62.5%，31 条主要入海河流河口监测断面中，水质符合Ⅲ类、Ⅳ类、Ⅴ类和劣Ⅴ类标准的断面比例分别为 41.9%∶38.7%∶6.5%∶12.9%；第六，全省空气、水体和土壤辐射环境状况良好。

可以看出，虽然许多具体监测指标的确呈现为一种不同程度改善的趋势，但水、大气、声、生物、近海等环境要素的大部分指标的绝对值并不理想，具体体现为大气环境、地表水环境、土壤环境、近海水域环境等的较为严重的持续污染或生物多样性衰减状态——事实是，全省废水排放总量从 2004 年的 46.6 亿吨增长到了十年后的 60.12 亿吨，全省废气排放中的二氧化硫和烟（粉）尘总量从 2004 年的 124 万吨、76.8 万吨到十年后的依然高达 90.47 万吨、76.37 万吨。而所有这些从生态文明建设的角度来说，构成了江苏省无法回避或必须补齐的"环境短板"。

生态多样性及其保护的先天不足和生态环境的工业（城市）污染对于生态文明建设的消极性影响，在我国目前的各种生态文明建设省域排名中得到了明确验证。比如，自 2010 年起，北京林业大学创制了基于"绩效评估"理念的"中国省域生态文明建设评价指标体系"（ECI），其中包括生态活力（25%～30%）、环境质量（15%～25%）、社会发展（20%～15%）、协调程度（25%～30%）和转移贡献（15%～0）等 5 个二级指标和森林覆盖率等 25 项三级指标（其中，转移贡献指标只在 2011 年和 2012 年报告中使用）。[1] 迄今为止，该评价体系已经做出了连续 10 年（2005～2014）的评估结果。

表4 江苏省生态文明建设年度评价结果比较(前 10 名)

2012 年	2010 年	2005 年
海 南(93.27)	北 京(105.63)	北 京(85.14)
北 京(92.11)	广 东(104.17)	天 津(83.52)
浙 江(91.57)	浙 江(100.43)	海 南(81.45)
辽 宁(90.64)	天 津(100.22)	福 建(81.37)
重 庆(90.11)	海 南(100.16)	广 东(80.54)
江 西(88.60)	上 海(97.12)	浙 江(79.60)
西 藏(88.53)	辽 宁(95.28)	上 海(77.61)
黑龙江(88.17)	江 苏(94.76)	江 苏(77.46)
四 川(87.05)	福 建(94.18)	吉 林(75.89)
福 建(86.56)	重 庆(93.96)	辽 宁(75.83)
……		
江 苏(79.11)		

表5 江苏省生态文明建设评估具体结果(2012 年)

二级指标(满分)	得分	全国排名	所属等级
生态活力(41.40)	22.67	24	3
环境质量(34.50)	17.25	24	3
社会发展(20.70)	16.60	5	1
协调程度(41.40)	22.58	22	3

结果由表4可知，江苏省的中国省域生态文明建设排名，已逐渐从 2005 年和 2010 年的第 8 位下降到前 10 名之外（2012 年是第 21 位）。而如果采用笔者稍作调整后的"绿色发展视阈下的我国省域生态文明建设评估指标体系"，江

---

1 严耕, 等. 中国省域生态文明建设评价报告(ECI2010-2015)[M]. 北京: 社会科学文献出版社, 2010-2015.

苏省的省际排名也只是居于中游位置（2010 年是第 15 位）[1]。更具体地说（表5），在 2012 年度的 23 个三级评估指标中，排在前 15 名之后的分别是：森林覆盖率（第 25 位）、森林质量（第 23 位）、自然保护区的有效保护（第 27 位）、地表水体质量（第 27 位）、环境空气质量（第 20 位）、化肥使用超标量（第 22位）、每千人口医疗机构床位数（第 18 位）、环境污染治理投资占 GDP 比重（第 20 位）、COD 排放变化效应（第 26 位）、氨氮排放变化效应（第 27 位）、能源消耗变化效应（第 28 位），而进入前 5 名的分别是：建成区绿化覆盖率（第 4 位）、湿地面积占国土面积的比重（第 2 位）、水土流失率（第 4 位）、人均 GDP（第 4 位）、农村水改率（第 3 位）、工业固体废物综合利用率（第 5位）、二氧化硫排放变化效应（第 2 位）。尽管具体年度和个别指标值的偶然性，我们还是可以发现一些值得关注的现象：生态环境质量的明显滞后（同时包括先天不足和后天努力层面）、生态化程度并不算高的工业经济（整体上仍属于一种粗放型经济）和严重工业化的农业（化肥与农药的过度使用）。

因此，江苏省生态文明建设的直接性任务当然是实质性扭转和改善落后的生态环境质量——否则是谈不上真正意义上的生态文明的，但从更深层次或现实可能性来说，它必须从事的却是对已然初步实现的现代化工业（城市）经济的一种全面而深刻的绿色转型。挑战是显而易见的和巨大的，但也正因为如此，它的成功探索才具有了一种普遍性或模式意义。

二、生态文明示范省战略的生态现代化阐释

"生态现代化"理论或话语，指的是这样一种理念与战略，即借助于有能力的国家（政府）、健全的市场机制和不断的科技创新等要素及其合理组合，一个国家或地区的经济社会现代化发展目标完全可以做到与生态环境质量目标的兼得或"共赢"。[2~3]可以看出，一方面，它大致属于环境政治社会理论中的可持续发展理论阵营，相信可持续的经济发展或增长是与生态可持续的目标和价值并行不悖的；另一方面，它将实现生态（经济、社会）可持续性的实践手段或策略定位于现代社会条件下的经济技术革新与法政治理体制机制完善，其中政府、市场和科技及其协同扮演着关键性的角色。需要指出的是，生态现代化理念与战略并不简单拒斥结构性变革的必要性，但它的确更关心经济技术革新

1　郇庆治, 高兴武, 仲亚东. 绿色发展与生态文明建设[M]. 长沙: 湖南人民出版社, 2013: 87-97.

2　郇庆治, 马丁·耶内克. 生态现代化理论: 回顾与展望[J]. 马克思主义与现实, 2010(1): 175-179.

3　郇庆治. 生态现代化理论与绿色变革[J]. 马克思主义与现实, 2006(2): 90-98.

和法政治理体制机制举措可以带来的生态环境问题应对的切实性改善。就此而言，它本质上属于一种"浅绿色"的环境政治社会与文化理论或"生态资本主义"理论。[1,2]

而生态现代化与生态文明示范省战略的契合性在于，对于像江苏省这样的较发达工业化或城市化区域来说，不仅其现存的工业化经济和城市化社会已成为生态文明建设或变革的主要对象或"主战场"，而且也更有能力通过主动引入"生态化"举措或改革来促动一场对于当前初步现代化架构的升级转型。换言之，生态现代化既是积极应对经济社会现代化进程中累积起来的诸多生态环境难题的一种矫正性策略，也是借以继续推进经济社会现代化进程的一种阶段性战略——可以并不夸张地说，经济社会的"生态化"已经成为经济社会进一步"现代化"的历史性必需或"机遇"。正是在上述意义上，笔者认为，江苏的生态文明示范省战略应首先是一种生态现代化战略，或者更准确地说，工业化（城市化）经济的生态化（即"生态现代化"）构成了江苏省贯彻实施其生态文明示范省战略的主要路径（尤其是相对于较丰富生态环境资源的经济化而言）。

具体来说，这一战略路径的构成性要素包括如下四个方面：

一是水土气等污染整治和城乡生态系统修复目标的虚拟"资源化"或"市场化"。严重污染或生物多样性衰减的自然（城乡）生态系统及其要素，当然不能算作什么有利"资源"，但是，这种不利状况的整治和修复目标在现代市场经济条件下则可以转换成为真金白银意义上的经济活动要素或资源，前提是所有的经济活动投入和排出都有着科学精确的测量并统一服从于市场配置资源的法则。可以设想，直接的污染或受损生态环境系统的治理修复，间接的主要污染物的处置和减排等，都有可能成为工商企业投资、技艺革新和竞争的对象性领域——只要它们成为可以带来企业盈利和使资本增值的"商品"。这方面的一个典型例证，是国际社会围绕着应对全球气候变暖而逐渐形成的碳排放量的"资源化"或"碳市场"。经过 25 年左右的政治博弈和经济制度构建之后，包括中国在内的"高碳国家"已然面临着来自欧美低碳经济的巨大竞争压力——2015 年年末签署的《巴黎协定》，其中就包含了我国在 2030 年前后实现碳排放封顶、然后逐渐减少的政治承诺。再比如，对于 2016 年 5 月 31 日国务院公布的《土壤污染防治行动计划》（简称"土十条"），有些媒体报道使用的标题就是"土壤修复盛宴开启"[3]，尽管言辞有些扭曲性夸张，但却彰显了阶段性治理目标一旦确定后（2020/2030）所隐含着的庞大土壤修复市场和资金流

1　郇庆治.绿色变革视角下的生态文化理论研究[J].鄱阳湖学刊, 2014(1)：21-34.

2　郇庆治. 21 世纪以来的西方生态资本主义理论[J].马克思主义与现实, 2013(2)：108-128.

3　陈梦娜.国务院正式发布"土木条"土壤修复盛宴开启[N].上海证券报, 2016-05-31.

量。就江苏而言，除了与大气质量直接相关的温室（有害）气体或烟（粉）尘排放，还有与水域和近海域质量直接相关的工业与生活污水排放，以及与土壤质量直接相关的化肥农药过度使用。所有这些都可以通过整治修复目标的适当"资源化"或"市场化"，在一定程度上促进主要污染物的减排和治理。

二是区域经济生态化构型（产品、产业和技艺）的明确规划及其"倒逼效应"。在很大程度上，一个国家或区域的经济现代化水平，是与它的生态化程度相一致的。或者说，一个严重污染和损害着其生态环境基础的工业化（城市化）经济，是不能被称作发达的现代化经济的。一般而言，对于经济生态化水平的衡量和评估，既可以观察它的产品、产业与技术工艺结构的先进性，也可以考察它所呈现出的（资源）循环、低碳（排放）、绿色程度。而在笔者看来，这其中最具代表性的两个指标是经济的产业结构和能源消费结构。一方面，欧美国家20世纪80年代中后期以来生态环境质量明显改善的直接经济形态表现，就是国内产业结构的实质性调整，第三产业即服务业的GDP产值比重逐渐提升到65%以上，第二产业即制造业的GDP产值比重逐渐下降到30%左右。比如，作为欧盟第一制造业大国的德国的产业结构，在1960年、1980年和2001年分别为：5.5%∶53.5%∶40.9%、2.2%∶44.8%∶53%、0.98%∶28.86%∶70.16%，而经历了最新一轮产业结构调整之后的2013年为0.86%∶30.71%∶68.43%。[1,2] 依此，我们可以明确断定，发达的服务业是一个国家或区域经济生态化的直接体现或表征。另一方面，20世纪末以来欧美国家引领的最激烈的国际经济竞争领域之一，是应对全球气候变化议题下的能源消费结构调整，几乎所有发达国家都把降低化石能源消耗比重和碳排放作为其努力目标。再以德国为例，从2020~2050年，其温室气体的排放量将分别与1990年相比减少40%和80%~95%，可更新能源占一次能源消费和电力的比重将分别从18%和35%提高到60%和80%。也就是说，到2050年，包括煤炭、石油和天然气等化石燃料的消费在德国电力供应中的比重将只有20%左右[3]——相比之下，从2003年到2013年，我国的煤炭消耗比重只下降了两个百分点（从69.3%下降到67.5%），火电在中国电力装机容量中的比重则维持在75%左右。就江苏省而言，三产结构在2015年才第一次实现了服务业比重超过制造业（5.7%∶45.7%∶48.6%），大致相当于德国20世纪70年代中后期的水平，而能源消费上仍呈现为"以煤为主、发电居多"的鲜明特征，在2014年全省能源消费总量中，煤炭占67%，

1　刘永焕. 德国产业调整及其经验借鉴[J]. 对外经贸实务, 2014(1)：32-34.

2　刘媛媛, 朱鹤. 德国新一轮产业结构调整对欧盟的影响研究[J]. 工业经济论坛, 2015(5)：52-63.

3　Miranda Schreurs. The German energiewende and the demand for new forms of governance'[Z], presented at the 'The Sino-German Conference on Reinterpreting the Environmental Challenge from a Multi-disciplinary Perspective, Beijing,13-15 July 2014.

其中六成用于发电（燃煤对南京市 PM2.5 的贡献率为 27.4%）[1]。无论是三产结构还是能源消费结构的转变都不是一个仅仅取决于主观努力的过程，但毋庸置疑的是，更为明确、更富有雄心的远景规划以及由此产生的"倒逼效应"肯定会有助于实现这种转型。

　　三是环境经济政策工具的引入和创制。应该说，党的十八大报告及其后续性官方文件尤其是《关于全面深化改革若干重大问题的决定》，对推进生态文明建设过程中可以运用的环境经济政策手段已经罗列了一个十分详尽的清单：健全自然资源资产产权制度（合理划分所有权、管理权、经营权）、利用财税价格信贷杠杆（扩展征收资源税和提高自然资源生产要素价格）、发展环保市场并吸纳社会资本投资（实施节能量、碳排放权、排污权与水权交易和第三方治理）、创建生态补偿机制（尤其是针对重点生态功能区和区域横向间）。因而，接下来的问题是各级地方政府对上述政策工具的创造性引入和应用。对于江苏省而言，一方面，要着力践行或"制度化"一些"绿色共识性"基本原则，比如明确服务于上述两大目标（污染整治与生态修复和区域经济生态化）、预防先于治理和源头治理先于末端治理（尽量减少新生生态环境风险和治理成本）、污染者损害者付费（尽可能转向"足额支付"赔偿）、生态环境受益者提供补偿（尽快尝试跨区域跨流域和大额度补偿），等等；另一方面，要在一些具有省域特色的重要议题领域进行大胆的创新性探索，比如技术研发优先（清洁燃煤技术和污水污泥处理技术等）、市场机制创新（构建更多形式的虚拟"环保元素产品市场"）、社会资本吸纳（创建更多生态环保领域融资机制或平台）、企业主体作用发挥（更好利用行会协会的自律与自主功能）等方面。[2]

　　四是地方性法规、治理体制和大众绿色文化建设。即使撇开结构性改革的考量或维度不论，生态现代化也绝非只是一个基于纯经济视角或依赖市场自发力量的战略，而同时是一种政治社会现代化战略。[3]一方面，无论是污染整治和生态修复目标的虚拟"资源化"或"市场化"，还是区域经济生态化远景规划的确定，都首先是国家或政府的一种前瞻性判断和主动作为，或者说一种政治社会性决断和意志，而并非是市场自发演进或无序竞争的自然性结果；另一方面，科技创新与市场机制这两大战略构成性要素的顺利实施，也离不开一个法制化的行政管理体系和支持性的大众绿色文化。尤其是，由于这些"环保市场元素产品"（比如碳排放权交易）在很大程度上或很长时间内只是一种虚拟性

　　1　黄伟. 江苏雾霾治理剑指"元凶"551 台燃煤机组逐一改造[N]. 新华日报, 2015-05-08.
　　2　张炳. 张永亮, 毕军. 环境经济年度报告之一："十二五"环境经济政策的江苏路径[J]. 环境经济, 2012(3)：30-39.
　　3　马丁·耶内克, 克劳斯·雅各布. 全球视野下的环境管治:生态与政治现代化的新方法[M]. 李慧明, 李昕蕾, 译. 济南: 山东大学出版社, 2012.

产品，由于经营这些产品所需的科技创新往往是一种中长期性投资，因而，对于科技创新者和科技创新成果应用者的行政管理，是需要很高的技术含量或职业化水准的。与此同时，一种支持性的大众绿色文化的形成，对于政府、企业和公众个体都是一个不可或缺的规约性或促动性力量——比如，公众个体的生活风格与消费习惯在一个强势的绿色大众文化氛围下是会有明显不同的，并会反过来成为促进政府与企业采取环境友好型目标决策与生产经营的强大推动力。[1]应该说，一个国家是如此，一个区域也不例外。对于江苏省而言，政府治理体系与治理能力的现代化绝非只是一个政治口号，而是一个实实在在的长期性挑战，其中如何驾驭一个"七万亿经济体"转向绿色发展或生态现代化就是一个标志性方面。另外，如何创建一种基于区域生态历史文化传统（比如"小桥、流水、人家"的生态环境区域形象或民众记忆）和现代绿色科技教育体系相结合的大众生态文化，也是一个值得花更大力气解决的问题。

需再次强调的是，生态现代化对于江苏生态文明示范省建设的路径意义就在于，它最为关注的不是"环保元素产品市场"的创建——把不同形式的污染物或"恶物"（或者不同形式的生态环境功能或"惠益"）变成可以买卖的商品，而是着眼于区域性生态环境质量和经济生态化水平的切实提高，尤其是通过将各种形式的现代经济政策工具吸纳其中来做到这一点。不仅如此，它的持续性推进和不断升级换代也会在某种程度上要求或带来区域性政治、社会与文化的绿化（即"溢出效应"）。

三、实例分析：太湖水环境（污染）治理

对江苏省来说，检验其生态现代化路径现实可能性及其成效的适当实例，是太湖流域水环境（污染）治理。[2]一方面，就其自然地理特征来说，太湖是全国五大淡水湖之一，为江苏省最大湖泊，湖区南缘位于江浙两省的分界线上，湖泊面积2338平方公里，长68公里，最大宽度56公里，多年平均水位3米左右，湖容积48.7亿立方米，流域总面积36895平方公里。它横跨江浙两省，北临无锡，南濒湖州，西依宜兴，东近苏州，地处长三角工业（城市）经济最发达的地区——2010年太湖区域生产总值为29743亿元、三产比重为

1　巢哲雄.关于促进国家生态环境治理现代化的思考[J].环境保护，2014(16)：44-46.

2　这方面的一个代表性地域案例是隶属于苏州市的常熟市。包括笔者在内的"中国社会主义生态文明研究小组"一行7人于2016年7月1~4日对它的生态文明建设情况做了实地考察。笔者的最深刻印象是，湿地公园建设与保护在相当程度上成为了该市生态环境治理或推进生态文明建设的突破口——截至2015年5月共有湿地面积3.07万公顷，其中自然湿地和受保护自然湿地分别为2.25万和1.05万公顷(保护率为47.1%)，但显然还没有拓展或提升为一种本章所意指的明确的"生态现代化路径"。

2.98%∶54.56%∶42.46%，同时也是一个典型的"公共水域"。 另一方面，并不奇怪的是，太湖成为随着该区域现代化进程推进而受到日益严重污染的水域。 到 1987 年，太湖已有 1%的水面水质受到轻度污染，大约有 10%的水面水质达 3 级，主要分布在三山、马迹山、大浦港至乌溪港和胥港至光福的太湖沿岸水域。 随着水质退化，太湖的营养化程度不断加重，时常发生绿色"水华"——湖内的总氮值和总磷值分别从 1960 年的 0.23 毫克/升和 0.02 毫克/升增加到 1987 年的 1.43 毫克/升和 0.046 毫克/升。 此后的 20 年间，尽管某些局地性的治理努力，太湖水域水质仍持续变差。 尤其是，无锡市太湖沿岸由于富营养化程度较高，夏季经常有蓝藻滋生，严重影响水质。 作为一个标志性事件，2007 年 5 月末，太湖蓝藻大面积爆发，水源地水质遭受严重污染，引发无锡市近 200 万居民的供水危机。 结果，国务院对此做出重要批示，江苏省也承诺加快推进太湖水污染治理——其中包括修订 1996 年制定的《江苏省太湖水污染防治条例》，将整个太湖流域划分为三级保护区进行保护，太湖湖体、沿湖岸 5 公里区域、入湖河道上溯 10 公里以及沿岸两侧各 1 公里范围为一级保护区（该条例于 2010 年和 2012 年再次修订）。

那么，经过近 10 年的努力之后，太湖水环境（污染）治理的成效究竟如何呢？ 依据《2015 年江苏省环境状况公报》[1]，太湖湖体的高锰酸盐指数和氨氮年均浓度分别达到Ⅱ类和Ⅰ类标准，总磷年均浓度符合Ⅳ类标准，总氮年均浓度为 1.81 毫克/升，达到Ⅴ类标准。 与 2014 年相比，湖体的高锰酸盐指数、氨氮年均浓度保持稳定，总氮和总磷年均浓度分别下降了 7.7%和 1.7%。 湖体的综合营养状态指数为 56.1，同比升高 0.3，总体处于轻度富营养状态；蓝藻水华聚集现象首次发生时间变化不大，发生次数有所增加；15 条主要入湖河流中，有 7 条河流水质符合Ⅲ类，占 46.7%；在列入省政府目标考核的太湖流域 65 个重点断面中，以高锰酸盐指数、氨氮和总磷 3 项指标评价的水质达标率为 61.9%，上升 3.4 个百分点。

从以上数据中可以得出的大致结论是，到 2015 年，太湖水质总体上仍处于轻度污染（流域水质达标率只有 61.9%、入湖河流 Ⅲ 类水达标率只有 46.7%）和轻度富营养状态（蓝藻现象有增无减），因而，尽管与 2005 年——《太湖水污染防治"十五"计划》目标年——相关指标比较（比如高锰酸盐指数、总氮和富营养化程度）有所改善[2]，但还远未恢复到 20 世纪 80 年代末的水平。

而笔者更关心的是，太湖水环境（污染）治理是一个围绕着国家《太湖流

1　江苏省环保厅.江苏省环境状况公报（2015）[R/OL].（2016-06-05）[2016-11-22].http://www.jshb.gov.cn:8080/pub/root14/xxgkcs/201606/t20160603_352503.html.

2　国家发改委，环境保护部，住房城乡建设部，等.太湖流域水环境综合治理总体方案［R/OL］.（2013-12-30）[2014-01-05].http://www.sdpc.gov.cn/fzgggz/dqjj/zhdt/201401/t20140114_575733.html.

域管理条例》(2011)、国家《太湖流域水功能区划》(2010)、《江苏省太湖水污染防治条例》和江苏省太湖水污染防治办公室(2009年组建)等构建起来的行政管理主导体系,前三者提供了太湖水环境(污染)治理的行政执法基础,而后者负责联系国家有关部门、省太湖水污染防治委员会、省防控太湖蓝藻应急处置工作领导小组等更高级别的协调性机构,并统一履行全省范围内太湖水污染防治工作综合监管职责。相应地,行政指令、监管与奖惩是省政府进行太湖水环境(污染)治理的主要手段。也就是说,省政府(由"太湖办"代表)的主要管理对象是省直部门、地市政府和国有省属企业,确保其完成水环境(污染)中长期治理规划及其年度目标任务,同时也部分负责有关专项资金的分配和相关科技攻关项目的组织。这方面的法治化努力无疑是重要的,也取得了一些值得肯定的成效。但从生态现代化战略的视角来说,迄今为止,政府似乎未能——通过制定更激进明确的水环境整治目标和经济生态化远景规划——创造出一个有着足够吸引力(或推动力)的太湖水环境(污染)治理的产品与技术研发"虚拟市场",并使不同规模和类型的企业与科研机构(作为"先驱者")大胆而自信地将资源投向这一市场。就此而言,江苏省2008年最先在太湖流域试点、2014年起全面实施的流域生态补偿机制——流域内下游县市和上游县市之间通过一个省财政平台依据水质优劣进行生态补偿,更像是一种行政奖惩手段的"升级版",而不是一种面向区域性生产经营与科技研发主体的更普遍意义上的环境经济手段。

更具体地说,一方面,缺乏一个既富有雄心又切实可行的连续性太湖流域远景治理与发展规划。2007年之前,国家层面上就已有2001年由国家环保总局制定并经国务院批准实施的《太湖水污染防治"十五"计划》,提出确保2005年年底之前太湖水质有所好转,主要水污染物排放总量在2000年现状基础上削减10%~25%[1];而国家发改委负责2008年制定、2013年修订的《太湖流域水环境综合治理总体方案》,先是提出了确保太湖流域饮用水安全、2012年前遏制太湖湖泊富营养化趋势、2020年达到轻度至中度富营养和湖体水质基本达到IV类的目标,后来又规定,到2020年,太湖湖体的高锰酸盐指数和氨氮稳定保持在II类,总磷达到III类(浓度较2015年下降16.7%),总氮达到V类(浓度较2015年下降9.1%);太湖流域主要污染物COD、氨氮、总磷、总氮排放的总量分别控制在324395吨、48431吨、5598吨、85702吨,比2015年减少

1　1998年年初经国务院批准实施的《太湖流域水污染防治"九五"计划及2010年规划》提出的目标是,2000年集中式饮用水源地和出入湖的主要河流水质达到地面水Ⅲ类水质标准,实现太湖水质变清;2010年基本解决太湖富营养化问题,湖区生态环境转向良性循环。

6.1%、7.9%、17.9%、15%。[1] 此外，江苏省 2011 年还依据国家方案制定了《江苏省太湖流域水环境综合治理实施方案》并提出，到 2012 年，太湖湖体的水质由 2005 年的劣 V 类提高到 V 类，其中高锰酸盐指数达到Ⅲ类，氨氮达到 Ⅱ 类，总磷达到 IV 类，总氮基本达到 V 类，东部沿岸区水域水质由 V 类提高到 IV 类；富营养化趋势得到遏制。总的说来，这些国家和省级规划的目标越来越趋于理性务实，尤其是指向某些特定指标值的渐进性改善，但也许正因为如此，它们显得有些未来愿景勾画不够，难以提供对于治理主体、被治理对象和投资方的一种持久性正向预期。

　　另一方面，未能明确容纳企业等必需性主体并规定相应的激励性政策。《太湖流域水污染防治"九五"计划及 2010 年规划》和《太湖水污染防治"十五"计划》都明确规定，江浙两省和上海市人民政府对本地区太湖流域水环境质量负责——从饮用水安全、水污染治理、水资源保护到相关经济产业结构调整，国家相关部委承担指导、监督和支持职责；对于防治资金来源，前者明确规定，大约 500 个项目的所需资金按照"谁污染、谁治理"的原则多渠道、多方面筹集，而后者在坚持以地方投入为主和企业自筹为主的基础上，强调要引入污水处理和垃圾处置收费，并保证污水处理企业微利运行。2013 年修订后的《太湖流域水环境综合治理总体方案》，更明确地肯定了水环境（污染）治理中体制机制创新的重要性，比如充分利用价格杠杆（体现各类用水的水资源稀缺程度与污水处置成本的定价机制）和市场手段（排污权交易、污水处理费质押贷款）的作用，建立"政府引导、地方为主、市场运作、社会参与"的多元化筹资机制。但这其中，与行政部门的绝对性主导作用（包括资金投入）相比，企业主体和社会主体的地位仍是不够突出或清晰的。这就会使得，政府机构的治理目标或决策在转换成为企业经营战略与策略的过程中存在着过多的中介环节或不确定性——比如不同政府部门所释放的差别性政策信号所导致的辨识困难，而在缺乏一个成熟的社会主体及其绿色大众文化的背景下，无论是政府机构还是企业自身都会失去或大大弱化对于更为激进的生态现代化转型的动力。结果是，政府主导的（水）环境（污染）治理会逐渐遭遇到一种"边际弱化"效应的境遇（尤其是考虑到继续大幅度增加投入的效益时）[2]。

1　国家发改委，环境保护部，住房城乡建设部，等. 太湖流域水环境综合治理总体方案［R/OL］.（2013-12-30）［2014-01-05］. http://www.sdpc.gov.cn/fzggggz/dqjj/zhdt/201401/t20140114_575733.html.

2　2007～2015 年间，江苏省投入了超过千亿元的资金，累计完成了大小 1 万多个太湖治理项目；而 2013 年修订后《太湖流域水环境综合治理总体方案》的预算投资是 1164 亿元，涵盖了 11 类的 542 个重点项目，其中江苏省获得了 643.99 亿元，占 55.32%。参见：章轲. 太湖蓝藻八年治理：上千亿投入［N］. 第一财经日报，2015-12-31.

结　论

太湖水环境（污染）治理的实例清晰表明，一方面，像江苏这样工业（城市）经济较为发达省域的环境污染整治与城乡生态修复本身，已是一项高度综合性的复杂政策领域。过去一段时间内曾经颇为有效的政策工具，比如集中于生产末端的元素性治理（烟尘、污水、固废或噪声）、针对点源或局地的行政监管（规定企业单位技术工艺标准和排污许可收费）、污染物排放总量控制（规定行业或地区排放限额）等，越来越暴露出其自身的局限性。这方面的一个突出问题或挑战是，环境难题本身责任的确定、难题应对关涉部门之间的界限都变得彼此交叉或模糊不清。具体到太湖水环境（污染）治理，无论是湖体核心区域还是整个流域都是一个跨越诸多行政边界的多维度整体性问题，而造成其水质改善缓慢的主要原因也包括污染物累积总量过大、农业（化肥农药）面源污染、产业结构性污染、污水处理设施运用和管理水平低等颇为不同的情形。[1]对此，惯常性的回应方式是政府通过聚合更多的行政权力来调动和投入更多的经济社会资源，以求实现环境整治与生态修复的直接目标，并使这种治理模式具有典范性意义，而这也是《太湖流域水环境综合治理总体方案》对江浙两省和上海市提出的总体要求。但必须看到，由于缺乏一个健全成熟的市场机制和大众性绿色社会文化的支撑，这种行政权力"一家独大"的治理体系或模式正在面临着规划科学性与执行落实、项目监管与运营效率等方面的严峻考验——尤其是考虑到行政主体将会需要日益精深专业的科技知识和驾驭越来越庞大规模的经济资源投入。[2,3]

另一方面，已然十分清楚的是，太湖水环境（污染）治理的根本之道，除了湖体沿岸的污染物清除或生态修复，关键是逐渐走向一种生态化的区域（流域）经济结构或发展模式。2010年，太湖流域江浙两省和上海市部分的三产结构分别为：2.2%∶56.2%∶42.6%、4.6%∶51.3%∶44.1%、3.3%∶45.3%∶51.4%，这其中，第三产业比重最高的上海也只是略高于50%；在沿湖主要城市中，第一产业比重最高的是湖州（8.0%）和嘉兴（5.5%），最低的是上海（0.6%）和苏州（1.7%），第二产业比重最高的是嘉兴（58.2%）和苏州（56.9%），最低

1　潘孝斌，潘纯纯.跨界水污染治理研究：以太湖水污染治理为例[J].改革与开放，2008(12)：43-45.

2　佚名.惊人：全国"毒地"超百万块 修复市场容量超20万亿[EB/OL].（2016-06-08）[2016-06-13].https：//www.yicai.com/news/5024971.html.

3　郭寅枫.太湖水治理如何跨越"七年之痒"[N].无锡日报，2014-06-16.

的是上海（41.6%）和杭州（47.8%），第三产业比重最高的是上海（57.5%）和杭州（48.7%），最低的是嘉兴（36.3%）、湖州（37.1%）和镇江（39.5%）。[1] 也就是说，整个太湖流域依然是一种高度工业化的经济（城市），而地处太湖上游水系的浙江嘉湖地区和太湖东岸的苏州第二产业比重最高。由此可以想见，在这一区域的三产比重发生实质性调整之前，很难指望太湖湖体尤其是近岸的水质实现可持续性改善。

正是在后者的意义上[2]，笔者认为，明确着眼于区域性经济结构或发展模式渐次革新的生态现代化理念与战略，可以成为江苏目前致力于的生态文明先行示范省创建的一个重要路径。概括地说，政府通过主动构建更为明确的区域经济生态化远景规划和使污染整治与生态修复目标转化为虚拟的"环保元素市场"，让少数创新型企业在革新性科技与环境友好社会的支撑下率先成为某些先导性议题政策领域的"主角"，并在此基础上重构地方性的环境（污染）治理体系与经济政策体系。其长远效果是，在目前面临的主要环境污染和生态退化难题得到初步克服的同时，区域经济结构和生产生活方式真正建立在一种资源节约、环境友好的原则与理念之上。生态现代化并不是一种非常激进的理念与战略，因为它并不意味着对现代化本身的抛弃。但如果将其置于生态文明建设的话语与语境之下，那么，它就有可能扮演一种现实路径的角色——引向更加激进或全面的政治、社会与文化层面上的文明性革新。

从理论上说，作为经济最强省之一的江苏最有条件率先引入这样一种生态现代化路径，但至少从目前的有限观察来看，这似乎并不是一个可以自然而然发生的过程（更不用说必然意义上）。[3] 在笔者看来，这既取决于对国家生态文明建设宏观战略的更充分理解与坚决贯彻——生态文明建设的实质就是经济结构（循环低碳）、发展模式（可持续）和进步理念（绿色）的阶段性与综合性变迁，也离不开一种更加活跃和充满想象力的地方性"生态文明政治"——对于一个区域的绿色未来的重新政治想象与选择。

1　国家发改委，环境保护部，住房城乡建设部，等. 太湖流域水环境综合治理总体方案［R/OL］.（2013-12-30）［2014-01-05］. http://www.sdpc.gov.cn/fzggzy/dqjj/zhdt/201401/t20140114_575733.html.

2　舒川根. 太湖流域生态文明建设研究：基于太湖水污染治理的视角［J］. 生态经济，2010(6)：175-179.

3　从2016年7月1~4日对苏州常熟市实施调研的情况来看，笔者认为，我们依然可以得出颇为不同的结论性看法。一方面,包括常熟在内的整个苏南地区或太湖流域的经济结构转型或"绿化"很可能要持续一个时间更长、形式更复杂的过程——比如常熟市的服装加工业近年来的发展似乎日益呈现为一种个体化而不是公司化(集约化)经营的样态，占据了29813家私营企业和87539家个体工商户的较大比例，而像隆力奇、波司登这样的地方(民营)企业也已经成长为具有全国乃至国际性影响的跨国公司(集团)。这意味着,任何旨在促进社会公正和生态可持续性的政治努力——尤其是在经济(产权)结构层面上——都必须考虑到市场或资本的力量及其要求。另一方面,包括市镇层级的地方政府依然拥有在掌控与调动公共资源上的强大能力和行动空间——比如常熟市在规划与拓展大面积的湿地公园群时并没有受到房地产业利益或居民拆迁等问题的太大困扰，而目前较高比例的自然湿地保护面积无论对于城市发展的绿色转型还是市民生活品质的提升都是大有裨益的。而这意味着,一种生态的社会主义的政府与政治仍是必要的和可行的,特别是在有效克服生态现代化战略的结构性变革缺陷方面。

第十二章
新型工业化、城镇化与生态文明建设：以三明市为例

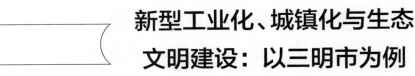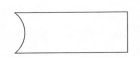

党的十八大报告明确阐述了要把生态文明建设融入社会主义现代化建设的各个方面和全过程,也就是做到"五位一体",而贯彻落实这一根本性战略要求的基本维度和路径,就是努力将生态文明建设与我国正在轰轰烈烈地展开的新一轮工业化与城镇化有机结合。其中的难度可想而知,而我国自然地理、历史文化与经济社会发展的多样性也注定了,不同的省份或区域需要采取符合自身特点的实践与理论探索。带着这样的问题与预设,包括笔者在内的北京大学马克思主义学院暑期考察团一行 12 人,于 2013 年 7 月 16~21 日对福建省三明市部分县市做了为期一周的学术调研。本章即是我们在实地考察基础上的观感与思考,希望有助于从一种更宽广而现实的视角审视我国生态文明建设的现状及其未来。

一、新型工业化

无论对新型工业化如何定义,它的基本意涵是十分清楚的。[1, 2] 其目标就是,要做到经济效益好、科技含量高、资源消耗少、生态环境影响小。这意味着,我国的新一轮或新型工业化,要在产业产品结构、驱动力、经济组织运营方式等方面,实现一种质的飞跃和提升。换句话说,所谓新型工业化,就是努力追求符合"三个发展"(绿色发展、循环发展和低碳发展)要求的绿色工业化。

地处福建中西部的三明市是一个传统的工业城市。它于 1970 年正式设市,而且正是在所谓"小三线"的时代背景下、凭借国家的工业布局战略而发展起来的。结果是,它虽然地理位置相对偏僻、但却至今拥有着福建省最大的钢铁、化肥、水泥和煤炭产业。也正因为如此,三明市既对新型工业化的目标与

1　牛文元. 中国新型工业化之路研究报告[M]. 北京:科学出版社, 2014: 35–40.

2　简新华, 余江. 中国工业化与新型工业化道路[M]. 济南:山东人民出版社, 2009.

要求有着强烈认知，也付出了不懈的努力。

在新型工业化道路的探索上，围绕着"十二五"经济社会发展规划，三明市主要做了以下两个方面的工作[1~3]：

一是调整优化产业结构，创建绿色现代产业体系。这又包括调整优化产业结构和重组产业空间布局两个方面。[4]

在产业结构方面，三明市提出将着力发展生物医药产业、旅游产业、新型制造业和现代物流业。生物医药产业发展，将以原料产地为基础，引进大型医药企业，建设生物医药园区，形成"原料基地培育—有效成分提取—生物制品加工"的生物医药及产业链。旅游产业的发展，将建设海峡旅游（三明泰宁）产业园，开发丹霞观光、山地度假、古城体验等龙头产品，培育乡村养生、文化创意等新型业态产品，并使将乐、建宁、宁化三县对接泰宁旅游，打造溶洞观光精品，开发闽江源山地休闲运动基地，努力构建集山、水、洞于一体的生态旅游度假区。新型制造业的发展，将着力于提高产业集中度、延伸产业链和综合配套能力，建设载重汽车、金属新材料、林产品深加工、矿产品加工、纺织等五大产业基地。通过载重汽车基地建设，带动部件产业链，同时，通过装备制造业产业园区建设，营建机械产业高端产业链。另外，通过有色金属的冶炼及深加工基地建设，调整产品结构，推进金属新材料产业结构的升级。

在产业空间布局方面，生物医药产业的布局，将以三元、明溪、泰宁、沙县为主，依托药材资源与大型医药企业，建设三元荆东、明溪十里埠生物医药园区两个中心区，以及各县的生物医药功能小区。旅游业的布局，将致力于构建"一龙头、一中心、三个区"的旅游发展格局，其中，"一龙头"即以泰宁县为三明市旅游发展的龙头；"一中心"即以市区为主体的旅游集散服务中心；"三个区"即西部以将乐、泰宁、建宁、宁化、清流、明溪等县为主体的山水客家观光度假旅游区，中部以永安市、三元区、梅列区、沙县为主体的沙溪滨河城市休闲旅游区，东部以尤溪县、大田县为主体的书香茶园文化体验旅游区。现代物流业的布局，将以海西三明现代物流产业开发区的规划建设为主，配之以三明城市物流园区、三明陆地港综合区、保税物流中心、金属材料交易信息平台等"两园十一中心三平台"物流项目建设，实现"物流节点—物流园区—物流配送中心"的三级物流运作设施网络。

二是紧抓节能减排降耗，追求绿色循环低碳发展。而这又包括工业节能减排和资源综合利用两个方面。

在工业节能减排方面，三明市十分重视引导企业通过技术革新来实现工业

1　吴舟，施云娟. 三明市着力推进产业转型升级经济发展彰显活力［N］. 三明日报，2014-09-24.

2　李远明. 三明市推动工业转型升级成效凸显［N］. 三明日报，2013-12-30.

3　三明市发改委. 三明市生态文明建设概况［R］. 2013.

4　李顺亮. 三明发展迎来了"生态进行时"［J］. 三明日报，2013-06-21.

生产上的节能减排。这方面最具代表性的是福建三钢集团。通过技术进步和管理创新，它已建立起较完善的清洁生产创新技术平台，配备了较完善的信息交换系统，并通过与相关企业进行中间产品和废弃物的相互交换而互相衔接，对炼钢转炉钢渣、炼钢转炉除尘污泥、炼铁高炉水渣、轧钢系统氧化铁皮、焦油渣、高炉瓦斯灰、瓦斯泥等废弃物，采用不同的技术工艺进行回收利用，初步形成了一个比较完整和闭合的企业副产品交换网络，基本实现了物料闭路循环。此外，梅列三洋高效造纸设备生产项目，通过加强传统技术改造实现了降低能耗。造纸工业是能耗强度较高的传统工业，中国制浆造纸工业的生产总值不到工业生产总值的 2%，但水耗、化学需氧量及废水产生量却分别占到全国工业总量的 9%、32% 和 20%。而梅列三洋高效造纸设备生产项目生产的压榨式洗浆机，达到了较为理想的节能效果。传统洗浆机生产 1 吨纸浆耗水约 53 吨，而使用压榨式洗浆机耗水仅需 13 吨，水耗量大大降低。

在资源综合利用方面，三明市着力通过循环经济示范工业园区建设来促进资源的综合利用。我们受邀参观的小蕉循环经济工业园，就是这方面的一个典型案例。小蕉循环经济工业园主要依托三钢集团及其下属企业、厦工（集团）三重机等三明市大中型企业，重点引进配套项目、产业链项目和"三废"利用项目。小蕉循环经济工业园中的多家企业，专门利用三钢所产生的固体废弃物进行再加工生产。比如，福建钢源炼钢工业固废综合利用项目，就是利用三钢所产生的废弃钢渣为主要原材料来生产钢渣微粉。通过对钢铁厂所产生的固体废弃物的磨碎、降温、加入其他原材料等工序处理，原来的废弃物变成了生产水泥的重要原材料，而且，使用该种钢渣微粉所生产的水泥可以大大提高水泥的活性。此外，福建闽新集团也是以周边炼铁、炼钢企业所排放的矿渣、钢渣、脱硫渣和粉煤灰等各种工业废渣为原料，生产蒸压砖。该产品不仅重量轻，而且隔音、保温，是目前建筑业最好的填空材料，也是国家鼓励发展的循环经济产品。所有这些项目的实施，最大限度地降低了资源和能源消耗，提高了能源有效利用率和废弃物闭路循环程度，在一定程度上实现了三明钢铁工业的生态化转型。

应该说，上述新型工业化的思路与规划是正确而积极的，在许多具体领域也取得了明显的成效，但问题或挑战依然存在。[1]

一是太多新建工业园区的布局分散与小规模。据不完全统计，三明市目前已经规划建设或完工的工业园区有：海西三明现代物流产业开发区、福建省三明高新技术产业开发区金沙园、福建省三明高新技术产业开发区尼葛园、福建三元经济开发区（包括台江工业园、汇华工业园、荆东工业园、竹洲工业园、

1　三明市调研组. 关于我市工业园区开发建设情况的调研报告[R]. 2014.

荆西工业园、吉口工业园、渡头坪工业园）、梅列经济开发区、将乐经济开发区、福建宁化华侨经济开发区、福建泰宁工业园区、福建尤溪经济开发区，以及三明市埔岭汽车工业园、大田京口工业集中区、清流台湾农民创业园金星加工区、明溪县十里埠生态经济区，等等。造成这种遍地开花式工业布局的主要原因，恐怕是该市山区地形为主的自然地理特点。且不说其很难避免的生态环境不利影响，这种布局的经济竞争劣势是显而易见的。

二是先进技术和资金、人才引进上的困难。至少与福建的厦门、福州、泉州等沿海城市相比，作为相对不发达的内陆城市的三明，并不拥有上述三个方面上的任何优势。笔者与当地发改委、市县领导的交流中得知，尽管有着相当丰厚的人才/技术引进政策（也确实有全国各地的不少青年精英慕名而来），但"小三线"时期和改革开放初期这里曾一度具有的人才/技术优势，如今已不复存在。尤其令人遗憾的是，长期驻地在此的福建农林大学前几年也已"孔雀东南飞"。

二、农村城镇化

像新型工业化一样，农村城镇化也是一个牵一发而动全身的复杂领域和长期性过程。从较长的时间跨度看，城镇化是我国经济社会发展的一个必然性趋势，这也为改革开放30多年来的发展实际所验证。但同样日益清楚的是，城镇化绝非只是农业劳动力的城市转移问题、农村村落的城区化问题、农民群众的城市化生活方式趋同问题。相反，我们还需充分考虑城镇化的另外一个维度，即如何更好地保持与弘扬传统农村的文化传承与生态涵育功能。[1] 换句话说，生态环境保护理应成为近年来明显加速的农村城镇化的重要维度。

在不断推进的工业化与城市化的全国大背景下，三明市的农村城镇化也已实现了较快的发展。依据2010年第六次全国人口普查统计数据，全市常住人口中，城镇人口为1289645人，占51.12%；乡村人口为1223743人，占48.88%。与2000年第五次全国人口普查相比，城镇人口比重上升了12.52个百分点，略高于49.68%的全国平均水平，但低于57.09%福建平均水平。[2]

在三明市所辖的二区一市九县中，三元区、梅列区、永安市和沙县的城镇化水平相对较高。基于较为发达的经济实力和便利的交通体系，各乡镇十分重视基础设施建设的配套，大力推进住房、市政道路、自来水、环卫设施等城

1 新玉言. 新型城镇化：格局与资源配置[M]. 北京：国家行政学院出版社，2013.
2 田生海. 城镇化发展若干思考：以三明市为例[J]. 新西部旬刊，2014(12)：42.

（镇）建项目的实施，并取得了积极成效。与此同时，还大力开展了"农村家园清洁行动""造福工程""绿色村庄建设"，积极推进以农村房屋立面改造、环境连片整治为重点的农村环境综合整治，有效地改善了农村生活环境。比如，我们专门参观的三元区岩前镇，是三明市农村城镇化建设的示范镇。该镇实施了"一园三带"工程，来推进农村城镇建设。"一园"是指万寿岩遗址公园，该镇主动跟进万寿岩国家考古遗址公园的规划编制，配合制定遗址公园核心区和延伸区的建设方案，实施"青山挂白"整治，完成遗址周边绿色植被恢复，实现金牛水泥矿山道路改线工程和三钢地磅厂房迁移工程。"三带"是指生态绿化带、滨水景观带和园区经济带，该镇全面铺展"拆违增绿、整治提升"的美丽乡村生态绿带建设，启动乌龙村庄沿线 306 省道立面、绿化规划设计；投资1800 万元的环渔塘溪 2.5 公里一期生态复式防洪堤滨水景观带；充分发挥台商投资区产业园聚集效应，在金明稀土、吉兴竹业等高附加值产业项目带动下，引进下游企业 11 家、总投资 4.5 亿元，全力推动大三明西部组团优质产业园区经济带建设。此外，沙县也充分发挥自身优势，统筹建设梯次推进城镇化进程。一是着力优化城区。该县加快金沙园南区居住区、小吃文化城周边区域开发等项目建设，完善"二环七横四纵"的城市路网格局，构建海西综合交通枢纽，加快城区污水处理厂等公用设施建设。二是做强集镇。该县制定了全县乡镇建设总体规划，将改造提升一批乡镇中心校和初中薄弱校，并完善卫生、文化、交通客运等基础设施建设。

当然，地处闽中西部山区的三明市，在城镇化推进方面还存在着诸多难以克服的障碍。[1] 一方面，三明市山区面积广大，素有"八山一水一分田"之称。受此客观条件的制约，三明市农村城镇的规模普遍偏小。这也是山区地区城镇化建设的一个普遍特点。而城镇规模偏小，基础设施达不到一定的规模，就难以形成较为完善的城镇供水、供电、排污处理等基础设施和商业、科技、教育等社会化服务体系，行政成本相对较高，土地资源浪费较严重，同时也使城镇在人才资金引进、技术工艺更新、产品产业升级等方面受到很大限制，影响着城镇综合功能的提高。

另一方面，三明市农村城镇对乡镇企业的聚集功能不够突出，乡镇企业布局分散严重。这也是中国农村城镇化建设的一大通病。由于缺乏较大规模的城区和乡镇，三明市的大部分企业都分布在农村。农村城镇由于工业化水平较低，吸纳农村劳动力的能力也就有限，仅仅是把人口集中在一起，却没有足够数量的乡镇企业和较大规模的工业企业，很难做到整合各种资源，为大力发展经济提供良好的环境。较小规模的农村城镇和较低层次的工业化，似乎存在着

1　政协三明市委员会. 推进三明市城镇化进程的对策建议[R]. 政协天地, 2013(10)：35.

一种难以摆脱的"因果"链条。

三、以生态化统领工业化和城镇化

党的十八大报告提出的"五位一体"社会主义现代化格局，要求全党和各级政府更加自觉地将人与自然和谐统一的理念融入到经济社会发展之中，也就是融入到正在迅速推进的新型工业化与城镇化之中。而这对福建三明市来说，既是重要的发展新机遇，也提出了许多的严峻挑战。[1,2]

1. 科学发展经济，注重生态效益

三明既是一个新城市，但同时也是一座工业老城。虽然 1970 年才建市，但却有着福建最大的钢铁、化肥、水泥、煤炭产业。无论从新型工业化还是生态文明建设的总要求来说，这种较为单一、高耗能的产业结构，都已谈不上什么发展优势，必须做出实质性调整。为此，三明市政府决定借力国家海峡西岸经济区战略，建设海西三明生态工贸区，在充分发挥生态优势的同时实现经济结构与整体发展的转型升级。

一是优化国土空间开发格局，保障生态空间。按照福建省主体功能区规划的要求，三明市所辖区县中农业适度开发区域（主要是农地和经济林、商业林用地），约占全区总面积的 66.7%，重点生态功能区域，即生态公益林用地和森林公园，约占总面积的 16.42%；还有占全区总面积 8.69% 的禁止开发区域，主要是城市饮用水源地一级和二级保护区、省级以上自然保护区和风景名胜区，而其他的仅占总面积的 8.2%，是用于城市建设与工业发展的重点开发区域。按照这一主体功能区划，三明市严格控制工业用地和城市用地的扩张，努力保障城市、乃至福建全省的生态空间。在工业化和城镇化的核心区域，努力优化城市建设水平，依靠提升产业结构和层次来增强产品与产业的竞争力。

二是重点发展生态友好型产业，积极落实节能减排。基于新型工业化与生态文明建设的双重目标考量，三明市在工业新发展上，对产业的选择慎之又慎，尤其是在循环经济、低碳经济和生态经济的发展上更为用力。海西三明生态工贸区以"生态"为特色，将生态环境保护作为企业产业和产品选择的基本考量。生态工贸区内入驻企业以国家重点鼓励发展的低能耗、低污染的产业为主（包括生物医药、信息技术、环保产业及其他产业等）。入驻企业必须严格

1　熊敏桢，阮贞江. 绿色发展带动三明深呼吸［EB/OL］. (2016-08-29)［2016-09-06］. http://www.cenews.com.cn/gd/gdftx/201603/t20160328_803717.html.

2　谢松明，吴细玲. 三明市生态文明建设的思考［J］. 三明学院学报，2103(1)：6-10.

按照国家的环境标准生产和排污，环保配套设施首先重点建设。例如，作为生态工贸区的重要部分，梅列经济开发区在开发建设中，首先将作为"10+5"重点建设项目的小蕉污水处理厂进行建设，并通过了验收。而在节能减排方面，三明市也在加快淘汰落后产能、提高资源有效利用的同时，加大技术改造和升级的力度，着力提高循环经济的发展水平。这方面最具代表性的是国有大型企业三钢集团。近年来，它以大型化、现代化、绿色化的先进工艺装备，取代落后的生产装备，大大降低了排污总量。2006年以来，三钢每吨钢废水排放量由原来5.44吨降到1.82吨，厂区的空气质量优良率由原来46.7%提高至85.4%。

三是开启生态公益林的"林下经济"模式，实现生态与经济的双赢。对于作为公共生态资源的生态公益林的保护与开发，三明市做了大胆而谨慎的实践探索。[1]三明市坚持保护和发展并重，并把保护作为发展的首要前提。一方面，为确保生态功能的恢复和改善，三明市将生态公益林作为重点生态功能区域而实行限制开发。另一方面，充分利用森林的多样性特点，重点发展生态林业、林下经济，以及森林景观的观赏和游憩等生态旅游服务。这样，在确保生态公益林生态功能的前提下，科学引导林农发展林下经济，改善林分结构，以更充分发挥森林的多功能作用。林下经济的发展增加了林农的经济收益，调动了林农保护公益林的积极性，而林下作物的种植还能够帮助恢复和重建山地森林生态系统的水土平衡，提高水源涵养能力。因而，发展林下经济也成为三明市治理水土流失、维护森林生物多样性的一个实践创举，在一定程度上实现了生态与经济的双赢，并受到了国家林业局的表彰。

2. 城市环境全面升级，生态宜居性提高

作为一个拥有76.8%的高森林覆盖率的森林城市，三明有着得天独厚的生态环境优势。在城区与属县的调研过程中，我们最强烈感受到的便是连绵不绝的绿色丘陵和一望无际的蓝天白云。对此，市委邓书记有一个充满自豪感的概括："好山好水好风光，数一数二数三明"[2]。三明人十分珍视宝贵的自然馈赠，同时也在进一步改善和优化城市的生态环境。

一是推进"四绿"工程，实现城市绿化。三明市提出"生态立市"，积极推进生态市建设。以创建国家级环保模范城市为契机，加强对生态功能区的重点保护，推进生态城市、生态村镇（街道）、绿色创建工作，实施"四绿"工程（即绿色城市、绿色村镇、绿色通道和绿色屏障）。三明市不仅将"四绿"工程建设任务纳入各县、乡镇政府主要领导的任期目标考核，并且要求各级政府和单位根据具体实际制定本地区、本单位绿化建设规划，按规划突出重点实

---

1 李维明，程会强，谷树忠. 福建三明探索生态文明背景下的集体林权改革[J]. 新重庆, 2015(10)：39-41.

2 张志滨. 三明市委书记邓本元：三明市重视生态文明建设[EB/OL]. (2013-06-19) [2013-08-06]. http://fj.qq.com/a/20130619/023215.htm.

施。与此同时，与省级"森林城市（县城）"创建工作相结合，将创建生态市、生态县、生态村的目标，作为三明市推进"四绿"工程的动力。2013 年，三明市制定了"四绿"工程的年度阶段性目标：完成造林绿化 48 万亩，3 个县达到国家级生态县标准，9 个县（市、区）达到省级生态县（市、区）标准，力争全市 60% 的乡镇达到国家级生态乡镇标准，80% 的村达到市级以上生态村标准。

二是优化城市环境，提高生态宜居性。经过各方面的努力，三明市的城市环境质量在全省同比中遥遥领先。三明市辖区内闽江流域水系的水质一直保持优良，尤其是沙溪、金溪、尤溪三条水系的水质连年为优；全市全年空气质量达到优、良的天数高达 98.1%，空气中主要污染物的年日均值已经连续 3 年达到国家二级标准；城镇人均公共绿地面积达到 12.5 平方米。即便如此，三明人有着更高的理想与目标追求。市政府构想并积极倡导的是"林在城中、城在林中、林水相依、林路相融"的长远生态宜居愿景，俨然一幅桃花源式的绿色乌托邦图画。而我们有充分理由相信，三明完全有着实现这样一种生态城市前景的自然禀赋和良好基础。

结　　论

与国内许多城市相比，三明市有着林草丰富、山川秀美的天然生态优势和集中于传统产业的工业优势。从生态文明建设的视角来说，一种理想的模式当然是生态环境保持前提下的新型工业化与农村城镇化协调发展，也就是实现一种绿色发展或"生态文明的社会主义现代化"[1]。但是，现实总是要比理论复杂得多。通过短暂的考察，笔者深切地感受到，三明既有着得天独厚的绿色发展潜能，也存在着难以回避的绿色发展挑战。如何真正做到以生态化来统领正在快速推进的工业化与城镇化，对于三明来说显然还只是处在一个历史新阶段的起点。而且，客观说来，三明的绿色未来前景，并非仅仅取决于三明人的自主选择，尽管这种自觉意识与主体选择是最重要的影响变量。

作为革命老区和山（林）区，从传统意义上说，三明还依然是一个福建经济发展中等水平的地区（2015 年全市及其人均地区生产总值分别为 1713.05 亿元和 67978 元，三产比例为 14.7% : 51.1% : 34.2%），而与厦门、福州、泉州等兄弟城市的差距就更大（其中厦门的相应数据分别为 3466 亿元和 9.04 万元，三产比例为：0.7% : 43.5% : 55.8%）。这也是三明市实施新型工业化战略和建设

1　苏诗苗. 三明争建社会主义生态文明［N］. 三明日报，2013-01-09.

海西三明生态工贸区等重大开发项目的基本支持性理由。这方面理由的科学性暂且不论，地处闽中腹地的三明在实施这种工贸带动的经济增长战略时，存在着与沿海地区相比的明显不足或"竞争劣势"。除了经济、技术和人才吸引力方面的缺陷，山区地形造成的交通相对不便和城区狭窄，也是一种高水平、高效益的新型工业化的重要制约因素。这方面的突出表现，就是受地形所限在多个区县规划的大大小小的近 20 个工业园区，其中难免存在着重复建设、效益偏低和资源浪费的情况。而如果过分考虑增加工业园区面积，提高产业集聚效应，就只有开挖山地、林地。我们在考察中也不时看到，园区规划范围内的林山多处被挖开，有些仅仅残留着半壁植被，而台风雨水过后，开发区周边沙溪的水质明显变得浑浊，显然是水土流失所致。

同样重要的是，依工业而建的三明市主城区也面临着传统意义上的居民生活空间拥挤和较严重的环境污染问题。[1] 作为全省的重工业基地，三明有着过分集中于资源开发型产业的第二产业为主经济结构，而且大多位于其主城区附近——比如三钢、三化、三农等重污染企业。困难在于，这些大型企业（省企／央企）既是严重的城市污染源，但也是地方经济为数不多的经济实力或工业支撑，何况还涉及本地成千上万人的就业问题。因而，一种悖论性情形是，如果不实现这些企业的搬迁或实质性改造，就很难解决主城区的发展转型与环境质量改善问题，而前者却已远远超出了三明市委、市政府能够规划或考虑的权限，以及目前的经济社会承受能力。

三明人是幸运的，有着山川秀丽的自然生态环境，三明人当然也拥有追求一种现代、富足和舒适的生活质量的权利。但是，为了自己，也为了福建乃至我们国家，三明又必须切实保护好这片绿水青山。笔者想强调的是，矛盾及其破解之道肯定不在于自然生态本身，而在于我们自己，在于我们对现代化发展目标与正确路径的理解，在于我们对于人与自然、社会与自然关系应然状态的感知。[2]

---

1 2014 年 11 月 4 日，三明市委书记和市长共同进行市区生态环境保护问题调研，并在随后出台了 30 多项工业污染治理重点项目。而在笔者看来，至少像工业污染一样难以根治的，是核心城市的居住空间狭小和交通拥堵问题。

2 郇庆治，高兴武，仲亚东. 绿色发展与生态文明建设[M]. 长沙：湖南人民出版社，2013：261-271.

第十三章

生态产业化、美丽乡村与生态文明建设：以陇南市为例

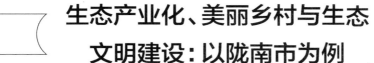

　　甘肃省陇南市是国家水利部于 2013 年 7 月批准实施的第一批"全国水生态文明城市建设试点"（共计 45 个）。差不多两年之后，利用北京大学马克思主义学院组织的暑期调研机会，笔者对陇南市的水生态文明建设做了为期一周的实地考察，既是为了更具体地了解由国家部委主导的不同模式下的生态文明建设试点的现实进展，也是为了更准确地把握省域以下生态文明建设推进中的多样性与复杂性。总的来说，陇南市围绕着优越的山水生态禀赋而展开的生态文明建设实践，已远远超出了"水生态议题"或"陇南地域"的狭隘意涵，其大胆探索以及所面临着的诸多挑战，值得从更高层面上给予总结与关注。

一、区（流）域生态文明建设：陇南的特殊性和典型意义

　　从实践推进的角度来说，生态文明建设所面临的第一个理论性问题，是它的适当地理区间及其划定，而进行这种划分的最理想尺度自然是生态系统本身。因为，生态文明及其建设，归根结底体现为人类社会（区）对生活于其中的自然生态系统及其完整性与复杂性的认知和尊重。当然，生态文明建设作为一种治国理政之策（公共政策），是需要借助于政治或行政的力量来推动的，相应地，行政区划或辖区也是一个十分重要的思考与实践维度。基于此，笔者认为，当从治国理政或公共管理的意义上来理解推进生态文明建设时，"省域"（省、自治区、直辖市）应该是一个更为科学的选择，因为它可以更好地结合自然生态保护、行政管理需要和历史文化传统等方面的区域特性。[1] 但非常有意思的是，甘肃省在上述尺度下显然并不是一个很适当的行政区划或空间，其根本原因就在于，西北东南走向的狭长"廊型"结构，使之容括了太多的自然生态（人文历史）多样性与复杂性，而陇南市就是一个处在这一构型一端的、异

1　郁庆治，高兴武，仲亚东. 绿色发展与生态文明建设[M]. 长沙：湖南人民出版社，2013：88，268-271.

质性明显的个例。

陇南市（地级市）位于甘肃省东南部，毗邻陕川两省，扼陕甘川三省要冲，素有"秦陇锁钥、巴蜀咽喉"之称。全市辖成县、徽县、两当、西和、礼县、康县、文县、宕昌八个县和武都区，总面积2.79万平方公里，有195个乡镇和283万人口（截至2013年）。它是甘肃境内唯一的长江流域地区，属于亚热带向暖温带的过渡性地带，被誉为"陇上江南"，海拔在550~4187米之间，高山、河谷、丘陵、盆地交错，气候垂直分布，地域间差异明显。境内生物多样性资源丰富，自然生长的树种1300多种，野生动物300多种，有各种中药材1200多种，珍稀山野菜100多种；水利资源与水生态景观丰富，有白龙江、白水江、嘉陵江和西汉水四大水系，大小河流3760条，年径流量279亿立方米，电力可开发量223万千瓦；此外，矿产资源富集，有铅、锌、铜、锑、锰、金、硅、镁等金属和非金属矿藏34种，其中西成铅锌矿带为全国第二大铅锌矿；旅游资源独特，礼县先秦文化遗址、成县西峡颂汉代摩崖石刻、宕昌县哈达铺红军长征纪念馆等人文历史景观和武都万象洞、成县鸡峰山、宕昌官鹅沟、文县天池、康县阳坝等自然生态景观各具特色，开发前景广阔。2014年，陇南市实现地方生产总值262.5亿元，大口径财政收入49.3亿元、公共财政预算收入23.9亿元，城镇居民人均可支配收入17001元、农民人均纯收入4023.7元。

从生态文明及其建设的视角来说，一方面，陇南市有着自己明显的"特殊性"。这种特殊性突出表现在，它明显不同于甘肃中部和西部地区的自然生态禀赋，以及由此决定的颇为优越的地域性生态环境质量。比如，2015年，该市的森林覆盖率为41.5%，而总面积1374平方公里的两当县，森林覆盖率为73%，植被覆盖率为84%，均居全省第一。更值得提及的是，笔者考察所途经的康县、成县、徽县、两当、宕昌、礼县和西和等县城，都可以说是"满眼绿色、清水环绕"，城区之内则是建筑与社区密度适中，道路交通清洁有序，行人看起来都悠然而淡定，彰显着这些小规模县城（两当县城只有不足3万居民）的生态宜居程度——比如，通常条件下康县梅园沟风景区和两当县云屏三峡风景区一带的负氧离子浓度都高于2万个/立方厘米。因此，这里既看不到陇西那样的一望无际的荒漠沙野，也没有省会兰州市那样严重的工业污染与都市拥挤，而是呈现为人与自然、社会与自然之间的较高程度和谐，或者说"生态文明"——那些散落在林草之间的民居，并不显得特别另类或刺眼，而更多体现为一种文明的"点缀"或"补充"（笔者并无意将本地居民的现实生活浪漫化）。

另一方面，陇南市又具有一种显而易见的"典型意义"。长江上游的地理与生态区位和相对不便的交通条件，使得陇南市十分丰富的自然生态资源的开发利用受到了一种根本性的限制。尤其是，如果说过去是因为经济技术条件和交通条件的制约，无法开采加工其丰富的工业矿产和林业资源，那么，如今则是国家和更大区域内的自然生态保持需要，基本禁止开采其丰富的工业矿产和林业资源。结果则是，陇南市的现代工业经济总量依然相对较低（尤其与我国中东部地区比较），而且仍然有着较大面积的贫困人口——按照国家扶贫开发领导小组 2012 年调整后的最新目录，成县、徽县之外的包括武都区在内的 7 个区县都属于"国家级贫困县"，其中，2014 年宕昌县的贫困人口为 9.34 万人（贫困面为 32.9%）。据此，我们当然可以把这一事实解读为，脱贫与扶贫依然是陇南市现实发展以及国家该区域政策中的"头等大事"（也就是当地政府宣传的"精准扶贫是最大的政治""全面落实'六个精准'要求以精准扶贫实现精准脱贫"），但也许更为积极的是，我们可以在生态文明建设的话语与语境下，通过一种更加综合性与系统性的战略和路径，来推动实现陇南市的未来可持续发展。相应地，陇南市目前的实践探索就彰显出一种更为广泛的"典型意义"。

更具体地说，陇南市可以借助于国家大力推进生态文明建设的历史机遇和较为优越的自然生态禀赋，通过"生态产业化""美丽乡村建设""发展电子商务"等政策举措，努力实现一种生态可持续前提下的全面与平衡发展，或者说"生态文明"。需要强调的是，"生态产业化"指的是对本地丰富的自然生态资源的合生态利用，尤其是发展生态农林业和生态旅游，而尽量回避具有严重生态破坏与环境污染风险的矿产资源开采加工（尽管该工业领域的经济利润回报率极高），并在此基础上逐渐形成一种有着区域特色的"生态文明经济"。"美丽乡村建设"可以说是我国新型城镇化战略在甘肃陇南市这类地区的"地方版本"，是指这种地处山区河谷、平原面积极其有限的区域，需要将乡村规划与建设置于一种更基础性的地位（虽然至少就市府武都区的发展经验来看，县城的预先与合理规划也是非常重要的），目标则是着眼于创建一种具有地方特色的"生态文明社会"。

因此，我们在欣慰或赞叹陇南市独特的"陇上江南"自然生态景色的同时，更有理由期待她成为一种不同于我国大多数中东部地区现行实践的生态文明建设的"典型"或"样板"。其典型意义就在于，借助于更大区域内或国家的生态文明建设推进战略和政策，来从事和实现较为优越的生态环境禀赋基础上的生态文明建设实践尝试，尤其是制度与机制创新（比如主体功能区划战略和生态环境补偿机制）。

二、生态产业化与美丽乡村建设：陇南市的探索

部分是由于时间较短的原因，陇南市的"水生态文明城市建设试点"仍处在一个十分初始的阶段。[1,2] 2013 年 7 月，水利部正式发文批准后，陇南市成立了以市长为组长的水生态文明城市建设试点工作领导小组，然后委托中国水利水电科学研究院编制试点实施方案。2014 年 4 月，水利部就试点方案出具了审查意见。2014 年 6 月 8 日，甘肃省政府正式批复了修改后的试点实施方案。该方案对陇南市的现实状况做了六个方面的概括：一是长江流域重要水源涵养区，天然原始生态状况良好；二是水资源总量丰沛，但开发利用难度很大；三是水旱与地质灾害频发区，防洪减灾挑战大；四是经济后发地区，水安全保障和水科学利用基础薄弱；五是产业发展处于起步阶段，水资源正向支撑和反向约束要求高；六是文化历史悠久底蕴深厚，水文化挖掘潜力大。依此，该方案提出的总体目标是：构建完备可靠的水灾害防御体系，保障人民生命财产安全；构建积极有效的城乡基础供用水体系，保障供水安全和水资源可持续利用；构建尊重自然的健康水生态系统维护体系，提升生态屏障功能；构建多功能集成的城乡水景观体系，营造宜居生活环境；构建节水防污生产体系，确立集约型发展模式；构建适应于发展需求的水管理体系，落实水务管理目标；构建具有陇南特色的"山水文化"体系，提升水生态文明理念。在此基础上，该方案还提出了更为具体的"试点期目标"、"总体布局"和"十个示范项目"。2014 年 11 月 10 日，市政府全面启动了水生态文明城市试点工作，要求各县区和市政府有关部门明确任务，组建工作机构，细化年度实施计划，在试点期内全面完成重点示范项目的建设。

如今，试点工作已全面展开。截至 2014 年年底，陇南市自然灾害监测预警指挥系统完善升级等重点示范项目，已完成总投资 23407 万元（中央资金 13007 万元）。比如，目前已投资 2963 万元（中央资金 2408 万元）的康县阳坝镇小流域综合整治项目已初见成效，以梅园沟风景区为中心的乡镇生态恢复、经济发展与社区建设呈现为良性互动的局面。在此基础上，陇南市提出了总计 14.189 亿元的 2016～2018 年投资总预算。但一方面，水利部要求全国水生态文明城市建设试点采取或引入一种政府引导、市场推动、多元投入、社会参与的资金筹措机制，鼓励引导社会资本积极参与，而这对于像陇南这样的经济实力相对薄

1　陇南市水务局.陇南市水生态文明城市建设试点工作情况汇报[R].2015-07-09.

2　陇南市人民政府.陇南水生态文明城市建设试点实施方案[R].2013.

弱的城市来说是较为困难的。另一方面，水生态文明建设的涉及部门多和范围广的特点，又凸显了市政府各部门和县区之间统筹协调的难度，构成了对市县两级政府管治能力的重大挑战。至少就笔者的实地调研与观察来看，水生态文明城市建设试点在很大程度上成为了各级水务局（掌管）的一项日常性工作[1]，远未达到贯穿于陇南市政府各个政策议题领域和社会、经济、文化各个方面的高度。

　　相比之下，从生态文明及其建设的视角来看，依据笔者的调研与观察，陇南市另外两个也许更值得关注的领域是"生态产业发展"和"美丽乡村建设"。前者的代表性例子，是作为生态旅游开发成功案例的两当县云屏三峡风景区和宕昌县官鹅沟风景区；后者的代表性例子，是作为美丽乡村建设范本的康县阳坝镇的生态乡村建设。[2]

　　应该说，随着境内外高速公路、铁路和民航航线的陆续开通，发展生态旅游已经成为陇南市政府和一区八县的高度共识。尤其对于两当和宕昌来说，二者都是甘肃省为数不多的集绿、红和古三色于一体的旅游资源丰富县。两当既保存着西汉县城及明清古建筑一条街遗址，同时也是现代革命战争时期著名的"两当兵变"的发生地，因而其宣传口号就是"美丽两当、红色福地"；宕昌既有古老神秘的宕昌国遗址和神奇险峻的三国古道，也有著名的哈达铺红军长征会议旧址，而"宕"的正确读音是"tan"而不是"dang"本身，就反映了这块土地悠久独特的羌藏文化。当然，自然生态景观方面最具特色的，两当县应是如诗如画的云屏三峡风景区（其意是堪比长江三峡），而宕昌县则首推风景如画的官鹅沟风景区（当地人自称是小九寨沟）。尤其应提及的是，这些景区目前总体上仍处在一个低度开发的阶段，两地的高山草甸仍然是人迹难至的，至于背后那些海拔更高的山峰，对于一般游客来说更只能是可望而不可即。这也许增添了一些旅行探险意义上的遗憾和影响了两个景区的部分经营收入，但无论从生态意识培育和生态环境管理的角度来说，都不全是一件坏事——比如，笔者就在宕昌与岷县交界的八力草甸上看到了本不应出现的野营者留下的许多垃圾。

　　必须强调的是，生态旅游业的"合生态性"，（只）在于它对自然生态景观这种可更新资源（不同于矿产资源和化石能源）的生态可持续利用，而无序或过度的工业化开发，同样会导致对自然环境（系统）的破坏和对人类生活环境的污染。道理很简单，论证起来也不复杂，但我国其他地方发展生态（农村）

1　笔者曾就相关信息咨询市政府和县区的一些主要官员，但他(她)们大都表示对此缺乏具体了解，并建议联系水务局的同事。

2　陇南市阳坝镇在由第一财经联合全国多家媒体主办的"寻梦·2015中国最美村镇"评选活动网络投票第一轮中名列第一。参见：佚名."寻梦·2015中国最美村镇"评选第二轮投票开始[N].陇南日报,2015-09-22.

旅游的经验教训，对于陇南仍有借鉴价值（比如重点景区的交通问题和农家乐餐饮住宿的环境污染问题）。

康县位于川陕甘三省交界地带，面积为 2958 平方公里，有 21 个乡镇 350 个行政村，总人口 20 万（2010 年），人口分布相对稀疏。这里气候湿润、风光旖旎，森林覆盖率高达 70%，是"天然氧吧"和"气净、水净、土净"的"三净之地"。在历史上，这里是茶马古道的重要支线，一度延续了千年的辉煌与繁华，历史遗存丰厚，古村落、古民居、古树名木像一颗颗明珠一样，散落在秀丽的山水之间。2010 年 4 月，在灾后大规模重建之际，县委、县政府提出"把高起点、高标准建设理念融入到规划中，用科学的规划提升建设的质量水平"[1, 2]，由此拉开了康县美丽乡村建设的大幕。

美丽乡村建设的关键是先进合理的规划理念。对此，县委书记李廷俊概括为："康县的美丽乡村建设，是把全县作为一个生态旅游大景区来建设，把一个村作为一个旅游景点来设计，把一户作为一个小品来改造，顺其自然，不搞'一刀切'，不撒'胡椒面'，不搞'千村一面'"。依此，围绕着生态旅游型、古村保护型、现代社区型、环境改善型等不同建设类型，根据城镇郊区、公路沿线、旅游景区、高半山区等不同的区位与地域特色，分为精品村、示范村、达标村三个层次，确定不同的建筑风貌、建设内容、建设标准和创建方式，一村一规划、一村一景、一户一品。在危旧房的改造上，最大限度地保持民居的原样和格局，既减少了改造成本，又保留了农家生活特点、乡村文化和历史记忆。据统计，截至 2015 年，350 个行政村中 211 个是在列的美丽乡村，其中 90 个是精品村，67 个是示范村，54 个是达标村。

在本次调研中，笔者一行除考察了它的阳坝镇及其周围的上坝村，还重点参观了位于梅园沟风景区之内的油坊坝村和白杨乡的桂花庄。前者令我们印象最深刻的，是该村美丽乡村建设过程中完善的基层组织建设（包括村党支部建设和村民主监督机制建设），和有着两大间的村历史博物馆；后者令我们印象最深刻的，则是该村拥有的千年金桂以及围绕该树周边开发形成的一个生态恢复旅游景区和一个由大学生村官开设的多功能网店，而该村恰好位于目前着力打造的"康阳路百公里生态旅游风情线"中段的位置，也有助于其吸引越来越多的省内外游客。

需要指出的是，无论是在阳坝镇还是在所属的上坝村、油坊村和白杨乡的桂花庄，笔者所看到的，都是一种综合性的"大社会"（society）规划与建设：既是经济的，也是社会的、政治的和文化的，既是旅游业、服务业的，也是生

1　中共康县委农村工作办公室. 美丽乡村在康县：康县美丽乡村建设典型材料汇编［R］. 2015.

2　中共康县委员会，康县人民政府. 一幅原生态的山水画：康县美丽乡村建设纪实［R］. 2014.

态农业和林业的，以及为之服务的农林特产与中医药材加工业的，既是基于现实条件尤其是自然生态资源的，又是广泛考虑或挖掘历史文化传统的——当然，确实是很少或几乎没有工业制造业尤其是矿产开采、冶金石化等高污染性行业的。就此而言，康县的美丽乡村建设，其实就是一个鲜活的生态文明建设的"陇南版本"。它的核心理念是，借助于其丰富多样的自然生态（资源）的"合生态"或有限产业化，尤其是生态农林业和生态旅游，来实现本地区的生态可持续发展。必须强调，一方面，它并不绝对排斥或拒绝广义上的发展或进步，但任何发展或进步旗帜下的政策举措都是以所处其中的生态环境的总体质量的稳定为前提的，并且服务于最大多数民众的衣食住行等方面合理需要的基本目标。另一方面，它的生态文明建设的性质或意蕴就在于，这种发展或进步取向，承载着对于（资本主义）现代化背景下的物质财富利益及其追求的价值认知与集体行动上的历史性否定与超越。换言之，真正意义上的生态文明建设，只能是我们在社会的（societal）生产方式与生活方式上重建对于自然生态的切实尊重和敬畏。也就是说，康县乡村建设的"美丽"，不是、也不应只在纯生态的意义上。

三、生态文明建设视野下的思考与建议

从生态文明及其建设的视角来说，笔者认为，陇南市的实践提出或彰显了如下三个方面的问题：一是地（流）域性生态文明建设的路径、优势或地方特色，二是生态文明建设的综合性、整体性和系统性，三是生态文明建设的多元主体及其作用。

就前者来说，由北京林业大学创制的"中国省域生态文明建设评价指标体系"（ECCI），就将我国的生态文明建设类型划分为均衡发展型、社会发达型、生态优势型、相对均衡型、环境优势型和低度均衡型等六大类型[1]，分别概括各省（自治区、直辖市）在生态活力、环境质量、社会发展和协调程度等四个二级指标上的具体与综合性表现。具体而言，一个省（地）域的生态文明建设的推进，既可以着力于（凭借）生态活力、环境质量和社会发展等某一个方面的"单兵突进"或"卓越表现"，也可以致力于（凭借）生态活力、环境质量和社会发展等诸方面上的"平衡进展"或"综合表现"。依此来说，陇南市显然属于一种生态优势型和环境优势型的个例，因为在社会发展和协调程度方面，其主要指标表现都是相对较低的。但需要指出的是，就像北京林业大学指标体

1　严耕，等. 中国省域生态文明建设评价报告(ECI 2012)[R]. 北京：社会科学文献出版社，2012：68-80.

系已经发现的那样¹，我国大部分省域的生态文明建设迄今为止都未能清晰展现出经济社会协调发展努力与生态环境渐趋改善之间的正相关性。这意味着，某些省份较高的生态文明建设评价得分（排名），更多是由于其在某一领域中的先天禀赋（包括经济现代化水平），而不是主动协调生态环境保护与经济社会发展之间关系努力的结果。必须承认，这一事实表明了保护生态环境与发展现代化经济社会之间的冲突或矛盾一面。具体到陇南，其生态文明建设的生态环境优势或"绩效"，在相当程度上由于通常意义或模式下的现代化进程的仍未展开，未来实践中也将继续面临着二者之间的战略张力和政策选择冲突。比如，陇南丰富而经济价值极高的稀有矿产的开采加工，将会是一种持续性的"黑色诱惑"，而目前大规模推进过程中的生态（农村）旅游也存在着一定的生态环境风险。

就中者来说，陇南市的实践探索生动地表明了，生态文明建设是一项综合性的事业。具体地说，作为一种主动协调人与自然、社会与自然关系的社会性努力，生态文明建设同时意味着创建一种生态经济、一种生态社会（人居）、一种生态（文明）文化，而且它们之间必须是相互支持或促动的。比如，生态文明的经济应该可以允许对自然生态资源的适度商业化开发，以及接受现代化的营销网络手段与通信技术，但它首先应是一种新型的社会经济关系架构，一般而言，社会大多数成员的制度化参与和监督更能够确保这种社会经济关系的民主和合生态性质。相应地，包括康县在内的对新型农业合作社的探索就有着超出经济手段本身的重要性。再比如，生态文明的社会建设对于陇南这样的地域来说，意味着需要一种适度的城镇化。这不仅是一种基于生态合理性的要求，也是一种健全社会发展的需要。其先天地貌条件制约着大中规模城市的发展，但目前的过度分散化人口分布，也不利于实现一种生态可持续的经济社会发展。当然，新型城镇化和新型工业化一样，都必须是一个生态优先原则下的渐进过程。再比如，生态文明的文化意味着一种注重本土智慧基础上的"发展（进步）文化转型"，并将构成生态文明建设的根本性支撑或动力。需要强调的是，正如党的十八大报告所指出的，生态文明本身就是一种先进的生产与生活文化、一种全新的价值观念与思维方式，生态文明建设需要大力传播与培育这种"绿色文化"。就此而言，像陇南这样的传统意义上欠发达地区的重要智慧遗产之一，就是广大民众对于经济和物质财富的一种更朴素、但更生态化的认知和态度——人们的衣食住行需要及其满足是一切经济活动的根本目标，而且不能以破坏自身所处的生态环境为前提，过度财富和竞争取向的经济主义单向度文化，是与生态文明的社会和经济相悖的。

1　严耕，等. 中国省域生态文明建设评价报告(ECI 2012)[R]. 北京：社会科学文献出版社，2012：138.

就后者来说，一般而言，生态文明建设的主体有三个（类）：国家、地方和民众，其理想图景是不同主体之间形成协同配合的整体。客观地说，我国的生态文明建设迄今为止仍主要是一种"自上而下"的政治社会动员，而这对于像陇南这样的地域来说又确有其现实合理性。作为承担着长江流域生态与国土安全重任的特定地域，陇南市不得不付出经济社会现代化和经济发展机会意义上的巨大让步与牺牲——正日益成为局地性经济"落后"或"贫困"的主因。因此，在大力推进生态文明建设的话语和背景下，国家与陇南之间的关系首先是一个对上述客观事实的承认与适当补偿问题（包括生态惠益提供和经济机会损失两方面），而不再简单是一个国家主持下的"扶贫脱困"问题。事实上，无论是国家扶贫政策下的各中央部委投入还是水利部主持的"全国水生态文明城市试点"[1]，都可以在某种程度上理解为这样一种承认与补偿的机制形式。但是，扶贫政策本身的模糊性甚或歧视性，以及水生态文明城市试点的狭隘性，都不利于构建一种积极健康的"央地关系"。无论目前面临着的困难有多大，一个方向性改革是逐渐确立一种更加全面的国家地区政策，其中生态文明建设视野下的"生态补偿转移支付"应该成为十分重要的考量。当然，包括省、市、县、乡村四级的地方政府，在生态文明建设推进过程中承担着主要的领导和践行责任，而相比之下，市县两级似乎发挥着更为突出的作用。就陇南市的情况而言，甘肃省政府更多担当着政治领导、政策制定和财政资金划拨等方面的职能——比如陇南市、张掖市《水生态文明城市试点实施方案》和甘南藏族自治州、定西市《生态文明先行示范区建设实施方案》的审批与监管，市、县政府更多担当着国家与省相关计划下的项目规划和设计——比如陇南市、张掖市和甘南、定西市分别是国家水利部与发改委选定的试点单位，康县政府则是其"美丽乡村建设"计划的主要决策者，而乡村政府则主要是各类计划、项目的一线实施者。同样重要的是，千百万普通民众是生态文明建设的真正主体，他们的切实与制度化参与有着根本性的推动与保障作用。令人欣慰的是，通过发展集体合作社（"社企合一"）得以保证的本地民众对于新兴生态产业的参与，通过发展村社监管监督机构得以保证的本地民众对于基层民主政治的参与，都有着生态文明社会与主体培育的深远意义。

综上所述，相对优越的自然生态禀赋和迅速调整中的国家发展战略，使得像陇南这样的传统意义上的经济贫困地区，如今拥有了创建一种具有地域性特色的生态文明——或者说"绿色弯道超车"——的历史性机遇，并已成为地方政府与民众的广泛绿色政治共识。但可以想象，这将是一场漫长而艰辛的旅行，同时在制度重构与心境重建的意义上。

1　比如，笔者在两当县政府看到的该县社会保障政策的财政资金来源比例为：中央（220 元）、省（70 元）、市（5 元）、县（25 元）。

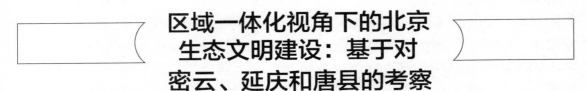

第十四章

区域一体化视角下的北京生态文明建设：基于对密云、延庆和唐县的考察

对于像京津沪这样的国际性都市来说,生态文明建设考量与努力的一个重要维度是它们与周边地区的协调性关系和协同性努力。这其中包括两个不可分割的方面,即前者的引领与示范作用和后者的仿效与跟进效应,缺一不可。而从前者作为观察思考主体的角度来说,如何真正发挥自己的生态文明建设模范带头作用和如何使周边地区能够或主动响应自己的政策举措,就成为整个区域绿色转型得以启动、持续并最终取得进展的关键性因素。就此而言,近年来迅速推进的京津冀协同发展或区域一体化,为我们经验性分析北京的生态文明建设提供了一个有趣视窗或切入点。

一、北京生态文明建设与京津冀一体化：问题的提出

从一般意义上说，所谓生态文明就是指一种较为和谐协调的、甚或是共生性的人与自然关系和社会与自然关系，因而同时体现为一种充满生机活力的可持续自然生态系统与公正和谐的可持续经济社会文化系统。这种理解或界定在很大程度上是对现代工业与城市化文明的生态化否定与超越，并与一种新型的（后现代化的或非资本主义的）经济、社会与文化制度和观念基础相关联，也可以说意味着或导向一种新型的人类文明形态。[1~3]相应地，生态文明建设就是指在上述价值旨向和目标取向下的政策创新与实践努力。可以说，2007年党的十七大以来党和政府已先后推出的生态文明建设重大举措（决议、建议和实施方案），都大致属于后一范畴。其具体目标是，通过大力推行"生态文明建设"框架下的一揽子政策措施，来切实缓和与解决我国现代化进程中已经面临

1 郁庆治, 李宏伟, 林震. 生态文明建设十讲[M]. 北京: 商务印书馆, 2014: 2.

2 卢风, 等. 生态文明新论[M]. 北京: 中国科学技术出版社, 2013: 11.

3 郁庆治. 生态文明概念的四重意蕴: 一种术语学阐释[J]. 江汉论坛, 2014(11): 5-10.

着的严重资源短缺、生态恶化与环境污染难题。这二者之间的合理张力是任何一方得以顺利健康发展的必要动力，而它们之间的彼此脱节则可能导致双方的同时陷于呆滞或贫乏。[1]

生态文明建设及其成果的整体性，意味着任何对其空间维度和构成要素的测量都只能是近似的或有局限的。比如，事实上，我们很难说一个空间范围看似很大的行政区域能够独立地建设或建成生态文明，因为作为有机统一体的地球生态系统是拒绝承认人为划分的行政边界的。尽管如此，出于学术分析和公共管理的需要，我们还是会把生态文明建设按照空间维度和构成要素维度加以考察。[2] 对于前者，笔者认为，尽管也有着自身的缺陷——比如往往很难反映与体现其内部构成单位之间的生态系统与经济社会文化的差异性、多样性，省域是一个较为合理的生态文明建设行政空间考量层面。[3] 对于后者，无论是从规划引领还是绩效评估的角度来说，目前一个较为普遍的共识是，生态文明及其建设的进展，取决于或体现为如下五个方面（元素）即生态环境、生态经济、生态社会（人居）、生态制度（政治）和生态文化的协同推进。[4]

基于"五位一体"或"五要素统合"的理念，当前国内最权威的两个生态文明建设量化评估指标体系，一是由环保部制定实施的规划评估指标体系。2013 年 5 月，环保部正式公布了《国家生态文明建设试点示范区指标（试行）》，划分为生态经济、生态环境、生态人居、生态制度、生态文化等 5 个子系统，以及 29 个（生态文明县）和 30 个（生态文明市）三级指标，但至今仍未正式公布其明确的省级指标版本。二是由北京林业大学创制的绩效评估指标体系。自 2010 年起，北京林业大学创制了基于"绩效评估"理念的"中国省域生态文明建设评价指标体系"（ECI），包括生态活力（25%～30%）、环境质量（15%～25%）、社会发展（20%～15%）、协调程度（25%～30%）和转移贡献（15%～0）等 5 个二级指标和森林覆盖率等 25 个三级指标（其中，转移贡献指标只曾在 2011 年和 2012 年报告中使用）。

此外，笔者还在北京林业大学指标体系的基础上，提出了一个"绿色发展视域下的我国省域生态文明建设评估指标体系"[5]，分别包括生态健康、环境宜居、经济生态化和社会生态化等 4 个二级指标和森林覆盖率、自然保护区比

1　Qingzhi Huan. Socialist eco-civilization and social-ecological transformation[J]. Capitalism Nature Socialism,2016, 27（2）: 51-66.

2　郇庆治. 三重理论视野下的生态文明建设示范区研究[J]. 北京行政学院学报, 2016（1）: 17-25.

3　郇庆治. 志存高远 创建生态文明先行示范省[J]. 福建理论学习, 2015（6）: 4-9.

4　此外，2015 年 3 月中央政治局会议后，还出现了一个关于生态文明建设内容的新的表述组合，即生产方式的绿色化、生活方式与风格的绿色化、价值观与思维方式的绿色化。但总的来说，"五位一体"或"五要素统合"的表述具有更大的权威性，也比较适合于进行量化评估的需要。

5　郇庆治, 高兴武, 仲亚东. 绿色发展与生态文明建设[M]. 长沙: 湖南人民出版社, 2013: 89.

例、水土流失率、农药施用强度、地表水体质量、环境空气质量、人均 GDP、三大产业比例、单位 GDP 消耗、单位 GDP 排放、绿色建筑比例、绿色交通比例等 12 个三级指标。

依据北京林业大学"中国省域生态文明建设评价指标体系"及其年度报告[1]，北京市三个代表性年份的具体评价结果见表 6。

表 6 北京市生态文明建设年度评价结果比较（前 10 名）

2012 年	2010 年	2005 年
海 南(93.27)	北 京(105.63)	北 京(85.14)
北 京(92.11)	广 东(104.17)	天 津(83.52)
浙 江(91.57)	浙 江(100.43)	海 南(81.45)
辽 宁(90.64)	天 津(100.22)	福 建(81.37)
重 庆(90.11)	海 南(100.16)	广 东(80.54)
江 西(88.60)	上 海(97.12)	浙 江(79.60)
西 藏(88.53)	辽 宁(95.28)	上 海(77.61)
黑龙江(88.17)	江 苏(94.76)	江 苏(77.46)
四 川(87.05)	福 建(94.18)	吉 林(75.89)
福 建(86.56)	重 庆(93.96)	辽 宁(75.83)

可以看出，北京市生态文明建设的省际相对排名处于一个总体较高的位置，而且强（弱）项或优（劣）势表现得十分明显。这主要体现在：①较高的"社会发展"和"协调程度"，即"社会生态化"和"经济生态化"，有着全国较高的位次，分别为第 1 位和第 6 位（2012）；②较低的"生态活力"和"环境质量"，即"生态健康"和"环境宜居"，有着全国较低的位次，分别为第 9 位和第 19 位（2012）（表 7）。

表 7 北京市生态文明建设评估具体结果（2012 年）

二级指标(满分)	得 分	全国排名	所属等级
生态活力(41.40)	26.61	9	2
环境质量(34.50)	18.78	19	3
社会发展(20.70)	20.05	1	1
协调程度(41.40)	26.66	6	1

1 严耕，等. 中国省域生态文明建设评价报告(ECI 2010—2014) [M]. 北京：社会科学文献出版社，2010-2014.

对上述数据的解读，必须充分考虑到北京的国际大都市地位的特殊性。中华人民共和国成立后不断扩展、但依然相对狭小的地理空间（1.64 万平方公里）和较高的人口密度（2015 年年末全市常住人口为 2170.5 万人），以及较大规模的经济体量（2015 年年地区生产总值为 22968.6 亿元），几乎必然意味着对北京市行政区域范围内（到 2015 年年末包括 16 个市辖区）生态系统的巨大压力。也就是说，北京市的生态系统是负荷相对沉重的或较为脆弱的。更为重要的是，北京市辖区的自然生态环境是一个与河北、天津、山西等周边省份有着更密切联系的子系统或构成部分，比如西部的西山和北部与东北部的军都山分属于主体位于河北的太行山脉与燕山山脉，而它的五大水系即拒马河、永定河、潮白河、北运河和蓟运河，前三个都发源于西北部的河北境内，最后在天津的海河汇入渤海。结果是，作为北京市饮用水源地的各大水库（比如密云、官厅、怀柔和海子水库）的大部分水源，都来自各自流域内的河北县市。同时也可以想象的是，北京、天津与河北之间的经济要素包括自然资源要素开发和环境污染物处置的相互流动与影响，也要远高于其他省份之间。而长期以来、包括改革开放以来相对固化的地区边界或"行政壁垒"，在相当程度上忽视了上述两个层面上的相互依赖性与整体性。结果是，一方面，京津冀作为一个同质度较高的生态地理区域内部出现了值得关注的经济社会与文化发展差距，比如，北京和河北之间除了那些明显的人均 GDP 数字差距（2015 年京津冀分别为 106284 元、106908 元、40367 元），还有诸多隐形的经济社会福利差别（即便都属于城镇或乡村户籍人口）；另一方面，长期超负荷的生态环境以一种区域性质量恶化或"衰竭"的形式做出了警示或"报复"——2012 年以来频繁发生的华北地区雾霾现象就是标志，而这显然不是北京天津自身、甚或京津冀自身能够独立解决的。

毋庸置疑，中等偏下的环境质量或环境宜居程度，已成为北京市生态文明建设中的一个明显"短板"，尽管它还算不上整个京津冀区域环境质量最差的城市。[1] 而这种"北京现象"的真正吊诡之处在于，看起来已非常理想的经济产业结构（2015 年三产比例为 0.6% : 19.7% : 79.7%）却无法带来一般来说应该不成问题的"蓝天白云"；更有趣的是，在配之以一系列区域性行政举措后，我们的确看到了令人惊艳的"APEC 蓝""国庆阅兵蓝"，就像 2008 年的"奥运蓝"一样。对此，一个合理性解释就是相邻省份、尤其是河北天津的经济活动

---

[1]　据国家环保部公布的数据，2015 年 74 个主要城市中空气质量相对较差的后 10 个城市依次是保定、邢台、衡水、唐山、郑州、济南、邯郸、石家庄、廊坊和沈阳，并不包括北京。其中，京津冀区域 13 个城市平均达标天数比例为 52.4%，尽管主要污染物浓度同比明显下降，冬季采暖期尤其是 12 月份发生了多次污染程度重、影响范围广、持续时间长的空气重污染过程，保定、衡水一度出现连续 8 天的重度及以上污染天气；北京市的空气质量达标天数为 186 天，占全年天数的 51.0%，重度及以上污染天数共 46 天，占 12.6%。参见环保部："2015 年全国城市空气质量总体呈转好趋势"，新华网：http://news.xinhuanet.com/local/2016-02/04/c_1117995874.htm，2016 年 4 月 1 日。

及其生态化程度——比如它们的三产结构分别为 11.7% : 51.1% : 37.2%（2014年）和 1.3% : 46.7% : 52%，很明显，无论是河北还是天津，都依然是一个高度工业化的经济产业构型。也就是说，北京市相对较差的环境质量特别是空气质量与周边省份有着直接的关联，而近年来对北京市雾霾及其成因的科学研究也证实了来自辖区之外的高比重贡献。[1]

正是基于上述原因，长期酝酿并在 2015 年全面启动（以 4 月 30 日通过的《京津冀协同发展规划纲要》为标志）的京津冀一体化战略，在有序疏解北京"非首都功能"的主题框架下，将生态环境保护列为优先推进的三大重点领域的第二位，而另外两个重点领域即交通一体化和产业升级转移也具有强烈的生态环境保护意蕴。那么，京津冀区域一体化或协同发展在何种意义上可以成为一个大力推进生态文明建设的历史性机遇，而生态文明建设的新思维与政治又能在何种意义上提升或规范区域一体化的社会公正和生态可持续性水平，就成为一个值得关注与探讨的议题。

二、密云、延庆和唐县的生态文明实践探索

区域一体化或外向性视野下的生态文明建设，对北京而言，最为重要的是如下两点，一是充分发挥北京、天津和河北之间的生态环境整体（或互补）效应，二是充分发挥京津两个大都市的经济社会辐射（或示范）效应。也就是说，北京既不能继续将河北仅仅视为无偿无限的生态系统服务或自然资源供给地，也不能继续将其当作过剩落后经济产能的输出或转移目的地，其直接理由是，河北及其相邻省份的低标准生态环境保护和低度经济社会发展水平，是北京自身面临问题成因及其解决方案的一部分。[2] 然而，可以想象，这种并不怎么"高大上"（在相当程度上甚或是功利性的）的生态智慧，在现实中也会遭遇到各种形式的观念性和制度性障碍，而对于这些障碍的率先突破最可能发生在各种形式的生态文明建设示范区实践中。因此，接下来先让我们看看北京市密云区、延庆区和河北省唐县的三个实例。

1. 密 云

密云区位于北京市东北部，属燕山山地与华北平原交接地，是华北通往东

1　北京市环保局官员 2014 年 4 月曾明确表示，北京的 PM2.5 来源中，约 28%~36% 来自周边省份比如河北省，而在自己制造的雾霾源成分中，31% 来自机动车、22.4% 来自燃煤、18.1% 来自工业（《参考消息》2014 年 4 月 17 日），而中国科学院学者 2013 年完成的北京雾霾贡献源解析报告尽管没有提供具体数字，但也明确肯定了来自周边省份工业的贡献（新华网：www.xinhuanet.com，2013 年 12 月 30 日）。

2　郭婷. 京津冀实现空气质量达标还需做出哪些努力？［N］.中国环境报，2016-03-01.

北、内蒙古的重要门户，故有"京师锁钥"之称。东南至西北依次与平谷区、顺义区、怀柔区接壤，北部和东部分别与河北省的滦平县、承德县、兴隆县毗邻。它的东、北、西三面群山环绕、峰峦起伏，巍峨的古长城绵延在崇山峻岭之上，中部是碧波荡漾的密云水库，西南是洪积冲积平原，总地形为三面环山、中部低缓、西南开口的簸箕形。其境内有大小河流 15 条，潮白河纵贯全境。这样的自然生态地理特征——"八山一水一分田"，不仅造就了密云较高比重的山地面积（1771.75 平方公里，占 80%）、水域面积（194.3 平方公里，占8.7%）和森林覆盖率（63.67%），即拥有"青山绿水"上的天然禀赋，而且使作为华北地区最大水利工程的密云水库（设计库容 43.75 亿立方米）成为北京市区的主要水源之一。

部分是由于上述原因，密云的人口与经济社会发展都受到了一定程度的限制。到 2010 年，其常住人口为 46.8 万人（2014 年年末为 47.8 万），与 2000 年第五次全国人口普查相比，十年间共增加了 4.8 万人，增速为 11.4%；尽管矿产资源较为丰富（比如铁矿储量达 9.5 亿吨，在全国 2000 多个县中居第 19位），但经济体量并不大，增速也较为平缓——2014 年，密云实现地区生产总值 211.9 亿元，人均 44419 元（按常住人口计算，约为 7231 美元），略高于河北省平均水平，但不及北京市和天津市平均水平的一半，三产结构比例为 7.6% ：47.1% ：45.3%，大致介于河北省和天津市的平均水平之间。

因而，并不奇怪的是，密云作为全国试点县最早开始了生态县（2005年）、生态文明建设示范区（2008 年）的创建工作[1]，并始终围绕着密云水库水质及其周边生态环境的改善这一核心议题展开，同时兼顾生态经济发展和生态民生或社会建设。[2] 近年来，在生态环境建设方面，密云坚持"保水是第一责任、生态是第一资源"的理念，严格落实北京市《关于进一步加强密云水库水源保护的意见》（2014 年），成立了密云水库保水协调委员会（2010 年），建立护水、护河、护山、护林、护地、护环境的"六护机制"，构建了"一库一环二区六线八带"的水生态系统保护与修复的总体布局，全面推进境内 12 条主要河流、311 公里河道的防洪整治与生态修复，提升水源涵养能力，并将全区 20 个镇街细分为新城核心区、绿色发展区、绿色拓展区、水源保护区四个功能区，强化水源保护与生态环境建设责任。此外，还通过大力实施水源涵养林、京津风沙源治理、平原地区造林和新城滨河森林公园等工程，构建和完善以山区绿屏、平原绿网和城市绿景为骨架的绿色空间体系。结果是，密云的生态环境质

1　除了参与环保部组织实施的生态文明示范区（省市县）创建外——为此分别制定了《密云县生态县建设规划》（2005 年）和《密云县生态文明建设纲要》（2009 年），2013 年 7 月，密云被水利部列为北京市唯一的"全国水生态文明城市建设试点"；2014 年 3 月，被发改委和环保部确定为"国家主体功能区建设试点"；2014 年 6 月，被发改委等六部委确定为首批"国家生态文明先行示范区"。

2　周苏文．北京密云绿色发展谱新篇[N]．人民日报（海外版），2016-03-09.

量进一步提高，2015 年，密云的 PM2.5 浓度为 67 微克/立方米，处于全市最好水平，还发现了已绝迹 70 余年的珍禽栗斑腹鹀的栖居。

在生态经济建设方面，密云区委区政府制定了"以绿色为特征、以国际为水准、以高端重大项目为支撑，打造宜居、宜业、宜游的绿色国际休闲之都"的绿色发展战略，着力构建以都市型现代农业（山区和平原乡镇）、环境友好型装备制造业（中关村密云园）、休闲旅游业和总部经济为特色的经济产业结构。其中，休闲旅游业开发的标志性工程是投资 45 亿元并于 2014 年 10 月开始运营的"古北水镇项目"。如今，该水镇已成为全国新的旅游目的地和文化旅游新地标，在带动密云休闲旅游业快速发展的同时，也促进了附近的司马台新村和库北山区农民的增收——2014 年，景区共接待游客 147 万人次，实现综合收入 4.6 亿元，其中司马台新村人均纯收入 5.1 万元。此外，乡村旅游业户经过"五化"（标准化、规范化、组织化、信息化和特色化）建设，接待能力与标准都有了较大幅度提升。[1] 到 2015 年年末，全区民俗户有 6000 户，床位 4 万张，带动了农民 2 万人就业以及稳定的收入。

在生态民生或社会建设方面，密云大力实施"农民增收"、"农民健康"和"农民安居"三大工程，推动社会服务、城乡管理、社会治安"三网"融合，着力提升人民群众的生活品质和幸福指数，让群众共享绿水青山建设的成果。比如，"增收工程"围绕着促进就业以帮助农民增加工资性收入、提升产业以帮助农民增加营业性收入、整合资源以帮助农民增加财产性收入、精准帮扶以帮助农民增加综合性收入、政策托底以保障特殊人群基本生活需求等 5 个方面展开，使全区农民人均纯收入保持了 10% 以上的年度增速——自 2015 年起生态涵养区的城乡低保标准统一调整为家庭 710 元/月（共 8084 户、12635 人）。[2]

在生态文化建设方面，密云组织开展了"绿色出行""绿色创建""保生命之水、建美丽密云"等一系列活动，加强生态文明宣传教育，提升群众的生态文明素养。尤其是，通过充分挖掘弘扬密云的红色文化、长城文化、"鱼"文化，并融入绿色、低碳、环保等现代生态文明理念，努力打造具有密云自身特色的生态文化品牌，并与发展生态经济、生态人居建设等目标进行对接。

应该说，密云区域内或内敛性视野下的生态文明建设已取得了诸多进展，而且可以相信，随着不久前完成的"撤县设区"的最终实现，北京市辖区内的中心郊区和城乡之间的一体化水平将会进一步提高，而这意味着密云长期以来所担当的生态环境公共服务职能必将在生态文明建设的大背景下有一个更合理

1　2015 年 9 月 10 日，在县生态文明办负责人的陪同下，笔者与中国生态文明研促会的同行对密云库区的生态环境和位于溪翁庄镇金叵罗村的乡村民俗旅游业户做了实地考察，其中后者属于"农家乐"与乡村民俗旅游的结合版。

2　而 2014 年 3 月标准提高后的河北省滦平县、承德县和兴隆县的城镇（乡）低保户分别为 402 元/月（2430 元/年），参见承德新闻网：news. chengdechina. com，2016 年 6 月 26 日。

的平衡或回报。 但我们也必须看到，这种更多集中于区域内部的再平衡或关系重构，主要是通过北京市级的主体功能区规划和行政统筹来实现的。 比如，《关于进一步加强密云水库水源保护的意见》规定，"自 2014 年起，市政府每年安排资金 2000 万元，支持水库上游 11 个乡镇 164 个村庄发展有机农业，按照'清水下山、净水入库'的预期目标，建立对乡镇和村庄的奖励机制；每年安排 400 万元，用于一级保护区内农村污水处理设施运行补助，确保污水达标排放"。 这种行政举措的力度当然是强大的，因而可望取得良好的成效。 但从区域一体化或外向性的视角来说，如何改进与流域内的河北乡村之间的生态环境共建关系，尽管是非常必要的，却超出了目前密云以及北京市的各种社会与生态公正性政策的覆盖甚或考虑范围。[1]

2. 延　庆

延庆区位于北京市西北部，东、南分别与怀柔区和昌平区相邻，西、北分别与河北省的怀来县和赤城县接壤，1958 年，从河北张家口地区划入北京，成为首都的西北门户。 城区距德胜门 74 公里，总面积为 1993.75 平方公里，常住人口 31.6 万 （2014 年），下辖 3 街、10 镇、4 乡。 它的平均海拔 500 米以上，气候独特，冬冷夏凉，地形上山区面积占 72.8%，平原面积占 26.2%，水域面积占 1%，北东南三面环山，西部是官厅水库，境内的海坨山海拔 2241 米，是北京市第二高峰。 它地处永定河、潮白河上游，属独立水系。 其中，妫水河是流经全境的河流，流域面积为 1064.3 平方千米。

因而，延庆区拥有较为丰富的自然资源，尤其是生态旅游资源，比如著名的八达岭长城、百里山水画廊、野鸭湖、龙庆峡、中国延庆地质公园等。 但总的说来，延庆的经济社会发展水平相对滞后。 2014 年，延庆区实现地区生产总值 99.8 亿元，比 2013 年增长 8.2%，人均 31584 元（按常住人口计算，约为 5144 美元），不仅远低于密云区的人均 44419 元，也大幅低于河北省的人均 40367 元，尽管有着看起来较为理想的三次产业结构，即 9.7%∶27.7%∶62.6%。

像密云一样，延庆作为首都的"后花园"较早加入了全国性生态文明建设示范区的试点，并将水源涵养、生态旅游、观光休闲农业作为政策推进的着力点。[2] 具体而言，一是坚持体制机制创新，努力打造推进生态文明建设的制度保障体系。 如今，延庆的森林面积达 11 万公顷，绿化率高达 70%，自然保护区面积占区域总面积的近 30%，从而为北京筑起了一道坚实的生态屏障，而她在

1　密云生态文明办的同行 2015 年 9 月 10 日在与笔者一行的座谈与交流中曾谈及这一议题，他们也原则上赞同对包括库区上游的整个潮白河流域进行统一监管与保护的必要性，但 2013 年修订的《密云县生态文明建设纲要》并没有这方面的具体政策创议。 而 2016 年 6 月 29 日在延庆举行的调研会上，他们则介绍说，已在尝试建立与毗邻县区的生态环境保护协调机制——生态红线共同划定、保水信息沟通与工作会商、水污染突发事件联防联控机制创建、张承地区可持续发展能力提升等，但面临着机构对接、行政举措落实和资源等方面的困难。

2　刘晓星. 首都"后花园"有绿才有富：生态环境保护给延庆带来发展红利[N]. 中国环境报，2016-05-13.

20 世纪 80 年代的森林覆盖率还不足 30%，是北京的五大风沙危害区之一。这在相当程度上要归功于生态文明建设示范区框架下的制度创新探索。延庆分别在 2000 年和 2009 年入选了由环保部主导的生态县与生态文明建设试点示范区建设，并于 2005 年制定了县生态文明发展战略、2009 年和 2013 年先后出台了两个《延庆县生态文明建设三年行动纲要（2010～2012/2013～2015）》、2014 年又制定了《延庆县生态文明建设规划（2013～2020 年）》，具体规定了 28 项建设指标，并提出了构建"生态空间控制线"确保首都生态安全、规划生态经济发展战略等一系列创新性举措。2014 年 10 月，延庆区又入选了国家发改委等部委主导的全国生态文明先行示范区建设第一批名单。制度创新方面的主要举措有，延庆 2008 年入选全国生态文明建设试点示范区后，成立了高规格的生态文明建设领导小组（四大班子负责人担任组长，其办公室挂靠在环保局），而各部门、乡镇也同时成立了相应的工作机构，形成上下衔接、分工负责的生态文明建设组织管理体系。再比如，结合落实《延庆县生态文明建设规划（2013～2020 年）》，围绕生态环境保护、生态经济提升、生态人居营造、生态文化培育、生态文明制度建设创新等指标，对生态文明建设的推进实施动态跟踪和评价考核。2010 年，还成立了北京市首家环境保护专业审判庭。

二是坚持生态保护优先，推进基于全社会参与的污染防治与环境整治。"十二五"期间，延庆区严格按照主体功能区划的要求，通过科学测算环境容量、生态资产和生态承载力，来确定不同区域的复合生态功能，并通过强化部门协作、各级政府联动，来大力推进环境治理体制与机制的创新，逐步探索出了一些具有地方特色且行之有效的实践做法。比如，延庆在北京市率先制定实施了环境保护责任追究办法和环境损害赔偿办法。再比如，在乡村垃圾分类回收与管理上，延庆也开展了一些制度创新性的探索（村民的生活垃圾如果装满一手推车且分类情况达标，就可领到一块肥皂或一双手套），并且卓有成效。

三是优化产业结构，大力发展生态农业与生态经济。在逐渐与充分认识到优良自然生态禀赋的巨大经济发展潜能之后，延庆近年来加快推进生态经济的建设。她立足于首都生态涵养发展区的功能定位，不断优化三次产业结构，着力推进有机循环农业、新能源环保产业和旅游休闲产业的产业布局与发展模式，力求让百姓更多更好地看得见、摸得着、享受得到绿色发展的物质文化成果。比如，区政府鼓励支持大力发展有机农业并增加农产品的科技附加值，从而大大提高了农民的收入。目前，延庆的有机农产品种植面积已达到 3 万亩，占全区农业产值的 20% 左右；有国家级"菜篮子"生产基地 7 个，市级标准化基地 38 个，已打造出了归原有机奶、前亩有机葡萄、北菜园有机蔬菜等一批特色品牌。再比如，延庆是北京市唯一的新能源和可再生能源示范区。八达岭经济开发区已成为北京市新能源产业基地，2014 年新能源环保产业完成产值 21.8

亿元，占规模以上工业总产值的 31%。相应地，在全区 9.57 万名农村劳动力中，近 3 万人实现了在生态产业部门就业。2015 年，旅游综合收入实现 52 亿元，已成为延庆经济的支柱产业和主导产业。

随着国家和北京市大力推进生态文明战略的有序实施，先行一步的延庆区必将有着更大的绿色成长或"绿色回报"空间。可以设想，各项环境与生态指标的进一步提升，将会获得更大范围内和更大力度上的制度性与资源性支持，与此同时，这种生态环境保护与养育方面的努力及其成果，也将会更加有效地转化成为当地社区与民众的实实在在的绿色惠益或"绿色福利"。就此而言，延庆区新近提出的建设国际一流的生态文明示范区的战略目标，不仅在（绿色）政治上是正确的，而且也代表了这类生态环境禀赋优越、但传统工业产业不发达区域的一个切实可行的"绿色赶超"路径。[1]

就本文的目的而言，一个有趣的问题是，这种对于延庆区而言的可以预期的生态文明建设或绿色发展契机，在何种程度上可以成为一个跨越行政边界的区域性机遇。对此，2022 年将由延庆区与张家口两地共同承办的国际冬奥会，无疑是一个难得的观察视角。共同筹办冬奥会已成为推进京津冀协同发展战略的一个重要举措或"抓手"，而交通、环保与产业合作是其中的最优先议题领域。因而可以想见，一方面，以延庆—张家口为中心的京津冀交通网建设将会大大提速，京张高铁（计划于 2019 年完工）、北京—崇礼高速、京津冀一卡通服务、京津冀一小时交通圈建设等大型工程项目，将实质性地改善该区域的交通一体化水平并使民众享受到更加均质化的便捷公共交通服务，另一方面，京津冀协同发展和国家奥运战略带来的必将是大幅度增加力度的国家纵向和横向间生态补偿财政或资源转移，因而已经被列为"京津冀水源涵养功能区"的包括张家口在内的河北省的大片地区将会直接获益，而其颇具天然优势的新能源开发也将会进入一个快速发展时期，从而大大改善这一地区的经济结构与可持续发展能力（目前仅张家口已建成 77 座风电场）。[2] 在笔者看来，对上述两个方面的成效预期总体上是肯定性的，而多少有些不确定的是，作为第三大协同发展领域的产业合作如何成为一个真正环境友好、社会友好的创新性实践——无论从国内外历史经验还是我国的现实进程来说，我们都还缺乏充足可信的绿

1　当然，至少从 2016 年 6 月 29 日在延庆举行的调研会上获得的信息来看，无论是延庆还是密云的生态环境优势都不能做任何夸大意义上的解读。事实上，延庆城区夏都水上公园的水质已由于流入河流的几近干涸而严重退化，而密云水库也由于上游河流注水量的减少面临着自净能力下降的问题。

2　查甜甜. 冬奥会遇上京津冀将擦出哪些火花？［EB/OL］.（2016-04-18）［2016-06-03］. http://www.beijing-2022.cn/a/20160421/045520.htm.

色范例或故事。[1]

3. 唐　县

唐县历史悠久，为古唐侯尧之封地，其名肇于上古，是华夏民族的发祥地之一。位于太行山东麓，隶属于河北省保定市，现辖 20 个乡镇、345 个行政村，人口为 51 万（2014 年）。总面积 1417 平方公里，其中山地丘陵占总面积的 82%，唐河、通天河由西向东南纵贯全境，汇入被称为"华北明珠"的西大洋水库。全县地貌素有"七山一水二分田"之称。主要矿产有水泥用石灰岩、水泥配料石英砂岩、铁矿、高岭土、石英岩、花岗岩、辉绿岩、金矿等 17 种，且储量较大、品位较高、较易开采，其中水泥用石灰岩储量 1.146 亿吨，铁矿累计查明资源量 2621 万吨、水泥配料石英砂岩累计查明资源量 1247 万吨。长期以来，唐县的经济体量不大，发展速度也不算快，是河北省的 39 个国家级贫困县之一——2014 年全县生产总值完成 66.6 亿元，同比增长 5.6%，三次产业比例为 26.9%:43.2%:29.9%，但其地理位置较为优越，位于北京、天津和石家庄之间的三角地带，处在"大北京"经济圈的辐射范围之内——县城距北京 190公里，距天津 220 公里，距石家庄 100 公里，尤其当从京津冀协同发展的角度来观察与思考时。

"未名公社"项目或"未名治理模式"[2]，指的是在国家强力推进攻坚扶贫、京津冀协同发展、新农村或美丽乡村建设等一系列重大战略举措的宏观背景下，通过大型企业集团、地方政府与周边乡村社区之间的深度合作，创建一个以发展现代生物产业（链）为依托或切入点、以共建共管与共享为主要经济社会治理特征的城乡一体化"公社"或"共产主义新农村（社区）"。具体而言，"北大未名生物工程集团"将作为主要出（筹）资方，通过率先组织实施以"古北岳生物经济示范区"建设为核心的投资开发项目，然后负责统筹通天河沿线 14 个村庄的土地经营流转租让、村民就业和乡村规划整治，从而逐渐打造一个园区、景区与社区共生发展的区域性大运营平台和一个"3+X"型（种植业、加工业、旅游业和其他相关产业）的区域化产业架构；河北省保定市唐县及其基层政府作为主要的政策供给方和战略实施协调方，负责落实工业园区和其他项目组织实施过程中的政策、资金与资源需求，尤其是村民土地流转与租让过程中可能出现的各种复杂问题，以及共同负责日后"未名公社"社区范围内的党政与社会管理（比如计划邀请保定市委书记担任"未名公社"的党总支书记和管委会主任）；通天河沿线 14 个村庄的现有居民作为"未名公社"的创

1　国际上公认的解释国家或区域之间通过产业转移实现环境治理目标的主要理论是"生态现代化理论"，但实际结果是，某些国家或地区的局部性生态环境质量改善几乎不可避免地要以经济结构相对落后国家或地区的生态环境质量恶化作为代价，或者是包括这些所谓先进国家或地区在内的更大地理空间范围的整体性生态环境质量的恶化。

2　北京大学首都发展研究院，北京北达城市规划设计研究院. 唐县通天河沿线新农村发展规划[Z]. 2015.

始成员，将会逐步享有生活环境舒适、劳动就业充分、收益分配公平、福利保障充足等方面的准共产主义性质的公社社员权利，同时也将负有作为共产主义品性公社成员的一系列高标准义务要求（"各尽所能、各取所需"）。

如果上述计划得以不折不扣实施的话，"未名公社"项目无疑具有强烈的经济社会制度创新试验性质，外来企业的资本投资不仅致力于与地方性社群的脱贫致富和经济社会长期发展需要进行主动衔接，而且希望创建一个包括企业自身在内的更大范围内的利益或命运共同体，从而进一步尝试一些基于共产主义理念和价值伦理的经济社会管理制度创新。当然，也正因为如此，它的政治与经济未来也是充满不确定性的。必须指出，2015 年下半年才正式启动的这一项目仍处在起步阶段，做任何意义上的定性评价都还为时尚早。就目前而言，依据笔者的观察[1]，亟须探讨的问题是土地租让流转过程中农民持续性权益的制度化保证（比如村民集体所有土地租让流转后的最终所有权归属以及如何参与公社未来经济收益的分配，而不仅仅是相关社会福利权益的明确保障）、农村综合整治或美丽乡村建设的充分落实（包括在规划、资金、工程和管理等方面）、公社制度构架的进一步明晰化（原始资本投入方、公社初始成员和园区职工之间的一种更公正民主的权益与命运共同体组织框架）。所有这些问题的解决都不是一件轻而易举的事情，但笔者确信，唯有在上述层面上的制度性创新与突破才能确保"未名公社"项目实施过程中除了经济可持续发展之外的社会公正与生态文明建设目标的统一，也才能符合或逐步趋向于"农村合作社"或"共产主义公社"的本意——基本生产与生活资料的全体成员的共同占有和支配是其最基本的意涵[2]。

三、比较性分析与政策建议

可以看出，一方面，北京市密云区和延庆区的生态文明建设经过 8 年左右的持续性努力之后，已然进入一种"常态化"推进的阶段，并可望在可以预期的将来有着更多体制与制度创新意义上的地方经验，但另一方面，这些地区生态文明建设的周边示范与引领作用或维度仍未得到明确的展示，而恰恰是区域（国家）战略（京津冀协同发展和冬奥会）和资本流动的需要（北大未名集团

---

[1]　包括笔者在内的课题组先后于 2016 年 1 月 11~12 日和 6 月 26~27 日对该项目做了两次短期考察，并与于家寨村等的村民进行了交流座谈。笔者的印象是，他们对于该项目总体上持一种积极态度，但对于自身的经济社会权益要求和项目允诺的许多公社成员权利并不是充分了解。

[2]　就此而言，包括世界著名的西班牙蒙德拉贡（Mondragon）合作社在内的多种形式的生产和消费合作社是无法称为共产主义的"公社"的，而像我国改革开放以后经济发展起来的江阴市华西村、烟台市南山村等，也远不是严格意义上的共产主义公社实践，其关键性区别在于，它们并未超越或仍在遵循着一种资本主义的生产、竞争与扩张规则和逻辑。

对"古北岳生物经济示范区"的投资）在提供着这方面的"第一推动"——在某种程度上唤醒或激活这些地区生态文明建设的外向性考量。基于上述经验性结果或发现，笔者愿提出北京市生态文明建设的如下四个方面政策建议。

第一，总的来说，北京市在"十三五"乃至更长时间内的生态文明建设工作，需要坚持"自身挖潜"（内敛性）和"周边促动"（外向性）并重并举的整体性战略，力争在严重影响首都城市形象和公众生活质量的生态环境难题应对上取得实质性进展，并在相关领域中的经济社会制度机制创新上有所突破。一方面，相对落后的"生态活力"和"环境质量"指标表明，北京市经济、社会与文化的"绿色化"，依然存在着巨大的潜力与空间。如果说森林覆盖率（第15名）和自然保护区的有效保护（第13名）的名次提升，对于一个都市省份来说确实有些难度，但地表水体质量（第12名）、水土流失率（第17名）和化肥农药施用强度（第26名、第20名）指标，都首先是一个地方性自身努力的问题。而全国排名第6的"协调程度"也表明，北京经济还远不是一个"生态经济"。另一方面，"社会发展"和"协调程度"与"生态活力"和"环境质量"之间的巨大差距或负相关性表明，北京市生态环境质量的总体性和大幅度改善，已不完全取决于所辖区域内的经济与社会政策方面的努力。对北京自身而言，尽快稳定化（"封顶"）所辖区域内的经济物耗总量、尤其是能源与资源消费总量，并尽量用一种更大范围的空间视域来思考或定位北京市的经济产业结构，或者说人与自然、社会与自然关系，已经成为一种必需。

第二，对于"自身挖潜"，关键是要更准确地理解并坚定实施一种升级版的"生态现代化"社会生态转型战略。生态现代化理念和战略的核心要素是有能力的政府、不断创新的科技和成熟的市场机制的结合，缺一不可。而即便是这样一种经济色彩浓郁战略的成功实施，也需要或蕴含着十分复杂的社会与生态转型要求——其中，一种"泛绿色"的民主政治制度及其大众文化，是前提性的和十分必要的。

依此，我们需要重新考虑（设计）核心城区的功能定位——目前界定的所谓"首都功能"在什么意义上是合乎生态文明的理念或原则的，"总量控制"如何确保成为一种民主决策的与社会公正的过程？需要重新考虑（设计）核心城区与郊区之间（以六环线为界）的关系——二者之间首先是一种生态依存关系（当然也是一种社会经济关系），而目前迅速推进的城镇化如何才能更为均衡地反映这种复杂的社会——生态关系？等等。笔者认为，只有这些层面上的更深刻努力及其改变，才能充分发挥像密云和延庆这些生态文明示范区的示范引领作用，也才能为它们的更深刻制度创新创造条件。[1]

1　比如，密云区和延庆区的生态文明建设管理职能部门就有着不同的架构，前者是一个直接隶属于区政府的县处级的生态文明办公室（但其严格称谓是"生态建设发展研究中心"），而后者则是一个挂靠在区环保局的区领导小组办公室，二者都存在着一系列的机制运行与协调难题，尤其是在它们都参与了了多重示范区创建的现实背景下。

　　第三，对于"周边促动"，关键是要借助实施京津冀协同发展战略的机遇，在更大范围内尝试"五位一体"、"三个发展"和"绿色化"的思维与实践，力争把生态文明建设推进到一个超省域的更广阔区域层面。相应地，推进或"驾驭"生态文明建设，将更多呈现为一种"空间性"而非"元素性"的战略与决策考量。

　　这意味着，一方面，北京市将有着更为有利的条件和机遇来"解决"目前所面临着的生态环境难题，尤其是通过地区一体化所提供的更便利的经济产业结构转移渠道，来实现局地性的"绿色化"，但另一方面，北京市也将会面临着迅速增加的社会公平与环境补偿上的外部压力，必须为自己社会福利和生态惠益的获得与持续来"买单"，可以说是"拉动"与"推动"力并存。

　　第四，作为制度与体制创新的"突破口"或"试验场"，北京要大力推进各种形式的"生态文明建设试点（先行）示范区"。比如，密云区和延庆区分别是环保部的第一批、第二批"试点示范区"和国家发改委的 2014 年"先行示范区建设"第一批试点，而密云还是水利部的 2013 年"水生态文明城市建设"第一批试点。

　　应该说，密云和延庆的成功入选，更多缘于它们作为北京市主城区的"后花园"地位与定位——而且对于尝试某些领域的生态文明制度、体制与机制创新也是十分必要的（比如水源地和重点生态功能区的环境补偿），但在京津冀协同发展或区域一体化的新背景下，这种局部范围内的试点已经变得意义有限，而目前包括北京平谷区、天津蓟州区和河北廊坊北三县的"京津冀协同共建地区"依然过于地域狭窄，应尽快考虑覆盖整个京津冀区域的生态文明建设先行示范区或试验区。

第十五章
生态文明建设的区域模式：以安吉县为例

作为全国最早开始"生态县""生态文明建设试点示范区"创建的县域之一，浙江省安吉县成为了近年来生态文明建设实践推广与理论分析中高频出现的明星样本，甚至被赞誉为中国生态文明建设的"安吉模式"[1-3]。因而，一个很有意思的问题就是，我们应如何从理论上认识安吉县生态文明建设实践探索的普遍意义或模式意涵，又如何预判在实践中现行思路与路径下生态文明建设的近期前景和挑战呢？

一、生态文明建设模式的一般性分析

理解与界定生态文明建设模式概念的关键在于，什么是"模式"，以及什么是"生态文明建设"。对于前者，"模式"一般来说具有模范、范本、样板、榜样和示范等方面的意涵，其核心是普适性和可模仿性、可复制性。当然，与严格意义上的自然科学研究领域不同，在经济社会文化领域中，这种普适性和可模仿性并不等于无条件的可重复性，因为其中有着太多的不可知或不可控变量。也就是说，当我们讨论比如生态文明建设的具体模式时，并不意味着或追求某种成功情景在其他地区的全然再现。尽管如此，"模式"之所以是模式，是因为它不同于更一般意义上的、具有某种可资借鉴价值的案例、样本或实践[4-5]，后者的肯定性语气要弱许多。

对于生态文明建设，在理论层面上可以大致理解为一种和平、和谐与共生的人与自然关系和社会与自然关系，因而天然地蕴含着或指向一种不同于现代

1　唐中祥. 探索构建生态文明建设的"安吉模式"[J]. 浙江经济, 2009(10)：55.

2　浙江农林大学课题组. 生态文明建设的"安吉模式"调研报告[R]. 2011.

3　温铁军. 美丽乡村, 安乡安民[G]//单锦炎. 行走在美丽之间：美丽中国的安吉实践. 北京：人民出版社, 2014：引言.

4　中共浙江省委宣传部. "绿水青山就是金山银山"理论研究与实践探索[M]. 杭州：浙江人民出版社, 2015.

5　单锦炎. 行走在美丽之间：美丽中国的安吉实践[M]. 北京：人民出版社, 2014.

工业文明的新型文明形态，即生态文明[1, 2]；在实践或政策层面上，从党的十七大到十八大期间已经把"建设生态文明"和"确立生态文明观念"具体化为"五位一体"和"四大战略部署"[3]，进而聚合于"五要素"，即生态文明的生态环境、经济、政治、社会和文化（观念制度体系）。换言之，生态文明建设的过程，就是生态文明的理念意识与行为规范逐渐渗透内化到大"社会"之中的方方面面的过程，就是我们的现代社会制度按照生态文明的原则与目标要求进行重构或绿化的过程。[4]

由国家环保部和北京林业大学分别创制的生态文明建设评价指标体系，尽管侧重点有所不同，但却都基于如下共识，即一个社会的生态文明建设进展及其成果应同时体现在生态环境、经济、社会、政治和文化等5个层面。[5]环保部2013年5月公布的《国家生态文明建设试点示范区指标（试行）》，基于上述理解，具体划分为生态经济、生态环境、生态人居、生态制度、生态文化等5个二级指标，以及29个（生态文明县）和30个（生态文明市）三级指标。相比之下，北京林业大学2010年创制完成的"中国省域生态文明建设评价指标体系"（ECCI），着眼于考核生态文明建设所取得的切实成效而不是采取的实际举措（因此我们可以分别称之为"绩效评估"和"规划评估"），因而选择了最能体现生态文明建设成效的器物和行为层面的5个领域：生态活力、环境质量、社会发展、协调程度和转移贡献（其中"转移贡献"指标只出现在了2011～2012年的评估报告中）。然而，它对作为该评估体系核心概念的生态文明建设做了如下明确界定："生态文明是自然与文明和谐双赢的文明，生态文明建设就是通过对传统工业文明弊端的反思，转变不合时宜的思想观念，调整相应的政策法规，引导人们改变不合理的生产、生活方式，发展绿色科技，在增进社会福祉的同时，实现生态健康、环境良好、资源永续，化解文明与自然的冲突，确保社会可持续发展。"[6]也就是说，5层面意涵意义上的"生态文明建设"概念，同样是北京林业大学评估体系的学理性基础，只不过它侧重于量化评估可操作性较强的生态环境、经济（"协调程度"）和社会三个方面。

需要指出的是，北京林业大学评估体系依据全国31个省（自治区、直辖市）在上述4个二级指标上的不同表现，还将它们划分为不同的生态文明建设类型：均衡发展型、社会发达型、生态优势型、环境优势型、相对均衡型、低

1　郇庆治, 李宏伟, 林震. 生态文明建设十讲[M]. 北京: 商务印书馆, 2014: 2.

2　卢风, 等. 生态文明新论[M]. 北京: 中国科学技术出版社, 2013: 11.

3　胡锦涛. 坚定不移沿着中国特色社会主义道路前进 为全面建成小康社会而奋斗[R]. 北京: 人民出版社, 2012: 39-41.

4　郇庆治. 论我国生态文明建设中的制度创新[J]. 学习月刊, 2013(8): 48-54.

5　郇庆治, 高兴武, 仲亚东. 绿色发展与生态文明建设[M]. 长沙: 湖南人民出版社, 2013: 74-87.

6　严耕, 等. 中国省域生态文明建设评价报告(ECI 2010)[R]. 北京: 社会科学文献出版社, 2010: 2.

度均衡型。其中，均衡发展型指经济社会发展水平和生态环境质量都较高，相对均衡型指经济社会发展水平和生态环境质量都较为平均，低度均衡型指经济社会发展水平和生态环境质量都较低，而社会发达型、生态优势型和环境优势型则分别指在经济社会发展水平、生态健康和环境质量方面表现较为突出。[1]一方面，上述对生态文明建设类型的划分，也可以大致理解为一种对生态文明建设"模式"的区分，即不同的省域主体可以凭借各自的优势和通过不同的路径走向生态文明的期望性结果——生态文明建设对于像京津沪这样的国际都市和像青藏这样的少数民族边缘地区来说肯定是极为不同的；另一方面，这种划分更多具有描述性而不是因果分析性的价值，因为无论是不同程度均衡性（高中低）的概括还是社会、生态、环境的"一枝独秀"式样态，都不必然意味着具有普适性和可复制性意义上的模式意蕴——比如经济社会发展水平较高并不一定导致生态环境质量的改善或生态文明建设整体水平的提升，而生态环境质量的较高水准完全可能是经济社会现代化程度较低的一种自然禀赋决定意义上的结果。[2]

　　比如，2008 年生态文明建设"六大类型"的具体分布如下：均衡发展型为海南、广东、福建和重庆；社会发达型为北京、浙江、上海、天津和江苏；生态优势型为四川、吉林和江西；环境优势型为广西、西藏和青海；相对均衡型为辽宁、黑龙江、湖南、云南、山东、陕西、安徽、湖北和河南；低度均衡型为内蒙古、河北、宁夏、贵州、新疆、山西和甘肃。相比之下，2012 年"六大类型"的具体分布如下：均衡发展型为海南、北京、浙江、福建；社会发达型为重庆、广东、内蒙古、上海、天津、江苏和山东；生态优势型为辽宁、江西、黑龙江、四川和吉林；环境优势型为西藏、广西、云南和贵州；相对均衡型为湖南、青海、新疆、山西、陕西和湖北；低度均衡型为甘肃、安徽、河南、宁夏和河北。可以发现，5 年之后，将相邻两组合并后的经济社会发达群体、生态环境优越群体、中低度均衡群体之中，成员是大致稳定的。其中，均衡发展型中的海南、福建和低度均衡型中的甘肃、宁夏、河北，也许更能说明一些问题。

　　笔者在局部调整北京林业大学指标体系的基础上（包括生态健康、环境舒适、生态经济和生态社会四个二级指标），通过对 2010 年数据的分析，也得出了略微不同的"三大集团"和"四种类型"的评估结果[3]，进一步表明了我国生态文明建设的阶段性与多样性。具体地说，"三大集团"的构成分别是：广东、西藏、海南、北京、福建、天津、吉林、浙江、云南和上海；四川、广

1　严耕，等. 中国省域生态文明建设评价报告（ECI 2010 [M]. 北京：社会科学文献出版社，2010：333-38.

2　严耕，等. 中国省域生态文明建设评价报告（ECI 2010）[M].北京：社会科学文献出版社,2010:202-204.

3　郇庆治，高兴武，仲亚东. 绿色发展与生态文明建设[M]. 长沙：湖南人民出版社，2013：249-257.

西、江西、黑龙江、重庆、江苏、湖南、青海、辽宁和湖北；安徽、贵州、山东、内蒙古、河北、陕西、河南、山西、新疆、宁夏和甘肃，大致呈现为一个从东南向西北倾斜的格局。"四种类型"的划分方法是，依据各省域主体在四个二级指标上的不同表现，分别做出属于"前十"、"中十"和"后十"的位次排列，然后，我们可以将同时属于"前十"的称之为较高水准的"均衡发展型"（以及接近这一标准的"相对均衡型"），同时属于"后十"的称之为较低水准的"均衡发展型"（以及接近这一标准的"相对均衡型"），并会发现，前者的典型例子是海南，而后者的典型例子是山西。应该说，像北京林业大学评估体系一样，笔者的上述研究也大致属于一种针对省域主体范围内核心性元素的公共管理视角下的考量（尽可能借助于权威性统计数据），但却很难体现省域内部构成单位之间的复杂性与多样性，也很难表明主要考察变量（尤其是经济社会生态化努力与生态环境质量改善）之间的因果性关联。[1]

缓解上述方法论局限的一个有益举措，在笔者看来，是进一步拓宽我们思考与概念化生态文明建设实践的理论视野。基于此，笔者提出了一个考察我国生态文明实践尤其是生态文明建设试点（先行）示范区的三维分析框架：即"管理哲学或战略维度"（侧重于对"五位一体"或"五要素统合"机理与机制的探究）、"空间维度"（侧重于对省市县三级行政层面的更有效推动及其路径机制的考量）和"社会主义维度"（侧重于反思与检视生态文明建设的社会主义性质和方向）。[2] 而对于本文探讨的生态文明建设模式来说，笔者认为，我们当然可以说，任何一个维度上的"普适性"或"可复制性"都可以构成一种模式，然而，那些三者兼备或有机结合的尝试显然更为重要。

二、浙江省安吉县的实践探索

安吉县位于浙江省西北部，湖州市辖县之一，背靠天目山，面向沪宁杭，县域面积 1886 平方公里，常住人口 46 万人（2013 年），建县于公元 185 年，取《诗经》"安且吉兮"之意得名，至今已有 1800 多年的历史。从一种回溯性的视角来说，安吉县的生态文明建设实践有着至少 3 个方面的"客观性"条件[3]。

一是自然生态禀赋。"七山一水二分田"的地形地貌特征与土地资源分布——天目山自西南入境分东西两支环抱安吉县境，使之呈现为"三面环山、

1　郇庆治，高兴武，仲亚东. 绿色发展与生态文明建设[M]. 长沙：湖南人民出版社，2013：257.
2　郇庆治. 三重理论视野下的生态文明建设示范区研究[J]. 北京行政学院学报，2016(1)：17-25.
3　单锦炎. 行走在美丽之间：美丽中国的安吉实践[M]. 北京：人民出版社，2014：116-117.

中间凹陷、东北开口"的辐聚状盆地地形，县境南端的龙王山是浙北最高峰（海拔 1587 米），沿路汇聚而成的西苕溪干流从西南向西北流经全县境域进入太湖（全长 110 公里），这些通常被认为是工农业发展不利条件的另一面或"实质"，是一种相对优越的地域性自然生态基础，也就是"绿水青山"这种得天独厚的绿色资源。

二是地理区位优势。处于沪宁杭三角洲中心的地理位置，使安吉县得以近距离地面对着包括杭州、上海和南京这样特大城市在内的一个潜力巨大而交通便捷的庞大市场——到南京和上海只需要一个半小时的车程。因而，就像改革开放之初安吉的建材产品一度成为沪宁杭城市现代化进程中的最基础性需求一样，假以时日，这里的农林土特产品和乡村环境与景观也将会成为沪宁杭等这些完成现代化城市中最为稀缺的资源或最紧俏的商品。而且，周边大城市民众消费需求与能力的变化和本地绿色产品供给能力的提升，几乎肯定将会进一步把这种地理优势凸显出来。

三是经济转型大背景。作为最早开始大规模工业化、城市化建设的长三角一部分的浙北湖州地区，也较早遇到了区域性和流域性的工业污染难题或"瓶颈"，而这突出表现为太湖的严重污染问题。1998 年年末国务院组织实施的"太湖零点行动"——江苏、浙江和上海两省一市的执法人员一千多人对沿湖重点污染企业进行了突击执法检查并查封了一批超标排污企业，直接触动了浙江省以及湖州市政府开始认真考虑实施经济发展或现代化的生态化转型。

当上述客观性条件最先转变为少数地方性政府的自觉意识并成为一种政治决断时，生态文明建设就会（已然）变为一种实践。安吉县的生态文明建设实践就是由此起步的，或者说成为了"第一个吃螃蟹的人"。具体地说，它可以概括为如下三个阶段。[1~3]

筹谋启动阶段（1999～2003 年）：浙江省早在 1998 年举行的省第十次党代会上，就提出了要创造"天蓝、水清、山绿"的优美环境的明确目标，对原来实施的环境保护战略做出了阶段性提升。1999 年，《浙江省环境保护目标责任制度考核办法》出台，建立起由"一把手"负总责、分管领导具体抓落实、环保部门统一监督、有关部门分工协作的责任体系。2002 年，省第十一次党代会进一步提出了"绿色浙江"的战略目标，并在同年由省政府制定了《浙江可持续发展规划纲要》。正是在上述大背景下，安吉县 1999 年 1 月成立了"绿色工程建设领导小组"，经过一年多的反复酝酿与论证，县委、县政府于 2001 年提出实施生态立县战略，打造"生态经济强县、生态文化大县、生态人居名县"，标

1　郇庆治，高兴武，仲亚东. 绿色发展与生态文明建设[M]. 长沙：湖南人民出版社，2013：129-140.

2　单锦炎. 行走在美丽之间：美丽中国的安吉实践[M]. 北京：人民出版社，2014：208-215.

3　庄新民，盛少波. 安吉：追逐绿色发展 书写生态模本[N]. 湖州日报，2015-06-24.

志着安吉的生态县战略正式确立。两年后的 2003 年，安吉县人大通过了《关于生态县建设的决议》。

生态县创建阶段（2003～2007 年）：2003 年，浙江省委、省政府制定了《浙江省生态省建设规划纲要》；2004 年，浙江省启动了 "811 环境整治行动"[1] 这一基础性、标志性工程；2005 年，浙江省又启动了 "发展循环经济 991 行动计划"。在上述政策引导与支持框架下，安吉县的生态县创建工作着力于小城镇环境综合整治、全面小康建设示范村创建、村庄环境整治等工作，并取得了重要进展。比如，正是在 2003 年，天荒坪镇的余村率先做出了从 "石头经济" 向生态旅游经济转型的重大抉择，决定放弃 300 多万元的年集体经济收入（名列安吉县各村之首），并在随后两年内关闭了村办矿山和砖厂、水泥厂。[2] 应该说，一方面是建材工业导致的漫天灰尘等环境污染问题和矿工安全问题，另一方面是地方政府关于生态旅游经济美好前景的承诺，说服了大多数基层群众。更为重要的是，乡村政府还在随后的乡村空间规划、市场主体培育等方面做了大量的扶持性工作，比如派出原来的矿区职工到外地进行考察学习，从而发展起本地的第一批 "农家乐" 业户——到 2014 年，该村的人均可支配收入为 27677 元，是 2004 年的近 5 倍。2004 年 3 月 25 日，安吉在全国率先推出了 "生态日" 活动。2006 年 6 月，安吉县成为全国第一个生态县。

生态文明建设试点示范区阶段（2007～2015 年）：2007 年党的十七大以来，浙江省在继续实施生态省建设、尤其是新一轮 "811" 三年行动计划的同时，明确提出大力推进生态文明建设，努力打造 "生态浙江""美丽浙江"。2010 年省委通过的《关于推进生态文明建设的决定》，明确提出打造 "富饶秀美、和谐安康" 的生态浙江，努力成为全国生态文明建设示范区。2014 年，安吉县所属的湖州市被国家发改委等六部委批准为全国首批 "生态文明先行示范区"。自 2008 年起，安吉县成为环保部组织实施的全国首批 "生态文明建设试点示范区（县）"，同年，安吉县人大通过了《关于建设 "中国美丽乡村" 的决议》，标志着美丽乡村建设成为安吉生态文明建设的核心性领域。2011 年年底，县党代会提出要从生态文明建设的 "全国试点" 向 "全国示范" 跨越，致力于 "人居环境、生态经济、生态价值、绿色城镇、生态制度" 等 5 个方面的示范建设。2012 年，安吉县获得了中国第一个县级的 "联合国人居奖"。2014 年，以安吉县为蓝本起草的《美丽乡村建设规范》成为全国首个 "美丽乡村" 地方标准。

1　它指的是围绕生态经济、节能减排、环境质量、污染防治、生态保护与修复、环保能力、生态文明制度、生态文化等八个方面目标，重点推进的 11 项生态文明建设专项行动：节能减排行动、循环经济行动、绿色城镇行动、美丽乡村行动、清洁水源行动、清洁空气行动、清洁土壤行动、蓝色屏障行动、森林浙江行动、防灾减灾行动和绿色创建行动。

2　李晓俊，徐立冬，江红喜. 绿水青山就是金山银山：习近平同志在安吉余村考察时提出 "两山" 科学论断纪实[N]. 湖州日报，2015-03-12.

经过 15 年左右的不懈努力，安吉县生态文明建设的进展突出体现在如下四个方面[1,2]。

一是雏形初具的生态经济。广义上的生态经济包括工业经济的生态化和主要体现为第一产业和第三产业的绿色经济，而安吉通过"转变一产"、"优化二产"和"提升三产"等政策举措，已形成了一个以现代农林业及旅游业为主导的生态化经济产业体系。2014 年，全县实现地区生产总值 285.06 亿元，农村居民人均纯收入为 21562 元（全省平均水平为 19373 元），分别是 2005 年的 3.22 倍和 3.02 倍，三产比例为 8.9%:48.5%:42.6%。

具体而言，在生态农业方面，农业标准化示范区、无公害农产品生产基地、绿色有机食品基地建设快速推进，并培育出了安吉白茶、高山蔬菜、富硒米、生态甲鱼、蓝莓等特色农产品牌，以及"美丽乡村""中国竹乡""黄浦江源""昌硕故里"等四大乡村旅游品牌和"灵峰胜景""竹海观光""白茶飘香""田园风光"等四大乡村旅游路线。2014 年，全县白茶种植面积达 17 万亩，种植户 15800 户，产值 20.16 亿元，为安吉农民人均创收 5800 元；全县农业休闲园区接待游客 373 万人次，实现营业收入 5.5 亿元。在生态旅游业方面，目前全县拥有景区景点 23 家，其中 4A 级 5 家，三星级以上旅游饭店 8 家，其中四星级 5 家，旅行社 28 家，旅游商品企业 20 家，农家乐 700 余户；在安吉，仅 36.6% 的农村人口从事农业，而其中 93% 的人同时经营以农家乐为主的乡村旅游；森林生态旅游异军突起，2014 年，竹乡森林旅游全年接待游客 946.7 万人，实现旅游收入 42.65 亿元。在生态化工业方面，安吉的椅业和竹木制品这两大传统产业实现转型升级，2014 年二者分别完成产值 167.8 亿元和 180 亿元，其中后者为农民创收 7790 元；与此同时，瞄准新型医药、特色机电、绿色食品和太阳能光伏等四大产业方向，积极引进产业集群和块状实体，以开发区（递铺街道）、天子湖现代工业园、梅溪临港工业园为主要项目承接地，努力打造安吉"金三角"新兴产业基地。2014 年，全县高新技术产业达到 58 家，产值为 135.3 亿元，是 2006 年 2.02 亿元的 13.4 倍。

二是保持优良的生态环境。经过 10 多年的乡村产业结构调整和环境整治努力，安吉县的森林覆盖率达到 71%（植被覆盖率为 75%），城区绿化率达到 51%，使全县空气质量常年维持在优良水平（但 2014 年的县城区空气优良天数是 263 天，仅为 73%），而高达 92% 的生活污水处理率和 100% 的生活垃圾无害化处理率，确保了连续十年全县地表水水质、集中式饮用水源地水质、交界断面水质以及 7 个市控以上断面地表水环境功能区水质达标率均为 100%（但 3 个

1 郇庆治, 高兴武, 仲亚东. 绿色发展与生态文明建设[M]. 长沙: 湖南人民出版社, 2013: 153-155.
2 浙江省生态文明研究中心. 安吉生态实践报告[R]. 2015: 14-24.

省控断面水质为 III 类）。这其中，以"改厕、改路、改房、改水、改线和环境美化"为主要内容的新农村建设及其财政投入，对于改善农村的环境基础设施发挥了重要作用。比如，从 2003 年起县政府每年设立 2000 万元的农村生活污水处理补助资金，一般占到项目总投资的 50%（经济薄弱村则占到 80%）。目前，全县污水处理设施的村庄覆盖率已达到 100%，农村人口受益率 65% 以上。此外，全县持续开展竹木制品企业的污染整治工作，210 家竹木制品企业的污水全部集中处理，由日处理 300 吨高浓度竹制品废水的安吉逢春污水处理公司负责。

　　三是品质大大提升或美化的生态人居。自 2008 年年初起，安吉县明确把美丽乡村建设作为其生态文明建设试点示范区创建的突破口或路径。具体地说，就是在充分发挥生态优势和产业特色的基础上，通过推进村庄环境的综合提升、农村产业的持续发展和农村各项事业的全面进步，把全县 187 个行政村都建设成为"村村优美、家家创业、处处和谐、人人幸福"的现代化新农村。着眼于上述目标，安吉从科学规划入手，将整个县域作为一个大花园来规划设计，同时精雕细刻，努力做到"一村一景""一户一品"，在建设过程中，重点放在发展经济增加收入，而工作的着力点则是发展农村公共事业，改善农村基础设施与农村环境，努力实现城乡基本公共服务的均衡化。到 2012 年，安吉的"美丽乡村"建设已完成近中期目标，基本实现了全县域覆盖。[1] 到 2015 年，我们已不仅可以读到"昌硕故里·人文鄣吴""千年古镇·孝子故里""静心小镇·天赋杭垓""时光小镇·泊心章村""自在小镇·休闲报福""天目慢谷·幸福上墅""浪漫山川·美丽乡村""天荒地老·爱情小镇""白茶故里·美丽溪龙"等一连串的充满着诗情画意的乡镇别称，而且可以身临其境去感受其中那一个个美丽乡村的动人魅力："十里渔村——赤坞村""万顷竹海——唐舍村""美景深溪——深溪村""生态湿地——剑山村""浙北最美山村——高家堂村""威风锣鼓——马家弄村""休闲余村——余村""中国白茶第一村——黄杜村"，等等。[2] 如今，安吉在成功地将当地美丽乡村建设标准上升为国家标准的同时，又提出了全县域建设"浙江泛自然博物园"的宏大目标，并已把浙江省自然博物馆（院）引入安吉。[3, 4] 可以说，安吉的美丽乡村建设不仅创造性地承接了前些年国家曾大力推动的"社会主义新农村建设"，而且成功地实现了与

1　单锦炎. 行走在美丽之间：美丽中国的安吉实践[M]. 北京：人民出版社，2014：89-99, 151-161.

2　笔者于 2015 年 8 月 10~11 日借参加"'绿水青山就是金山银山'重要思想理论研讨会"之机，对天荒坪镇的余村、山川乡的马家弄村和凯蒂猫文化主题公园做了短暂的实地考察，对这些美丽乡村的生态人居留下了深刻印象（《湖州日报》2015 年 8 月 11 日）。

3　安吉县规划局，等. 安吉：中国美丽乡村/浙江泛自然博物园[Z]. 2015.

4　湖州市生态文明办，等. 手绘湖州 生态地图[M]. 北京：五洲传播出版社，2015.

生态文明、美丽中国建设这一国家新时期发展主题的融合对接。而最重要的是，农村百姓在自己的衣食起居中体验到了优质生态环境带来的价值享受与获得感。

四是得到初步挖掘与开发的生态文化。广义的生态文化同时来自优厚的生态环境禀赋、丰富的历史文化传统和现实中生态环境保护与生态文明建设上的努力。对于安吉来说，前者比如竹文化、茶文化，既与这一地区的大自然禀赋直接相关，也在相当程度上构成了其历史文化传统的一部分，"中国竹乡"和"中国白茶之乡"的美誉就是明证，只不过如今的文化开发更注重了与当代社会的大众性经济文化需求相对接———一部《卧虎藏龙》的奥斯卡大片让古老的百万亩竹海瞬间名扬天下，而对白茶营养价值的科学解析则使之获得了甚至超越绿茶的高端时尚茶品地位；中者比如对汉唐古城遗址尤其是孝丰镇的孝文化的挖掘修复、对递铺街道古驿文化及其人文景观的整理保护、对近代画家吴昌硕故里文化的搜集整理，都在某种程度上重建了安吉作为千年古县的历史悠久形象，同时也为美丽乡村建设和生态旅游开发提供了重要的路径支持或营销支点；后者比如县政府制定的"生态日"（2004 年）、"环境整治推进日"（2014年）和正在着力建设的"安吉生态博物馆"，几乎村村都有的小型文化馆、影视馆和特色博物馆，以及由村民自主制定实施的"文明行为守则""村规民约""家训家风"等，都更多是一种现代生态文化及其公民文化意识的积极培育。必须指出的是，像其他文化类型一样，生态文化也是内秀外美同样重要，甚至内秀更根本———因为它意味着从内心深处生态化变革我们的村民（公民），而这在广大农村一般来说不会比城市更容易。

三、"安吉模式" 的普适性与特殊性

无论从生态文明建设的核心要素（生态环境、生态经济、生态人居、生态文化）及其良性互动还是已经产生的现实影响来说[1]，浙江省安吉县的实践探索都构成了一个实实在在的区域性模式。

当然，对"安吉模式"的科学评价，在笔者看来，还应该强调如下两点，一是不能将其视为一个孤立的个例或"绿岛"，相反，我们应该将其置于湖州市、浙江省的更大行政区域范围内来加以整体性考量。事实上，安吉县的实践探索是整个湖州市乃至浙江省生态文明建设实践的一个组成部分或缩影———湖

1　比如，笔者于 2015 年夏天考察甘肃省陇南市康县的生态文明与美丽乡村建设时，当地官员就明确承认其灵感与思路来自"安吉经验"。参见：郇庆治. 生态产业化、美丽乡村与生态文明建设：基于对甘肃省陇南市的考察[J]. 中国生态文明，2015（4）：64-68.

州市自 2014 年起也成为国家发改委主导推动的生态文明先行示范区之一，而浙江省在党的十八大之后逐渐提出了打造"生态文明先行示范省"的宏观战略。这并不意味着忽视或贬低安吉县诸多先行先试做法的开拓性或示范价值，而是不宜过分强调"安吉模式"的"单打独斗"侧面——比如，安吉的生态农林业与旅游业转型战略随后就被湖州市的其他县市和浙江南部的其他市县所效仿、吸纳、拓展。[1~3]二是我们还需要对"安吉模式"的主要侧面或维度做更深入的分析（除了时间向度上的进一步观察）。对此，笔者认为，我们可以着重围绕本章第一部分中提出的三维分析视角来加以讨论。

第一，从生态文明建设的"五位一体"或管理学维度来看，"安吉模式"可以大致概括为一种用"（乡村为主）生态化经济"取代"（城市为主）工业化经济"的发展转型思路和战略。其中，自然资源的新型利用方式（从建材采掘转向生态农林产品与旅游业开发）和主动对接区域性大市场与商业资本运营机制，是整个模式得以运转的关键性要素。绿色经济偏重（尽量减少污染性制造业的产业比重和影响范围）不仅可以较好地维持本来就相对较大容量的生态环境，而且与广大农村的资源优势、产业传统和历史文化达成了一种"多重契合"，并在美丽乡村建设的概念性框架下得以综合推进。就此而言，第二个阶段的镇村环境综合整治和第三个阶段的美丽乡村建设及其有效衔接，至关重要。笔者认为，从长远来看，这种自然资源利用方式的转换本身——生态资本化及其开发[4]——并不能保证生态文明的必然性结果，但至少就目前而言，县域绿色经济的成长、乡村民众生活福祉的改善和生态环境质量的维持（可称为累积性"生态红利"的集中释放），并未产生出十分突出的矛盾。比如，当前更值得关注的仍是乡村旅游业的迅速扩张问题——2014 年全县接纳了 1200 万游客，并已有农家乐业户 700～1000 家，仅天荒坪镇大溪村就有 110 家，而不是资本化旅游业导致的本地利益侵蚀问题。

第二，从生态文明建设的空间维度来说，"安吉模式"同时彰显了县域行政范围的有效性和局限性。一方面，相对独立或封闭的生态空间有助于安吉县依据自身特色，科学规划所辖区域和乡镇街道的主体功能及其经济社会与文化发展，把整个县域作为一个"泛自然博物园"、一个"大景区"来规划、建设和管理。但另一方面，必须承认，县域空间对于生态文明建设的整体目标来说又是非常狭小的。这方面的一个典型例子就是，笔者注意到，安吉县的省际交界处的水质就只能维持在 III 类左右，而县城区 2014 年优良气质天数的比例也只在

1　中共浙江省委宣传部. "绿水青山就是金山银山"理论研究与实践探索[M]. 杭州：浙江人民出版社, 2015：213-343.

2　湖州市生态文明办,《湖州日报》社. 绿水青山就是金山银山：湖州"生态+"[R]. 2015.

3　中共浙江省委宣传部. 绿水青山就是金山银山：浙江实践样本[R]. 2015.

4　郑嵇平. 生态资本唤醒一座镇[N]. 湖州日报,2015-03-29.

73%左右，这些大概都不是安吉自己努力能够解决的问题。[1] 换言之，安吉生态环境改善或维持目标的持久保证，是离不开更大范围内的生态文明建设实践跟进尤其是生态经济转型努力的。这就要求，作为先驱者的安吉，既不能满足于对于沪宁杭等工业化都市来说难以实现的某些绿色指标（比如森林覆盖率和城区绿化率），更不能屈从于当前主流性的现代化生产生活方式及其发展目标（以富裕程度或消费数额论英雄），从而最终创造出一个"生态环境、生态经济、生态人居、生态文化"之间持续性良性互动的"生态文明（绿色）故事"。唯有如此，我们才可以说，"安吉模式"真正具有了超越其地域或时代的普适性。

第三，从生态文明建设的社会公平正义考量或政治维度来说，"安吉模式"应该说包含着强烈的社会主义意蕴，因为美丽乡村建设为主线的生态文明建设实践本身，就意味着对传统剥夺（集中）型城市化的否定和对城乡之间平等、公平、均衡发展的目标性追求，这是必须高度肯定的。而笔者关心的问题是，长久支持这样一种方向性变革的制度性和经济性基础是什么，又在何种意义上是可持续的？ 这其中既涉及目前政府投入力度的可持续性问题[2]，也包括未来乡村中的经济关系基础问题。依据笔者的有限观察访谈，前者的所需资金也许可以逐渐转向社会资本甚或境外资本来筹措征收——这已经是现实中迅速发生着的变化[3]，但后者的个体民营化经济趋势如何能够长期支撑一个更趋公平与和谐的乡村经济和社会，似乎并不符合我们所掌握的政治经济学常识，而一种全新的社会主义政治经济学逻辑目前为止还没有清晰展现出来[4]。就此而言，安吉迄今为止所采取的那些生态文明建设制度革新举措还只是较浅层次的。

结　　论

综上所述，在笔者看来，安吉的生态文明建设实践探索，或生态文明建设

---

[1] 本章撰写期间对安吉县党校同事的采访也证实了周边县市（比如德清和长兴）的工业结构对安吉城区大气环境质量的重要影响。

[2] 2008~2012年，安吉县累计投入涉及"美丽乡村"的项目2526个，资金25.39亿元；2011~2016年，将安排财政资金3亿元，重点培育10个示范风情小镇。参见：单锦炎. 行走在美丽之间：美丽中国的安吉实践[M]. 北京：人民出版社，2014：248-249.

[3] 比如，笔者于2015年8月10~11日出席"'绿水青山就是金山银山'重要思想理论研讨会"期间住宿的"大年初一风景小镇"酒店和参观的凯蒂猫文化主题公园，就分别是由一家海南公司回乡投资开发的大型休闲旅游度假目的地（总投资12亿元）和一家上海公司投资开发的大规模娱乐演艺综合体（总投资预计70亿元），而上海电影集团投资兴建的影视文化产业基地总投入高达180亿元。

[4] 比如，笔者实地考察过的天荒坪镇余村和山川乡马家弄村2014年的集体经济收入分别为150万元和75万元，仅为当年村民纯收入总额的5.2%和3.5%。其中，余村现有民营企业43家、农家乐14家、观光休闲旅游景区3处。这方面的一个积极性例子是，报福镇景溪村成立"景溪坞旅游开发公司"时，集体经济入股总投入500万元的30%，从而保证了村庄资源旅游开发过程中的集体收益分成。本文撰写期间对安吉县委党校同事、县农委官员的访谈大致证实了当地"集体资产不多、集体经济不强"的判断。

的"安吉模式"，在某种程度上是欧美国家尤其是核心欧盟国家中颇为流行的"生态现代化"理念与战略的一个中国版本或验证。如果说（预期或虚拟）市场、（有能力的）政府、技术（创新）三个因素的合理组合，是生态现代化理念与战略得以成功实施的关键[1]，那么，（强大的）政府、（成长中的）市场和技术（跟进）之间的组合，就构成了"安吉模式"之所以取得初步成效的密钥。当然，二者明显不同的是，前者发生在具有悠久工业化历史和成熟市场机制的发达资本主义国家，而后者则发生在依然处在一个现代化发展转型时期的社会主义中国，前者的焦点在城市，而后者的重点在乡村。由此，一方面，我们可以理解，在生态文明和美丽乡村建设推进过程中，包括安吉县在内的各级政府扮演了一种显而易见的主导性作用——"狮子型干部"和"狼型团队"所展现的超强执行力或品牌创造力功不可没[2,3]，而广大农民群众的主体作用总的来说还发挥得不够突出。或者说，朴素的"以民为本"思想依然在我们政府官员的执政理念与治理实践中占据着根深蒂固的地位，而我们的农民群众也依然习惯于用一种更为朴素的情感与形式来表达自己的政治意愿和追求。但如果把生态文明建设理解为一个综合性的社会重构与相互学习过程，那么，政府与乡村、农民之间理应有着一种更为建设性的互动关系，而这应成为安吉县等生态文明建设实践探索下一步努力的更明确目标。

另一方面，就像"安吉模式"的示范效应或可复制性并非是无条件的（良好的生态环境禀赋、优越的地理区位优势和必要的倒逼压力似乎缺一不可）一样，它自身的未来也不是全然确定的。尤其是当我们超出安吉县的行政区域范围和着眼于社会主义的政治维度来审视它时，就会发现，"安吉模式"——就像我国正在开展的诸多生态文明建设示范区（先行区）一样，其实还存在着多种的方向性而不简单是路径选择。概言之，美丽乡村建设视野下的生态文明建设，所牵涉或引发的绝不仅仅是我们目前已看到的迅速成长中的"绿色经济"或魅力十足的"生态人居"，而是我们在推进生态文明建设过程中是否有政治意愿和决心（然后才是可能性）去挑战工业化时代遗留下来的社会不公正、生态不可持续的（归根结底是资本主义的）城乡关系。可以说，那个意义或高度上的从自发到自觉的大胆质疑和替代性选择，才是迈入生态文明新时代的绿色新政治门槛。这绝不是说，目前版本的"安吉模式"无关紧要，而只是说，它还应该有着更高、更明确的未来理想。

1　郇庆治.生态现代化理论与绿色变革[J].马克思主义与现实，2006(2)：90-98.

2，3　单锦炎.行走在美丽之间：美丽中国的安吉实践[M].北京：人民出版社，2014：188-202，215-228.

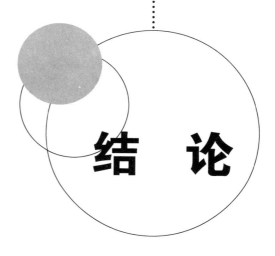

结 论

　　2016 年 8 月中共中央办公厅、国务院办公厅印发的《关于设立统一规范的国家生态文明试验区的意见》和《国家生态文明试验区（福建）实施方案》，构成了我国生态文明建设示范区创建上的一个重要转折点。因为，这意味着，全国各地将会在一种更加规范严格的准则和程序下开展生态文明体制与制度的创新性实践——无论是在中央政府层面的统一性指导还是地方政府层面的贯彻实施机制上。当然，正如其新名称所清楚标明的，2018 年以后的国家生态文明试验区尝试仍将具有明确的继续试验或试点、而不简单是示范推广性质。就此而言，自 2008 年以来的十年生态文明建设试点或先行示范区探索构成了一个承前启后的过渡性阶段，值得我们做更为系统深入的总结。

（一）

　　正如在导言中所指出的[1]，生态文明建设试点或示范区的哲学实质，是尝试改进或重构人类社会不同层面或维度上的人与自然关系、社会与自然关系。依此，笔者把对我国生态文明建设试点或示范区的理论思考，概括为三个理论性问题或维度：一是"五位一体"或"五要素统合"的机理与机制，可简称为"管理哲学或战略维度"；二是省市县三级行政层面的更有效推动及其机理与机制，可简称为"空间维度"；三是生态文明建设的社会主义性质或方向，可简称为"政治维度"。可以说，这样一个三维理论框架既构成了本书阐述得以展开的方法论基础，也决定了其包括理论探讨与案例分析两大部分的篇章结构。换言之，第一至八章的理论探讨部分可以大致理解为对这种三维理论框架本身的进一步展开或讨论，而第九至十五章的案例分析部分可以大致理解为对这种三维理论框架的经验性应用或验证。

1　郇庆治. 三重理论视野下的生态文明建设示范区研究[J]. 北京行政学院学报, 2016(1): 17-25.

以"生态文明建设：新政治思维与理论创新"为题的第一章[1]，在很大程度上（尤其在本书逻辑结构的意义上）是对生态文明及其建设的一种前提性（环境）政治学界定或阐释。它致力于阐明，生态文明及其建设——撇开各种形式的科学性定义不论——归根结底是作为唯一执政党的中国共产党的绿色政治观或"政治生态学"——同时在中国特色社会主义的理论、制度与道路和治国理政方略的双重意义上，相应地，生态文明及其建设的基本目标应是探索和创建一种生态化或合生态的社会主义（新）经济制度、一种生态化的或合生态的社会主义（新）社会、一种生态化的或合生态的社会主义（新）文化，而不能对党的十八大报告所阐述的"四大战略部署及其任务总要求"做一种过于经验性或碎片化的诠释。显而易见的是，着眼于领导引领我国新时期改革开放实践的社会主义生态文明建设，中国共产党还需要更大的理论解放与创新勇气。

基于上述理解，第二、三章分别从权威文献解析和政治学理论的视角阐述了环境政治学视野下的生态文明体制改革或构建问题[2,3]。在笔者看来，如果把发展中国特色的环境政治界定为，在中国共产党领导下主动构建政府、企业、社会、公众与媒体等角色之间的良性政治互动关系，从而形成一种有利于生态环境保护养育的政治合力或"正能量"，那么，大力推进生态文明建设的最基本政治要求，就是在中国共产党领导下创建一个社会主义的"环境国家"或"生态文明国家"。相应地，贯彻落实党的十八大报告以及三中全会《决定》关于生态文明制度建设与体制改革的决策部署，就是一个远为全面而深刻的"生态民主构建"进程，而不简单是一个"行政重组扩权"或"环境经济制度与政策引入"过程，其中包括执政党"绿化"建设、环境法治政府建设、环境行政监管制度/体制建设和"环境公民社会"建设。很明显，这要比人们通常理解的明晰产权、引入新政策工具和机构改革复杂得多，我们必须同时做好进行攻坚战和持久战的准备。

接下来，第四章和第五章分别在更宽阔的国际与国内政治语境下讨论了我国生态文明及其建设的激进变革或革命性意蕴[4,5]。对于前者，在笔者看来，完整意义上的"绿色革命"至少应包含着三重意涵或维度：目标、过程和思维，而当代世界中的任何绿色革命，都必须在某种程度上体现为或导向对现代工业（城市）文明反生态本性的实质性否定或超越。因而十分明显的是，相比欧美

1 郇庆治. 生态文明新政治愿景 2.0 版[J]. 人民论坛, 2014(10 上)：38-41.

2 郇庆治. 环境政治学视角的生态文明体制改革与制度建设[J]. 中共云南省委党校学报, 2014(1)：80-84.

3 郇庆治. 环境政治视角下的生态文明体制改革[J]. 探索, 2015(3)：41-47.

4 郇庆治. 中国生态文明的价值理念与思维方式[J]. 学术前沿, 2015(01 上)：64-73.

5 郇庆治. 前瞻 2020：生态文明视野下的全面小康[J]. 学术前沿, 2016(09 下)：65-73.

国家生态现代化主题下的各种"浅绿色"实践努力——尽管在许多方面确实是颇有成效的，我们有更多的理由或条件使当下的（社会主义）生态文明建设成为一场真正意义上的"绿色革命"，而这只有在把各种生态环境难题的应对置于一个更广阔的社会主义现代化建设事业的整体背景与语境之下时才会成为可能。对于后者，笔者认为，无论是"生态文明建设"还是"全面建成小康社会"，都是同时可以在狭义和广义上加以阐释的综合性社会发展目标话语与实践。因而，它们不仅构成了对方各自进行一种自我反思性审视的重要背景和语境，而且可以在彼此间展开一种持续性的、意趣深远的学理对话与实践互动。尤其是，当我们从大力推进生态文明建设视角来观察与评估当前的全面建成小康社会努力时，更应该看到或强调的也许是它的阶段过渡性而不是完成性意涵，从而使我们2020年之后的新时期发展有着更为明晰的着力点或方向。

第六至八章分别讨论了"社会主义生态文明的政治哲学基础"、"生态马克思主义与生态文明制度创新"和"社会主义生态文明观与'绿水青山就是金山银山'"[1~3]，实质上是对生态文明建设的社会主义政治维度的较系统性阐述。笔者坚信，走向"社会主义生态文明新时代"的逻辑性前提，是一种得到系统性理论阐发和持久性政治贯彻的"社会主义生态文明观"。"社会主义生态文明"作为对社会主义的左翼政治旨向与生态主义的自然价值感知的自觉结合，其哲学基石或依据是一种能动性的社会关系以及建立在这种能动性社会关系基础上的不断改善的社会—自然关系。就此而言，在笔者看来，相对于经典马克思主义，广义上的生态马克思主义首先是一种方法论意义上的革新，不仅有助于我们更全面客观地认识当代资本主义社会的现实——尤其是社会自然关系与社会关系的辩证互动或转化，而且有可能拓展成为现时代马克思主义的一种主流性或前沿性表达，同时体现在抗衡资本主义经济政治全球化和探寻社会主义替代性选择两个方面，因而与社会主义生态文明的理论与实践似乎更具亲和性。生态马克思主义的理论价值或贡献就在于，它提醒我们，生态环境问题在很大程度上是资本主义的社会关系和社会自然关系不断扩张与深化的结果，因而克服生态环境问题的真正出路，就在于逐渐消除资本主义的社会关系和社会自然关系。而上述理解对于我国生态文明建设的启示意义在于，一是我们需要自觉坚持生态文明及其建设的社会主义目标和方向，二是我们需要时刻保持对当今世界主导秩序与框架的审慎态度和超越精神——很显然，当代中国的社会主义生态文明建设有着巨大的绿色政治变革潜能，而这方面的潜能尚未得到从理论精英到实践创新者的足够重视。如果立足于这样一种生态马克思主义或

1　郇庆治. 社会主义生态文明的政治哲学基础：方法论视角[J]. 社会科学辑刊，2017(1)：5-10.
2　郇庆治. 生态马克思主义与生态文明制度创新[J]. 南京工业大学学报(社科版)，2016(1)：32-39.
3　郇庆治. 社会主义生态文明观与绿水青山就是金山银山[J]. 学习论坛，2016(5)：42-45.

"绿色左翼"的话语语境，那么就不难理解，关于"绿水青山就是金山银山"的系列阐述，其实就是"社会主义生态文明观"的主要意涵在中国背景和语境下的一种形象化表达，它所强调的是通过大力推进"社会主义生态文明"建设，在逐渐解决目前所面临的严峻生态环境难题的同时，找到一条通向中国特色社会主义的人与自然、社会与自然关系新构型的现实道路——否则的话，我们对它所做的进一步诠释就很难逃脱物质功利主义或极端人类中心主义的窠臼（即便就其思维方法而言是辩证的）。

第九至十五章的案例分析部分，是按照导言中提出的三维分析框架尤其是"空间维度"展开的，对省级、地市级和县区级的典型案例分析分别有三个与两个，具体的切入视角也并不完全相同。在省级层面上，笔者选择的是对福建省、江西省"国家生态文明试验区"或"生态文明先行示范区"和江苏省"生态文明先行示范省"创建的个例分析[1~3]。作为全国第一批"生态文明先行示范区"和"国家生态文明试验区"，在笔者看来，福建、江西的典型意义在于，她们理应或更有希望以生态文明建设的实质性意涵和适当规模来从事一系列的实践尝试尤其是制度创新。因为，在福建、江西这样生态环境资源禀赋优厚、而传统工业化模式嵌入程度相对较浅的省域中，生态文明建设这一最初由生态环境保护与治理引发的同时关涉到经济、政治、社会与文化各个层面变革的系统性工程，或者说一场异常复杂与深刻的整体性社会生态转型，可以较容易地转换成为一种对其自然生态资源禀赋及其经济性利用的绿色感知和实践。具体而言，福建和江西的生态文明创建工作，既具有生态天赋、经济优势和实践经验等方面的有利条件（尤其是福建），也存在着一些不容忽视的客观性难题与挑战，而至少从两年多的实践情况（2014~2016年）来看，无论对于体制创新的潜能还是现行制度框架的羁绊都还需要更深刻的认知与应对。相比之下，笔者认为，尽管并未获得任何国家级称号，着眼于区域经济结构或发展模式渐次革新的生态现代化理念和战略，完全可以成为江苏目前致力于的生态文明先行示范省创建的一个重要路径。其具体思路是，政府主动构建更为明确的区域经济生态化远景规划和使污染整治与生态修复目标转化为虚拟的"环保元素市场"，让少数创新型企业在革新性科技与环境友好社会的支持下率先成为某些先导性议题政策领域的"主角"，并依此重构地方性的环境（污染）治理体系与经济政策体系。其长远效果是，在目前面临的主要环境污染和生态退化难题得到初步克服的同时，区域经济结构和生产生活方式真正建立在一种资源节约、环境友好的原则与理念之上。生态现代化并不是一种非常激进的理念与战

1　郇庆治. 志存高远　创建生态文明先行示范省[J]. 福建理论学习, 2015(6)；4-9.

2　郇庆治. 生态文明创建的绿色发展路径：以江西为例[J]. 鄱阳湖学刊, 2017(1)；29-41.

3　郇庆治. 生态文明示范省建设的生态现代化路径 [J]. 阅江学刊, 2016(6)；23-28.

略，因为它并不意味着对现代化本身的抛弃。但如果将其置于生态文明建设的话语语境之下，那么，它就有可能扮演一种现实路径的角色——引向更加激进或全面的政治、社会与文化层面上的文明性革新。

在地市级层面上，笔者选择的是对福建省三明市集中于新型工业化与城镇化和甘肃省陇南市集中于生态产业化与美丽乡村建设的生态文明建设个例分析[1,2]。与国内许多城市相比，三明市同时有着林草丰富、山川秀美的天然生态优势和集中于传统产业的工业优势。从生态文明建设的视角来看，一种理想的模式当然是生态环境保持前提下的新型工业化与农村城镇化协调发展，也就是致力于一种绿色发展或"生态文明的社会主义现代化"。但是，现实总是要比理论复杂得多——作为革命老区和山（林）区，三明还依然是一个传统意义上的福建省经济发展中等水平的地区，而与厦门、福州、泉州等兄弟城市的差距就更大，而同样确定的是，依工业而建的三明市主城区也面临着传统意义上的居民生活空间拥挤和较严重的环境污染问题。因而，笔者认为，三明既有着得天独厚的绿色发展潜能，也存在着难以回避的绿色发展挑战。而如何真正做到以生态化来统领正在快速推进的工业化与城镇化，对于三明来说还显然只是处在一个历史新阶段的起点。不仅如此，客观说来，三明的绿色未来前景，并非仅仅取决于三明人的自主选择，尽管这种自觉意识与主体选择无疑是最重要的影响变量。相比之下，不难理解的是，地处甘南的陇南市将推进生态文明建设的工作着力点集中于丰富自然资源的生态化开发和美丽乡村建设。而陇南市围绕着较为优越的山水生态禀赋而展开的生态文明建设实践，已远远超出了"水生态"或"陇南地域"的狭隘意涵，其大胆探索以及所面临着的诸多挑战，值得从更高层面上给予关注与总结。在笔者看来，尤其值得深入思考的一些问题包括，一是地（流）域性生态文明建设的优势、路径或地方特色，二是生态文明建设的综合性、整体性和系统性，三是生态文明建设的多元主体及其作用。

在县区级层面上，笔者选择的是对北京市密云区、延庆区与河北省唐县和浙江省安吉县生态文明示范区创建的个例（比较）分析[3,4]。如果说前一个个例分析所表明的是，像北京这样的国际性都市的生态文明建设水平或生态环境质量，更应当从一种区域一体化或区域协同发展的视角来理解或应对。因而，北京市在"十三五"乃至更长时间内的生态文明建设工作，需要坚持"自身挖潜"（内敛性）和"周边促动"（外向性）并重并举的整体战略，力争在严重影响

1　郇庆治. 新型工业化、城镇化与生态文明建设: 以福建省三明市为例[J]. 环境教育, 2013(12): 67-72.

2　郇庆治. 生态产业化、美丽乡村与生态文明建设: 基于对甘肃省陇南市的考察[J]. 中国生态文明, 2015(4): 64-68.

3　郇庆治. 区域一体化下生态文明建设如何坚持整体性战略? ——基于对北京市密云区、延庆区和河北省唐县的考察[J]. 中国生态文明, 2016(05): 40-49.

4　郇庆治. 生态文明建设的区域模式: 以浙江省安吉县为例[J]. 中共贵州省委党校学报, 2016(4): 32-39.

首都城市形象和公众生活质量的生态环境难题应对上取得实质性进展，并在相关领域中的经济社会制度机制创新上有所突破，从而初步显现出一种区域性示范与引领者的作用。那么，在笔者看来，无论从生态文明建设的核心元素（生态环境、生态经济、生态人居、生态文化）及其良性互动还是已经产生的现实影响来说，浙江安吉县的实践探索都构成了一个实实在在的区域性模式。而就其现实路径而言，它在某种程度上也可以理解为欧美国家尤其是核心欧盟国家中颇为盛行的"生态现代化"理念与战略的一个中国版本或验证。由此也就可以理解，一方面，在环境整治、产业生态化、美丽乡村建设等战略的推进过程中，各级政府扮演着一种显而易见的主导性作用，而广大农民群众的主体作用总的来说发挥得还不够充分，另一方面，就像"安吉模式"的示范效应或可复制性并非是无条件的一样（良好的生态环境禀赋、优越的地理区位优势和必要的倒逼压力似乎缺一不可），它自身的未来也不是全然确定的。

（二）

那么，基于上述分析，我们可以对迄今为止的我国生态文明试点或示范区建设做一个什么样的结论性判断呢？为了便于展开论述，笔者对此的讨论将集中于在导言中所提出的三个基本性理论问题或维度，即这些生态文明试点或示范区的实践是否及在何种意义上确立了适合生态文明建设健康顺利推进的主客体关系、体制制度构架和经济政治与社会动力机制，清楚表明了生态文明建设的健康顺利进行在哪一个行政层面上更容易发生和取得成效，明确展示了生态文明建设具体举措或步骤的社会主义政治愿景与未来。

在管理哲学或战略维度上，应该说，无论是以环保部为主导的"生态文明建设（试点）示范区"还是以国家发改委为主导的"生态文明先行示范区"创建，都明确坚持了一种"五位一体"或"五要素统合"的总体思路，尽管二者的政策着力点略有差别（前者以生态县市建设为基础，而后者以贯彻落实主体功能区划为抓手）。在这样一种生态文明及其建设实践的综合性认知之下，从党的十八大报告提出的"四大战略部署及其任务总要求"到十八届三中全会《决定》规定的"四项改革任务"，再到《生态文明体制改革总体方案》明确的着力打造"八项基本制度"，生态文明建设试点或先行示范区围绕着其中的某些任务或制度创新要求做了大胆而有序的探索。而至少从对福建省、江西省和江苏省的个例观察来看，一方面在将国家生态文明建设战略进行本地化表述或推进上取得了诸多进展，尤其是省域性贯彻落实规划和方案的制订实施（比如生态文明先行示范省或国家生态文明试验区创建的实施方案）和生态环境保护相关政策的引入强化（比如省域内的环境经济政策工具和生态补偿机制），但另一方面真正做到融入整个社会的各个方面和全过程并发挥一种系统性绿色变革引领作用的生态文明建设显然还远未成为现实。

在笔者看来，影响着"五位一体"或"五要素统合"更高水平实现的困难或挑战，同时是认知深度和管理能力层面上的。认知层面上的最大不足或缺憾，是我们依然不在少数的中层领导者和地方官员对生态文明建设的社会整体性变革要求与后果缺乏理解和认同。对于他们来说，生态环境难题仍是工业污染或生态系统退化意义上的元素性或局部性难题，因而解决手段或路径将是逐渐改进的经济技术工艺和行政监管。相应地，生态文明建设与世界范围内的绿色经济社会转型的内在性关联、与我国现代化进程阶段性跃升的内在性关联，都尚在他们的理论视野之外或者是视而不见。管理能力层面上的最大问题或缺陷，似乎不是我们的个体管理者的科技素养和社科管理知识，而是中华人民共和国成立以来包括改革开放以来已经逐渐成形甚至结构性固化的政府管理体制——行业分割、部门分工、等级森严的"现代"管理体制本身在相当程度上是反生态的，也就很难指望它推动和促成现代工业社会的生态化转型或重构。由此可以理解，部门化或地方化的政策偏好与偏差，在各种形式的生态文明建设示范区实践中屡见不鲜——尤其是许多议题性生态文明建设示范区政策创议给地方政府和民众带来的紊乱政治信号与信息。

因此，生态文明建设"五位一体"或"五要素统合"战略的直接或初级目标，是通过社会各个政策领域（特别是经济、政治、社会与文化领域）的共同努力以实现目前严重退化的生态环境质量的切实改善，而它的中长期或更高目标是，借助生态文明建设旗帜下的人与自然、社会与自然关系主动调整，来实现我国社会主义现代化进程甚或现代文明本身的质的提升。就此而言，笔者认为，全面深入贯彻落实"五位一体"或"五要素统合"战略，仍将是我国各个国家生态文明试验区的长期性任务。

在空间维度上，过去十年间的一个最大变化就是，党的十八大之后包括发改委在内的国家部委强势介入生态文明建设示范区的试点或创建。其中，发改委等七部委于2014年启动的"生态文明先行示范区"计划，先后把福建、江西、贵州、青海的整个省域列入试点。两年后，依据中央办公厅和国务院办公厅印发的通知，福建、江西和贵州又成为了第一批"国家生态文明试验区（省）"。这样一种变化的合理性在于，正如笔者已经指出的，省域在我国是从事包括生态文明建设在内的诸多治理架构与政策创新的适当行政层级，因而补充完整环保部主导方案一直未曾覆盖的省级试点是非常必要的；不仅如此，无论是"五省"的"先行示范区"组合还是"三省"以及随后增加的海南省的"国家试验区"组合，它们都体现了各自较为优越的自然生态禀赋并分布于国家地理上的东、中、西部。但如果与环保部主导方案相比较的话，这种变化所提出的问题是，成为省级"先行示范区"或"国家试验区"的标准究竟是什么，或者说，究竟哪些省份更适合进行生态文明相关体制与制度改革的创新。非常有意思的是，环保部主导方案的前提性要求是，只有一定比例的下级构成性单位成为示范区后（60%左右），其上一个行政层级才有可能成为示范区。这也是为什么，它的地市级和县市级示范区高度集中于东部地区尤其是苏浙两省，但却一直未明确提出省级的试点。在笔者看来，这样做的最大好处是，至少在环保部"一家独大"的情况下（2008～2013年），它所传递的政策信号和信息是统一而清晰的，即成为生态文明建设示范省（区）需要一种较高而明确的准入门槛。相比之下，国家发改委等七部委主导方案似乎更加强调的是候选省份较为富裕的自然生态禀赋或容量，因而有着相对较大的绿色发展空间或潜能。但这样做的一个明显特点或"不足"是，入选省份似乎更多具有了全国性布局而不是客观性进展的标志性意义。换言之，"先行示范区"或"国家试验区"省份对于某一特定区域或某些制度机制创新来说可能是非常重要或具有代表性的，但未必是生态文明建设整体水平最高的或具有普适性的。

那么，我们是否可以对如下两个具体性问题做出一个明确的判断呢？即，本书分析的七个生态文明示范区案例哪一个更成功些，以及省市县哪一个层级更适合推进生态文明建设。笔者认为，就前者而言，我们可以大致做出的判断是，福建、密云/延庆、安吉显然是更多受到各级政府与社会各界关注的生态文明建设示范区，而就持续性努力以及切实成效来说，安吉、密云应该是更具代表性的生态文明建设示范区。尤其需要说明的是，尽管各自的周边环境因素和具体思路有所不同，安吉县和密云区（以及部分意义上的陇南市康县）实践所彰显的都是生态经济化带动促进经济生态化的生态文明建设路径或模式（即"绿色发展路径"），而非常明显的是，像江苏这样的工业化大省在生态现代化路径下的生态文明建设突破——以经济生态化促进保障生态经济化，将会更加意义重大。就后者而言，必须承认，省域推进生态文明建设包括示范区建设的巨大潜能——无论作为一个具有较大生态系统独立性的行政调控空间还是作为一个更大规模的区域性绿色市场，尚未充分发挥出来。很明显，县市区层级上的整体性绿色经济转向和相应的体制改革与制度创新更容易——这在安吉、康县和密云/延庆体现得尤为清楚。相形之下，地级市或省域的绿色经济转向以及相应的经济社会体制改革和制度重建要困难得多（比如在三明市和江苏省）。这其中隐含着的恐怕是一种"船大难调头"效应，即传统现代化发展模式的惯性和经济社会绿色转型的挑战使得地市级和省级政府很难做出一种"破釜沉舟"式的抉择。笔者仍然认为，省域是我国实质性推进生态文明建设包括示范区或试验区创建的更理想平台，但这似乎需要更强有力的国家政治推动或意愿，以及不断提升的生态文明建设地方领导能力。

需要强调的是，生态文明建设包括示范区创建中空间维度的重要性在于政策与制度创新的保证及其延续性，就此而言，具体的行政层级并没有绝对的优先权。也就是说，省域是重要的，但并不是绝对的。这意味着，即便在2018年之后的国家生态文明试验区创建中，地级市、县市区维度下的考量及其实践探索依然具有重要意义。尤其需要做的是，把过去十年中各个部委主导的试点或示范区方案的成功经验吸纳其中，并实现一种过渡有序的阶段性衔接。

在政治维度上，社会主义的政治愿景或方向虽然在党的十八大报告及其修改后的党章、《生态文明体制改革总体方案》等这些最权威文件中得到了明确的肯定与确认，但在生态文明基础理论研究的学界领域和中微观层面的政策创议及其实践中却并未得到足够的重视。就此而言，笔者认为，政治维度已成为我国生态文明建设包括示范区创建中的严重"短板"。也正因为如此，笔者花了较大篇幅来阐述我国生态文明建设的社会主义政治意蕴、社会主义生态文明的政治哲学基础、社会主义生态文明观的理论意涵与政治要求。概括地说，社会主义生态文明观是马克思主义关于人与自然、社会与自然关系辩证思想在我国社会主义现代化发展进程中的理论运用与创新，是中国共产党新时期不断丰富的政治意识形态和治国理政方略的重要内容，其核心是基于社会主义（社会公正）政治传统与生态主义自然价值观（生态可持续性）之间的"红绿融合"，通过经济、政治、社会、文化与生态等领域体制制度的绿色转型或重构，实现我国环境治理体系与能力的现代化和中华民族的永续发展，努力走向社会主义的生态文明新时代。

应该说，在本书重点考察的七个案例中，无论是福建省、江西省的"先行示范区"或"国家试验区"创建，还是安吉县和陇南市康县生态文明建设主题下的美丽乡村创建中，都明显地呈现出了一种社会主义的政治维度，比如前者的省域性生态补偿机制构建和后者的农村集体经济新形式探索，可惜很少有学术著述从这样一种视角做出理论分析。当然，这方面最值得关注的是河北省唐县的"未名公社"案例。尽管并非是一个生态文明示范区创建的典型案例，但它却旗帜鲜明地把国家精准扶贫政策、美丽乡村建设和生态文明建设在社会主义新农村（"共产主义公社"）的概念框架下整合起来，而且提出了一系列具有生态社会主义性质的政策举措和未来社会构想（比如村民社员化和对社员的基本性社会福利保障）。对于这样一个尚处于初创阶段的由高校民企主导的经济社会试验的成效，我们还需要更长的时间来观察，但它的一个直接性功用是提醒我们，生态文明建设的确有着真正替代性的不同选择。

需要指出的是，社会主义生态文明界定与阐释的最核心内容或关键，是承认当今世界主导性的资本主义经济政治制度（体系）与生态环境挑战或危机的根本相关性——同时在深层成因和解决路径的意义上。依此，一种合逻辑结论或思路就是，我国的生态文明建设包括示范区创建必须自觉致力于一种资本主义替代意义上的综合性社会生态转型，而不应拘泥于对欧美生态现代化主题下的经济技术或行政管理手段的引入运用。就此而言，生态文明建设包括示范区创建过程中至少同等重要的是整体性社会架构及其运行机制的绿色重建，而这意味着或必将导向一种全新的或社会主义的经济、政治、社会与文化。[1] 换言之，它将很可能成为人类社会最终走出资本主义而通向社会主义的一个路口或契机。也正因为如此，原联邦德国绿色左翼学者米夏尔·布里（Michael Brie）认为，中国很可能成为 3.0 版社会主义的最重要诞生地。[2] 而多少有些遗憾的是，我国学界对此还明显关注不够。

（三）

包括示范区或试验区创建在内的生态文明建设实践，是一项特别需要或基于理论创新的社会整体性变革事业。甚至可以说，我国生态文明建设所最终能够实现的未来图景及其变革力度，将直接依赖于或取决于我们理论认识的高度及其深刻程度。正如前文的分析所表明的，近十年来的我国生态文明试点或先行示范区创建实践，既在相当程度上拓展了我们对于生态文明及其建设本身以及许多相关性议题的科学认识，又在很大程度上凸显了我们现有认识以及所支撑的有关政策举措的暂时性和局限性——比如，我们还难说已经形成了一个系统性的社会主义生态文明理论。因此，在笔者看来，从（试点或先行）示范区向国家试验区的阶段性过渡，对我们批判性反思党的十七大以来生态文明及其建设的理论研究成果、进一步推进该议题领域的创新性研究提供了一个重要契机。笔者认为，强化我国生态文明基础理论的创新性研究，亟须突出如下三个维度[3]。

一是实践维度。虽然说生态文明这一术语在我国的出现可以追溯到 20 世纪 80 年代中期，并在此后逐渐形成了由中国学者引领的这一议题领域的学术性研究，但相对于 2007 年党的十七大和 2012 年党的十八大以来迅速展开的生态文明建设实践——同时包括政策化实践和地方性实践两个层面，我们学术界的理论研究仍是严重不充分甚或滞后的。

前者的典型例子是对于党和政府近年来相继出台的《决定》（2013 年 11

1　郇庆治，高兴武，仲亚东. 绿色发展与生态文明建设[M]. 长沙：湖南人民出版社，2013：265-268.

2　张文红. 德国左翼党认为中国是"社会主义 3.0"最重要的诞生地[J]. 红旗文稿，2016(16)：34-35.

3　郇庆治. 创新生态文明理论研究的三个维度[N]. 中国环境报，2016-06-15.

月）、《意见》（2015 年 4 月）和《方案》（2015 年 9 月）等重大政策文件，学术界的学理性讨论或智力支持并不够充分，对于其中的许多基础性概念和关键性政策，并未做出应有的扎实理论分析和拓展性研讨，比如作为生态文明体制核心的"环境国家"或"生态文明国家"构架问题、创建国家或区域性生态补偿机制的环境或社会正义概念基础问题、生态文明建设过程中的公众政治主体地位及其社会政治动员问题等。后者的典型实例是对于我国各类生态文明建设示范区的理论研究，目前还很少严肃的学术研究成果。截至 2016 年，仅仅由国家环保部和国家发改委等七部委分别主导的全国生态文明试点（先行）示范区就有125 个（包括 19 个地市级和 2 个跨行政区域或流域的试点，但并没有涵盖整个省域范围的省域性试点）和 102 个（包括 5 个省份、53 个市州和 16 个特殊区域或流域）。应该承认，对于这些探索中的生态文明建设示范区的实际进展，我们理论界总体上还知之甚少，而在非常有限的交流沟通场合中，我们发出的声音也很微弱。

因此，笔者认为，我国生态文明理论创新性研究的第一个进路是深入走向实践。这既是指我们的研究机构和学者个体要大规模、常态化地开展实地考察调研，将我们的理论议题设定与学理分析置于活生生的现实经验基础之上，也是指我们的研究机构和学者个体要着力于构筑或适应一种新型的知识生产与应用架构——知识不再是在理论上推导或实验室虚拟出来然后应用于实践的，而是与现实中的各种社会角色和机制共同创造出来的，生态文明或可持续发展知识尤其如此。[1] 依此理解，开展中的生态文明实践其实是我们生态文明理论研究的一个有机组成部分。

二是国际维度。生态环境挑战和当代人类社会生活的全球化现实，注定了我国的生态文明建设及其理论研究的国际性质，这并不是什么深奥的道理。也就是说，我们的生态文明建设话语和实践，无论是就其合适的近期和中长期目标的确定还是着眼于克服局地化实践难以避免的局限性或未来不确定性，都必须自觉成为一种国际化"绿色潮流"的一部分。但具体到现实中，我们将长期同时面临着"请进来"和"走出去"的问题。前者更多涉及的是我们对于欧美工业发达国家生态经验的"学习态度"，而后者更多涉及的是前者基础上的我们对于绿色中国（世界）未来的"目标追求"。

就后者而言，应该承认，中国学界与欧美国家学界进行的关于生态文明建设及其研究的交流还相对较少——我们迄今更多关注的是生态文明理念与国家战略的国际传播问题。这其中尤其值得提及的，一是自 2007 年开始的中美学者

1　部分基于这样一种理解，2015 年 6 月成立的网络性团体"中国社会主义生态文明研究小组"将 2016 年的工作重点就确定为对大北京地区（包括延庆、密云和唐县）、江苏省常熟市和江西省抚州市等的实地调研。

之间的年度性生态文明论坛，以小约翰·柯布为代表的美国过程哲学学派对中国的生态文明建设给予了热情关注和积极评价，明确将中国的生态文明建设理论与实践作为其渐趋成型的"有机马克思主义"理论的构成性元素之一[1]；二是 2014 年以来中国学者与欧洲、拉美学者之间关于"社会主义生态文明和社会生态转型（'超越发展'）"的全球"绿色左翼"对话[2]，对生态文明及其建设话语的社会主义限定或修饰（即"社会主义生态文明"概念），既是我国多年来开展的生态马克思主义/社会主义研究的一种中国化拓展，也使得我国的生态文明建设话语得以进入国际"绿色左翼"理论平台。

毋庸讳言，上述关于生态文明及其建设的明确学术意义上的积极性国际对话，仍是数量有限的。因而，笔者认为，我国生态文明理论创新性研究的另一个进路是继续"走出去"。但需要强调的是，我们新时期的"走出去"战略需要一种更高、更明确的阶段性目标，那就是，我国生态文明（可持续发展）研究者应尽快适应从"问题报告者"向"方案提供者"角色的转换。这并不是说，对于欧美和其他国家生态经验的学习借鉴已无关紧要，而只是说，我们需要更多致力于言说或阐释中国大地上的"绿色故事"（当然是基于批判性和反思性的分析）。无论就中国日益重要的国际经济政治地位还是我们理应担当的全球性生态义责来说，我国的生态文明建设都在本质上是一种国际对话或互动进程。因此，我们仍将长期是一个学习者，但需逐渐调适为一个主动和互动意义上的学习者。

三是学科维度。作为上述两个方面的一种自然性结果或拓展性要求，生态文明及其建设理论和实践理应更多获得一种学术学科层面上的认可或重视。当然，生态文明建设与可持续发展议题一样，本来就是一个跨越几乎所有现存人文社科和科学技术学科的交叉性研究领域，就此而言，它对于现有学术学科的挑战性甚或颠覆性价值远大于其本身成为一个新型学科。但我们也必须看到，在目前的国家学科分类体系和高校教学体制下，生态文明及其建设的学科"边缘化"地位已成为一个严重的制约性因素。[3]

这方面一个可以类比的例子，是 20 世纪 80 年代初环境工程学科的萌生和成熟，并最终成长为目前的一个国际公认的独立学科。如果说当年的环境工程学科致力于解决的是随着工业化快速推进而凸显的环境（工业）污染问题，同时结合了环境工程关涉的一些自然科学基础学科分支和社会科学基础学科分

1　比如，在 2016 年 8 月 17 日由北京林业大学主办的"美国有机马克思主义生态文明思想研究"学术研讨会上，出席本次会议的小约翰·柯布教授和王治河博士都明确承认了中国生态文明建设实践在有机马克思主义学派形成和理论构建中的地位。

2　Qingzhi Huan. Socialist eco-civilization and social-ecological transformation[J]. Capitalism Nature Socialism, 2016, 27(2)：51-66.

3　郇庆治. 生态文明建设与环境人文社会科学[J]. 中国生态文明, 2013(1)：40-42.

支，那么，如今的生态文明及其建设"学科"似乎可以致力于解决更加宏观层面上和更加复合性的经济、政治、社会、文化与生态的协调共生问题（"五位一体"或"多位一体"），而且可以吸纳进更多的自然科学和人文社会科学基础性学科分支。但也许正因为这种超级综合或"穿越"特征，迄今为止个别高校（比如北京林业大学和湖南师范大学）或研究机构（比如中国社会科学院）的生态文明及其建设教学研究的学科化努力，并不十分成功——往往呈现为一些虚体性的研究中心（或院所），而这方面的理论教育大多由学校的通识（政治）公共课（比如北大、清华）来完成。至少从目前情况来看，生态文明及其建设的学科化前景尚不明朗。

生态文明及其建设的学科边缘化地位的主要缺陷，是它严重妨碍着生态文明理论与实践的规范性学理研究与正规教育，而一种缺乏系统性理论研究和正规化人才教育支撑的生态文明建设实践，则几乎必然是短视的和跛足的。在现实中经常看到的是，作为许多关键性政策基础的核心性概念的意涵其实是模糊不清的（比如"离任审计""党政同责""终生问责"等），而作为"五位一体"目标内在要求的生态文明建设政策本身却是严重部门化分割的（比如属于不同部委主导的同一个市县的生态文明建设示范区实践）。也就是说，生态文明及其建设话语（理论）的最大绿色变革潜能，是它的复合性思维及其实践指向，但这一点却并不能自动实现。但正因为如此，笔者相信，学科化考量或教研模式创新已然成为生态文明理论创新性研究的又一个重要进路。这其中的关键不是行政性赋予生态文明及其建设一个国家认可的独立学科地位，而是使它的学理性研究与正规教育走向制度化。比如，目前国内已经建立的几个生态文明研究院（中心），可以率先进行这方面的尝试。

参 考 文 献

阿诺德·约瑟夫·汤因比. 历史研究[M]. 郭小凌，王皖强，译. 上海：上海人民出版社，2010.

安德鲁·多布森. 绿色政治思想[M]. 郇庆治，译. 济南：山东大学出版社，2005.

安德鲁·多布森. 环境公民权与环境友好行为：批判性评述[G]// 郇庆治，译. 当代西方生态资本主义理论. 北京：北京大学出版社，2015：147-201.

安德鲁·文森特. 现代政治意识形态[M]. 袁久红，译. 南京：江苏人民出版社，2005.

北京大学首都发展研究院，北京北达城市规划设计研究院. 唐县通天河沿线新农村发展规划[Z]. 2015.

曹孟勤，黄翠新. 论生态自由[M]. 上海：上海三联书店，2014.

查甜甜. 冬奥会遇上京津冀将擦出哪些火花？[EB/OL]. (2016-04-18) [2016-06-03]. http://www.beijing-2022.cn/a/20160421/045520.htm.

巢哲雄. 关于促进国家生态环境治理现代化的思考[J]. 环境保护，2014(16)：44-46.

陈梦娜. 国务院正式发布"土十条" 土壤修复盛案开启[N]. 上海证券报，2016-05-31.

陈蓝燕，施云娟. 福建生态文明建设先试先行、筑牢生态屏障实施生态立省[EB/OL].(2015-05-21) [2015-06-20]. http://www.fj.people.com.cn.

陈学明. 生态文明论[M]. 重庆：重庆出版社，2008.

陈学明. 谁是罪魁祸首：追寻生态危机的根源[M]. 北京：人民出版社，2012.

陈志尧. 靖安县生态文明建设情况汇报[R]. 靖安，2016-09-17.

戴维·佩珀. 生态社会主义：从深生态学到社会正义[M]. 刘颖，译. 济南：山东大学出版社，2012.

邓小平. 邓小平文选(第二卷) [M]. 北京：人民出版社，1983.

邓小平. 邓小平文选(第三卷) [M]. 北京：人民出版社，1993.

范春萍. 面对失控的世界 人类必须做出抉择[J]. 中国地质大学学报(社科版)，2012，(2)：1-9.

菲利普·克莱顿，贾斯廷·海因泽克. 有机马克思主义：生态灾难与资本主义的替代选择[M]. 孟献丽，于桂凤，张丽霞，译. 北京：人民出版社，2015.

福建省林业厅.加快林业改革与发展，服务生态文明示范区建设[EB/OL]. (2015-05-19) [2015-06-04]. http://www.rmlt.com.cn/local/yaowen/.

郭铁民. 新常态下推动福建产业绿色发展 [N/OL]. 福建日报，2015-03-08(7) [2015-04-02]. http://www.doc88.com/p-1384606235544.html.

郭婷. 京津冀实现空气质量达标还需做出哪些努力？[N].中国环境报，2016-03-01.

郭寅枫. 太湖水治理如何跨越"七年之痒"[N].无锡日报，2014-06-16.

郭占恒. "绿水青山就是金山银山"的重大理论和实践意义[N]. 杭州日报，2015-05-19.

国家发改委，环境保护部，住房城乡建设部，等. 太湖流域水环境综合治理总体方案 [R/OL]. (2013-12-30) [2014-01-05]. http://www.sdpc.gov.cn/fzgggz/dqjj/zhdt/201401/t20140114_575733.html.

国务院发布《大气污染防治行动计划》十条措施力促空气质量改善 [R/OL]. (2013-09-12) [2013-11-22]. http://www.gov.cn/jrzg/2013-09/12/content_2486918.htm.

胡鞍钢, 等. 中国国家治理现代化[M]. 北京: 中国人民大学出版社, 2014.

胡鞍钢. 全面建成小康社会是"四个全面"的龙头[EB/OL]. (2015-03-04)[2016-08-22]. http://news.youth. cn/wztt/201503/t20150304_6503183_1.htm.

胡锦涛. 坚定不移沿着中国特色社会主义道路前进 为全面建成小康社会而奋斗[R]. 人民出版社, 2012.

胡世民, 曾振文. 深圳大鹏: 一个小城的生态梦想[EB/OL]. (2015-10-15)[2015-11-22]. http://politics. rmlt.com.cn/2014/1217/360990.shtml.

环保部. 国家生态文明建设试点示范区指标(试行)[R/OL]. (2013-07-22)[2013-08-11]. http://www.zhb. gov.cn/gkml/hbb/bwj/201306/W020130603491729568409.pdf.

环保部. 2015 年全国城市空气质量总体呈转好趋势[EB/OL]. (2016-02-04)[2016-04-01]. http://www.chi-nanews.com/gn/2016/02-04/7748288.shtml.

环境保护部. 全国生态文明意识调查研究报告[R/OL]. (2014-03-25)[2015-05-08]. http://www.mee.gov. cn/xxgk/hjyw/201403/t20140325_269661.shtml.

郇庆治. 自然环境价值的发现[M]. 南宁: 广西人民出版社, 1994: 1-24.

郇庆治. 绿色乌托邦: 生态主义的社会哲学[M]. 济南: 泰山出版社, 1998.

郇庆治. 欧洲绿党研究[M]. 济南: 山东人民出版社, 2000.

郇庆治. 环境政治国际比较[M]. 济南: 山东大学出版社, 2007.

郇庆治. 重建现代文明的根基: 生态社会主义研究[M]. 北京: 北京大学出版社, 2010.

郇庆治. 当代西方绿色左翼政治理论[M]. 北京: 北京大学出版社, 2011.

郇庆治, 高兴武, 仲亚东. 绿色发展与生态文明建设[M]. 长沙: 湖南人民出版社, 2013.

郇庆治. 走向生态文明的政治路径[M]//黎祖交. 党政领导干部生态文明建设读本. 北京: 中国林业出版 社, 2014.

郇庆治, 李宏伟, 林震. 生态文明建设十讲[M]. 北京: 商务印书馆, 2014.

郇庆治. 当代西方生态资本主义理论[M]. 北京: 北京大学出版社, 2015.

郇庆治. 生态现代化理论与绿色变革[J]. 马克思主义与现实, 2006(2): 90-98.

郇庆治. 增长经济及其对中国的生态影响[J]. 绿叶, 2008(6): 16-23.

郇庆治. 社会主义生态文明: 理论与实践向度[J]. 江汉论坛, 2009(9): 11-17.

郇庆治. 终结无边界的发展: 环境正义视角[J]. 绿叶, 2009(10): 114-121.

郇庆治, 马丁·耶内克. 生态现代化理论: 回顾与展望[J]. 马克思主义与现实, 2010(1): 175-179.

郇庆治. 亟待发展的中国环境人文社科学科[J]. 环境教育, 2011(1): 47-50.

郇庆治. 进入 21 世纪以来的西方绿色左翼政治理论[J]. 马克思主义与现实, 2011(3): 127-139.

郇庆治. 发展的"绿化": 中国环境政治的时代主题[J]. 南风窗, 2012(2): 57-59.

郇庆治. 重聚可持续发展的全球共识: 纪念里约峰会 20 周年[J]. 鄱阳湖学刊, 2012(3): 5-25.

郇庆治. "政治机会环境"视角下的中国环境运动及其战略选择[J]. 南京工业大学学报(社科版), 2012(4): 28-35.

郇庆治. 发展主义的伦理维度及其批判[J]. 中国地质大学学报(社科版), 2012(4): 52-57.

郇庆治. 国际比较视野下的绿色发展[J]. 江西社会科学, 2012(8): 5-11.

郇庆治. 多样性视角下的中国生态文明之路[J]. 学术前沿, 2013(01 下): 17-27.

郇庆治. 生态文明建设与环境人文社会科学[J]. 中国生态文明, 2013(1): 40-42.

郇庆治. 21 世纪以来的西方生态资本主义理论[J]. 马克思主义与现实, 2013(2): 108-128.

郇庆治."包容互鉴":全球视野下的"社会主义生态文明"[J].当代世界与社会主义,2013(2):14-22.

郇庆治.论我国生态文明建设中的制度创新[J].学习月刊,2013(8):48-54.

郇庆治.新型工业化、城镇化与生态文明建设:以福建省三明市为例[J].环境教育,2013(12):67-72.

郇庆治.生态文明建设:中国语境和国际意蕴[J].中国高等教育,2013(15/16):10-12.

郇庆治.环境政治学视角的生态文明体制改革与制度建设[J].中共云南省委党校学报,2014(1):80-84.

郇庆治.环境政治学视野下的"雾霾之困"[J].南京林业大学学报(人文社科版),2014(1):30-35.

郇庆治.绿色变革视角下的生态文化理论研究[J].鄱阳湖学刊,2014(1):21-34.

郇庆治.再论社会主义生态文明[J].琼州学院学报,2014(1):3-5.

郇庆治.雾霾政治与环境政治学的崛起[J].探索与争鸣,2014(9):48-53.

郇庆治.生态文明新政治愿景2.0版[J].人民论坛,2014(10上):38-41.

郇庆治.生态文明概念的四重意蕴:一种术语学阐释[J].江汉论坛,2014(11):5-10.

郇庆治.中国生态文明的价值理念与思维方式[J].学术前沿,2015(01上):64-73.

郇庆治.社会生态转型与社会主义生态文明[J].鄱阳湖学刊,2015(3):65-66.

郇庆治.环境政治视角下的生态文明体制改革[J].探索,2015(3):41-47.

郇庆治.生态产业化、美丽乡村与生态文明建设:基于对甘肃省陇南市的考察[J].中国生态文明,2015(4):64-68.

郇庆治.布兰德批判性政治生态理论述评[J].国外社会科学,2015(4):13-21.

郇庆治.生态文明理论及其绿色变革意蕴[J].马克思主义与现实,2015(5):167-175.

郇庆治.志存高远 创建生态文明先行示范省[J].福建理论学习,2015(6):4-9.

郇庆治.三重理论视野下的生态文明建设示范区研究[J].北京行政学院学报,2016(1):17-25.

郇庆治.生态马克思主义与生态文明制度创新[J].南京工业大学学报(社科版),2016(1):32-39.

郇庆治.生态文明建设的区域模式:以浙江省安吉县为例[J].中共贵州省委党校学报,2016(4):32-39.

郇庆治,等."可持续发展、生态文明建设与环境政治"笔谈[J].江西师范大学学报(哲社版),2016(4):3-13.

郇庆治.社会主义生态文明观与绿水青山就是金山银山[J].学习论坛,2016(5):42-45.

郇庆治.区域一体化下生态文明建设如何坚持整体性战略?——基于对北京市密云区、延庆区和河北省唐县的考察[J].中国生态文明,2016(05):40-49.

郇庆治.生态文明示范省建设的生态现代化路径[J].阅江学刊,2016(6):23-28.

郇庆治.前瞻2020:生态文明视野下的全面小康[J].学术前沿,2016(09下):65-73.

郇庆治.生态文明创建的绿色发展路径:以江西为例[J].鄱阳湖学刊,2017(1):29-41.

郇庆治.社会主义生态文明的政治哲学基础:方法论视角[J].社会科学辑刊,2017(1):5-10.

郇庆治."红绿"政治视阈下的生态马克思主义[N].中国社会科学报,2011-08-30(1,2).

郇庆治.贯彻综合思维、深化生态文明体制改革[N].中国社会科学报,2013-11-15.

郇庆治.创新生态文明理论研究的三个维度[N].中国环境报,2016-06-15.

黄瑞祺,黄之栋.绿色马克思主义:马克思恩格斯思想的生态轨迹[G]//郇庆治.当代西方绿色左翼政治理论.北京:北京大学出版社,2011:41-63.

黄伟.江苏雾霾治理剑指"元凶"551台燃煤机组逐一改造[N].新华日报,2015-05-08.

黄毓生,曾巧生.江西省产业结构与就业结构关系的实证分析[J].江西行政学院学报,2011(4):48-51.

黄智迅.探索生态文明,打造纯净资溪[Z].资溪,2016-09-18.

贾卫列，杨永岗，朱明双，等. 生态文明建设概论[M]. 北京：中央编译出版社，2013.

简新华，余江. 中国工业化与新型工业化道路[M]. 济南：山东人民出版社，2009.

江波. 密云县生态文明建设的探索与实践[[J]. 当代北京研究，2014(1)：17-21.

江苏省环保厅. 江苏省环境状况公报（2015）[R/OL].（2016-06-05）[2016-11-22]. http://www.jshb.gov.cn: 8080/pub/root14/xxgkcs/201606/t20160603_352503.html.

江西省环保厅. 2015年江西省环境状况公报[R/OL].（2016-10-12）[2016-11-22]. http://www.jxepb.gov.cn/ sjzx/hjzkgb/2016/625f4083123e43a0a829293ebb91ab1b.htm.

江西省委书记强卫就生态文明建设答记者问[EB/OL].（2016-10-08）[2016-10-11]. http://www.wenming. cn/syjj/dfcz/jx/201511/t20151125_2977397.shtml.

杰弗里·托马斯. 政治哲学导论[M]. 顾肃，刘雪梅，译. 北京：中国人民大学出版社，2006.

靖安县生态办. 靖安县推进生态文明先行示范区建设情况汇报[R]. 靖安，2016-09-17.

卡尔·波兰尼. 大转型：我们时代的经济政治起源[M]. 冯钢，刘阳，译. 杭州：浙江人民出版社，2007.

柯布，刘昀献. 中国是当今世界最有可能实现生态文明的地方[J]. 中国浦东干部学院学报，2010，(3)：5-10.

兰思仁. 福建生态文明先行示范区建设的有力抓手[EB/OL].（2015-05-19）[2015-11-22]. http://www. politics.rmlt.com.cn/2015/0519/387271.shtml.

李本洲. 福斯特生态学马克思主义的生态批判及其存在论视域[J]. 东南学术，2014(3)：4-12.

李泉. 治理思想的中国表达：政策、结构与话语演变[M]. 北京：中央编译出版社，2014.

李顺亮. 三明发展迎来了"生态进行时"[J]. 三明日报，2013-06-21.

李维明，程会强，谷树忠. 福建三明探索生态文明背景下的集体林权改革[J]. 新重庆，2015(10)：39-41.

李晓俊，徐立冬，江红喜. 绿水青山就是金山银山：习近平同志在安吉余村考察时提出"两山"科学论断纪实 [N]. 湖州日报，2015-03-12.

李远明. 三明市推动工业转型升级成效凸显[N]. 三明日报，2013-12-30.

李振基. 新常态下福建生态文明建设面临的瓶颈与挑战[EB/OL].（2015-05-19）[2015-11-22]. http:// www. politics.rmlt.com.cn/2015/0519/387299.shtml.

联合国可持续发展大会中国筹委会. 中华人民共和国可持续发展国家报告[R]. 北京：人民出版社，2012.

廖福霖. 实现"三个转变"继续领跑生态文明建设[EB/OL].（2015-05-19）[2015-11-22]. http://www.poli- tics.rmlt.com.cn/2015/0519/387302.Shtml.

林安云. 社会主义生态文明建设的政治推进方略[J]. 哈尔滨工业大学学报（社科版），2015(4)：122-126.

林国耀. 强化节能减排工作 推进生态文明建设[EB/OL].（2015-05-19）[2015-11-22]. http://www.politics. rmlt.com.cn/2015/0519/387264.shtml.

刘福志. 密云的生态文明建设之路[J]. 环境经济，2009(5)：60-61.

刘思华. 生态马克思主义经济学原理（修订版）[M]. 北京：人民出版社，2013.

刘思华. 对建设社会主义生态文明论的若干回忆[J]. 中国地质大学学报（社科版），2008(4)：18-30.

刘思华. 对建设社会主义生态文明论的再回忆[J]. 中国地质大学学报（社科版），2013(5)：33-41.

刘晓星. 首都"后花园"有绿才有富：生态环境保护给延庆带来发展红利[N]. 中国环境报，2016-05-13.

刘永焕. 德国产业调整及其经验借鉴[J]. 对外经贸实务，2014(1)：32-34.

刘媛媛，朱鹤. 德国新一轮产业结构调整对欧盟的影响研究[J]. 工业经济论坛，2015(5)：52-63.

陇南市人民政府. 陇南水生态文明城市建设试点实施方案[R]. 2013.

陇南市水务局. 陇南市水生态文明城市建设试点工作情况汇报[R]. 2015-07-09.

卢风. 消费主义与"资本的逻辑"[G]//郇庆治. 重建现代文明的根基：生态社会主义研究. 北京：北京大学出版社，2010：135-161.

卢风，等. 生态文明新论[M]. 北京：中国科学技术出版社，2013.

卢风. 非物质经济、文化与生态文明[M]. 北京：中国社会科学出版社，2016.

罗宾·艾克斯利. 绿色国家：重思民主与主权[M]. 郇庆治，译. 济南：山东大学出版社，2012.

马丁·耶内克，克劳斯·雅各布. 全球视野下的环境管治：生态与政治现代化的新方法[M]. 李慧明，李昕蕾，译. 济南：山东大学出版社，2012.

马克·史密斯和皮亚·庞萨帕. 环境与公民权：整合正义、责任和公民参与[M]. 侯艳芳，杨晓燕，译. 济南：山东大学出版社，2012.

牛文元. 中国新型工业化之路研究报告[M]. 北京：科学出版社，2014.

潘孝斌，潘纯纯. 跨界水污染治理研究：以太湖水污染治理为例[J]. 改革与开放，2008(12)：43-45.

潘岳. 论社会主义生态文明[J]. 绿叶，2006(10)：10-18.

潘岳. 中华传统与生态文明[J]. 资源与人居环境，2009(1)：111-113.

潘岳. 马克思主义自然观与生态文明[N]. 学习时报，2015-07-13.

潘岳. 社会主义生态文明[N]. 学习时报，2006-09-25.

乔尔·科威尔. 资本主义与生态危机：生态社会主义的视野[J]. 郎廷建，译. 国外理论动态，2014(10)：14-21.

乔清举. 儒家生态思想通论[M]. 北京：北京大学出版社，2013.

萨拉·萨卡. 生态社会主义还是生态资本主义[M]. 张淑兰，译. 济南：山东大学出版社，2012.

三明市发改委. 三明市生态文明建设概况[R]. 2013.

三明市调研组. 关于我市工业园区开发建设情况的调研报告[R]. 2014.

单锦炎. 行走在美丽之间：美丽中国的安吉实践[M]. 北京：人民出版社，2014.

沈满洪，谢慧明，王晋. 生态补偿制度建设的"浙江模式"[J]. 中共浙江省委党校学报，2015(4)：45-52.

沈越. 德国社会市场经济探源[M]. 北京：北京师范大学出版社，1999.

石伟. 生态建设让八闽大地更秀美[N]. 福建日报，2012-03-05.

世界环境与发展委员会. 我们共同的未来[R]. 王之佳，柯金良，译. 长春：吉林人民出版社，1997.

舒川根. 太湖流域生态文明建设研究：基于太湖水污染治理的视角[J]. 生态经济，2010(6)：175-179.

苏诗苗. 三明争建社会主义生态文明[N]. 三明日报，2013-01-09.

泰德·本顿. 福斯特生态唯物主义论评[G]//郇庆治. 当代西方绿色左翼政治理论. 北京：北京大学出版社，2011：64-71.

唐芳林. 我们需要什么样的国家公园[N]. 光明日报，2015-01-16.

唐中祥. 探索构建生态文明建设的"安吉模式"[J]. 浙江经济，2009(10)：55.

田生海. 城镇化发展若干思考：以三明市为例[J]. 新西部旬刊，2014(12)：42.

王欢. 京津冀生态环境治理难在哪儿?[N]. 中国环境报，2015-09-15.

王晖，刘勇. 奋力打造生态文明建设的江西样板[N]. 江西日报，2016-02-02.

王韬洋. 环境正义的双重维度：分配与承认[M]. 上海：华东师范大学出版社，2015.

王雨辰. 生态批判与绿色乌托邦：生态学马克思主义理论研究[M]. 北京：人民出版社，2009.

王雨辰. 论生态学马克思主义对历史唯物主义理论的辩护[J]. 哲学研究，2015(8)：10-15.

威尔·金里卡. 当代政治哲学[M]. 刘莘，译. 上海：上海三联书店，2004.

温铁军. 美丽乡村，安乡安民[G]//单锦炎. 行走在美丽之间：美丽中国的安吉实践. 北京：人民出版社，

2014：引言.

乌尔里希·布兰德,马尔库斯·威森. 全球环境政治与帝国式生活方式[J]. 李庆,郇庆治,译. 鄱阳湖学刊, 2014(1)：12-20.

乌尔里希·布兰德,马尔库斯·威森. 绿色经济战略和绿色资本主义[J].郇庆治,李庆,译. 国外理论动态, 2014(10)：22-29.

乌尔里希·布兰德. 如何摆脱多重危机?——一种批判性的社会—生态转型理论[J]. 张沥元,译. 国外社会科学, 2015(4)：4-12.

吴舟,施云娟. 三明市着力推进产业转型升级经济发展彰显活力[N].三明日报, 2014-09-24.

习近平. 关于《中共中央关于全面深化改革若干重大问题的决定》的说明[R]. 党建, 2013(12)：23-29.

肖锡红. 江西"生态省"建设的若干思考[J]. 长江流域资源与环境, 2004(增刊)：105-107.

小约翰·柯布. 论有机马克思主义[J]. 陈伟功,译. 马克思主义与现实, 2015(1)：68-73.

谢松明,吴细玲. 三明市生态文明建设的思考[J]. 三明学院学报, 2013(1)：6-10.

新型城镇化建设课题组. 走绿色城镇化道路[J]. 宏观经济管理, 2014(8)：37.

新玉言. 新型城镇化：格局与资源配置[M]. 北京：国家行政学院出版社, 2013.

熊敏桢,阮贞江. 绿色发展带动三明深呼吸[EB/OL]. (2016-08-29)[2016-09-06]. http://www.cenews. com.cn/gd/gdftx/201603/t20160328_803717.html.

严耕,等. 中国省域生态文明建设评价报告(ECI2010-2015)[M]. 北京：社会科学文献出版社, 2010-2015.

杨锦琦. 江西生态文明建设现状及对策研究[J]. 经贸实践, 2015(6)：7-8.

杨宇明. 云南国家公园建设面临的主要问题及其解决的途径[Z]. 在国家林业局昆明勘察设计院与西南林业大学绿色发展研究院组织的"生态文明与国家公园建设——云南经验学术研讨会"上的发言. 昆明：2016-08-09.

叶海涛. 生态环境问题何以成为一个政治问题?——基于生态环境的公共物品属性分析[J]. 马克思主义与现实, 2015(5)：190-195.

佚名. "寻梦·2015 中国最美村镇"评选第二轮投票开始[N]. 陇南日报,2015-09-22.

佚名. 惊人：全国"毒地"超百万块 修复市场容量超 20 万亿[EB/OL]. (2016-06-08)[2016-06-13]. https://www. yicai. com/news/5024971. html.

于建嵘. 抗争性政治：中国政治社会学基本问题[M]. 北京：人民出版社, 2010.

余谋昌. 生态文明论[M]. 北京：中央编译出版社, 2010.

俞可平. 论国家治理现代化[M]. 北京：社会科学文献出版社, 2014.

约翰·贝拉米·福斯特. 马克思的生态学：唯物主义与自然[M]. 刘仁胜,肖峰,译. 北京：高等教育出版社, 2006.

约翰·德赖泽克. 地球政治学：环境话语[M]. 蔺雪春,郭晨星,译. 济南：山东大学出版社, 2012.

詹姆斯·奥康纳. 自然的理由：生态学马克思主义研究[M]. 唐正东,臧佩洪,译. 南京：南京大学出版社,2003.

张炳,张永亮,毕军. 环境经济年度报告之一："十二五"环境经济政策的江苏路径[J]. 环境经济, 2012(3)：30-39.

张海滨. 第一次联合国环境大会与全球环境管治的趋势：中国视角[Z]. 在"多学科视野下的环境挑战再阐释中德研讨会"上的发言, 北京：2014-07-13—2014-07-15.

张亮. 面向生态、辩证法与大众：马克思主义哲学新视野[N]. 中国社会科学报, 2016-01-05(2).

张文红. 德国左翼党认为中国是"社会主义 3.0"最重要的诞生地[J]. 红旗文稿, 2016(16)：34-35.

张孝德. 世界生态文明建设的希望在中国[J]. 国家行政学院学报, 2013(5)：122-127.

张云飞. 唯物史观视野中的生态文明[M]. 北京：中国人民大学出版社，2014.

张志滨. 三明市委书记邓本元：三明市重视生态文明建设[EB/OL]. (2013-06-19) [2013-08-06]. http://fj. qq. com/a/20130619/023215. htm.

章轲. 太湖蓝藻八年治理：上千亿投入[N]. 第一财经日报，2015-12-31.

赵新社. 寻找中国国家公园[J]. 瞭望东方周刊，2014-12-18.

浙江农林大学课题组. 生态文明建设的"安吉模式"调研报告[R]. 2011.

浙江省生态文明研究中心. 安吉生态实践报告[R]. 2015.

郑嵇平. 生态资本唤醒一座镇[N]. 湖州日报，2015-03-29.

郑栅洁. 生态优势转化为发展优势的福建经验[J]. 新重庆，2015(09)：44-45.

政协三明市委员会. 推进三明市城镇化进程的对策建议[R]. 政协天地，2013(10)：35.

中共康县委农村工作办公室. 美丽乡村在康县：康县美丽乡村建设典型材料汇编[R]. 2015.

中共康县委员会，康县人民政府. 一幅原生态的山水画：康县美丽乡村建设纪实[R]. 2014.

中共浙江省委宣传部. "绿水青山就是金山银山"理论研究与实践探索[M]. 杭州：浙江人民出版社，2015.

中共浙江省委宣传部. 绿水青山就是金山银山：浙江实践样本[R]. 2015.

中共中央关于全面深化改革若干重大问题的决定[R]. 北京：人民出版社，2013：52-54.

中共中央宣传部. 习近平总书记系列重要讲话读本[M]. 北京：学习出版社，2014：120-130.

中国共产党第十八届中央委员会第三次全体会议公报[R]. 党建，2013(12)：4-8.

中国能源中长期发展战略研究项目组. 中国能源中长期(2030、2050)发展战略研究·综合卷[M]. 北京：科学出版社，2011.

中科院可持续发展战略研究组. 2015中国可持续发展报告：重塑生态环境治理体系[M]. 北京：科学出版社，2015.

周苏文. 北京密云绿色发展谱新篇[N]. 人民日报(海外版)，2016-03-09.

庄新民，盛少波. 安吉：追逐绿色发展 书写生态模本[N]. 湖州日报，2015-06-24.

Andrew Dobson. Environmental sustainabilities：An analysis of a typology[J]. Environmental Politics，1996，5(3)：401-428.

Martin Hultman. Ecopreneurship within planetary boundaries：Innovative practice, transitional territorialization and green-green value[Z]. presented at the conference 'Transitional green entrepreneurship：Rethinking ecopreneurship for the 21st century'，Umeä，2014-06-03—2014-06-05.

Miranda Schreurs. The German energiewende and the demand for new forms of governance'[Z]，presented at the 'The Sino-German Conference on Reinterpreting the Environmental Challenge from a Multi-disciplinary Perspective，Beijing，13-15 July 2014.

Petra Kelly. Thinking Green [M]. Berkeley, California：Parallax Press，1994.

Qingzhi Huan. Socialist eco-civilization and social-ecological transformation[J]. Capitalism Nature Socialism，2016，27(2)：51-66.

The European Federation of Green Parties. The Guiding Principles of the European Federation of Green Parties[Z]. Masala，1993.

The UN Commission on Environment and Development. Our Common Future [M]. New York：Oxford University Press，1987.

The German Green Party. Die Grünen：Das Bundesprogramm [Z]. Saarbrücken，1980.

Ulrich Brand , Markus Wissen. Social-ecological transformation [M] // Noel Castree , et al. The International Encyclopedia of Geography: People, the Earth, Environment and Technology. Willey-Blackwell: Association of American Geographers, 2015: forthcoming.

Ulrich Brand, Markus Wissen. Strategies of a green economy, contours of a green capitalism [M] // Kees van der Pijl. The International Political Economy of Production. Cheltenham: Edward Elgar, 2015: 508-523.

Ulrich Brand, Markus Wissen. The financialisation of nature as crisis strategy[J]. Journal für Entwicklungspolitik, 2014, 30(2): 16-45.

Ulrich Brand. Green economy and green capitalism: Some theoretical considerations[J]. Journal für Entwicklungspolitik, 2012, 28(3): 118-137.

William Leiss. The Limits to Satisfaction: An Essay on the Problem of Needs and Commodities[M]. Toronto: University of Toronto Press, 1976.